普通高等教育网络空间安全系列教材

反编译技术

张 平 李清宝 编著

科学出版社

北 京

内 容 简 介

本书从二进制可执行程序转换为高级语言程序的实现过程出发,讨论了反编译技术所涉及的概念、理论、技术和方法。首先,对比编译技术,介绍反编译器的框架结构与反编译所面临的困难和问题;然后,介绍反编译前端的指令解码、语义分析、控制流图和中间代码生成;之后,介绍中间代码的优化和提升与高级控制结构恢复技术,包括库函数恢复和数据类型恢复;最后,介绍人工智能在反编译领域的应用。

本书可作为普通高等学校计算机科学与技术、信息安全、网络空间安全等相关专业的教材,也可作为软件逆向分析和信息安全工程人员的参考书。

图书在版编目(CIP)数据

反编译技术 / 张平,李清宝编著. —北京:科学出版社,2022.8
普通高等教育网络空间安全系列教材
ISBN 978-7-03-072693-3

Ⅰ. ①反… Ⅱ. ①张… ②李… Ⅲ. ①反编译程序－高等学校－教材
Ⅳ. ①TP314

中国版本图书馆 CIP 数据核字(2022)第 114261 号

责任编辑:于海云 / 责任校对:胡小洁
责任印制:张 伟 / 封面设计:迷底书装

科 学 出 版 社 出版
北京东黄城根北街 16 号
邮政编码:100717
http://www.sciencep.com

北京科印技术咨询服务有限公司数码印刷分部印刷
科学出版社发行 各地新华书店经销
*

2022 年 8 月第 一 版 开本:787×1092 1/16
2025 年 1 月第四次印刷 印张:13 3/4
字数:356 000

定价:**59.00 元**

(如有印装质量问题,我社负责调换)

前　言

　　反编译是编译的逆过程，目标是将编译器生成的可执行目标代码翻译成等价的某种高级语言代码，是一个对程序代码从低级到高级的抽象和提升过程，涉及多种程序分析和变换技术。反编译技术近几年受到广泛重视，被越来越多的网络与信息安全技术人员所关注和应用。反编译技术作为一种重要的软件分析技术，主要应用于计算机科学的两个领域：软件维护与软件系统安全。在软件维护方面，反编译技术用来重新获得丢失的或无法获取的源程序代码，将一种语言编写的代码翻译为另一种语言的代码，把应用程序从其目标平台移植到一个新的硬件平台，以及调试已知有 bug 的二进制程序，或对现有软件系统进行维护和升级；在软件系统安全方面，反编译技术用来进行二进制代码审核、数字版权管理、软件漏洞发现，以及恶意代码(病毒、木马、间谍软件等)的分析和检测，随着移动互联网、物联网、云计算等技术的飞速发展，反编译相关技术在安全领域的应用将会越来越广泛，发挥更大的作用。

　　但是，目前讨论反编译技术的书籍还比较少，相关技术参考资料非常零散，缺乏系统性，所以本书从当前技术需求的角度出发，以反编译器框架为纲，结合编者多年科研工程实践，重点讨论反编译涉及的各种实用的程序分析和变换技术，力求系统地总结和论述反编译过程中所涉及的理论、方法和技术。

　　本书内容共 8 章：第 1 章从与编译器的对比出发，讨论反编译器的框架结构和反编译面临的问题和困难；第 2 章介绍反编译的基础知识，包括二进制文件结构分析、数据存储方式和栈帧结构等；第 3 章重点介绍二进制文件的指令解码、语义分析、中间代码的生成和控制流图；第 4 章讨论反编译的核心技术——中间代码的优化和提升；第 5 章讨论高级控制结构的恢复技术；第 6 章和第 7 章讨论反编译的两个关键问题：库函数恢复和类型恢复；第 8 章介绍人工智能在反编译技术中的应用，利用机器翻译思想实现二进制可执行程序的反编译。

　　本书由张平和李清宝共同确定编写内容和组织框架，张平编写了第 3、5、6、7 章，李清宝编写了第 1、2、8 章。本书的编写得到了中国人民解放军战略支援部队信息工程大学和科学出版社的大力支持，在此表示诚挚感谢。

　　由于编者能力水平和时间有限，书中难免有疏漏之处，恳请各位读者批评指正，感谢赐教。

编　者

2022 年 1 月

目　录

第1章 绪 论

讨论反编译技术自然离不开编译技术。反编译与编译是两个相对的过程，但它们实质上都是翻译的过程——对程序的翻译、对代码的翻译，在翻译的过程中会用到多种程序分析和变换技术，而这些技术是本书关注的重点。

反编译器处理的对象是编译器输出的目标程序，所以反编译的处理过程很大程度上基于编译技术和编译优化理论，并以新的方式应用于反编译。本章从对编译和编译过程的回顾出发，介绍反编译技术涉及的概念，对反编译过程和技术进行概括阐述，使读者对反编译技术有个总体认识。

1.1 编译与反编译

编译(Compile)是将源程序翻译成目标程序的过程。编译器就是完成这个翻译过程的程序或工具，如图 1-1 所示。编译器输入的源程序是与机器无关的高级语言源程序，输出的目标程序是与目标机器相关的二进制机器语言程序。

反编译(Decompile)，又称为逆向编译或反向编译(Reverse Compile)，是指将可执行文件翻译成高级语言程序的过程。反编译器是完成这个翻译过程的程序或工具，如图 1-2 所示。反编译器输入特定目标机器的二进制机器语言程序作为源程序，生成的高级语言程序作为其目标程序。

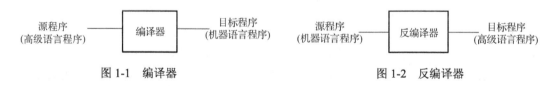

图 1-1 编译器   图 1-2 反编译器

反编译是编译的逆过程，反编译技术依赖于编译技术。为了更好地理解反编译的原理和技术，首先来简单地回顾编译技术。

从编译原理上看，编译程序(编译器)把一个源程序翻译成目标程序的工作过程从逻辑上可以分为六个阶段：词法分析、语法分析、语义分析、中间代码生成、代码优化和目标代码生成，如图 1-3 所示。

(1)词法分析。词法分析是编译的第一个阶段，以高级语言源程序作为输入，其任务是对由字符组成的单词进行处理，将源程序看作字符流，逐个字符地对源程序进行扫描，产生一个个的单词符号，把作为字符串的源程序改造成为单词符号串。

(2)语法分析。语法分析以单词符号作为输入，分析单词符号串是否形成符合语法规则的语法单位，如表达式、赋值、循环等，最后观察是否构成一个符合要求的程序。

(3)语义分析。语义分析是审查源程序有无语义错误，为代码生成阶段收集类型信息。

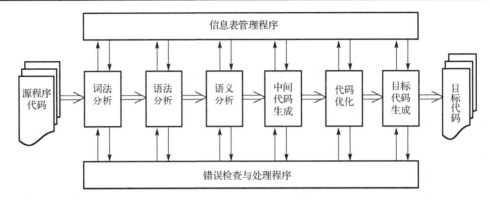

图 1-3　编译程序的逻辑结构

(4)中间代码生成。中间代码是源程序的一种内部表示,或称中间语言。中间代码的作用是可使编译程序的结构在逻辑上更为简单明确,特别是可使目标代码的优化比较容易实现。中间代码生成阶段将被编译代码转换为中间代码形式。

(5)代码优化。代码优化是指对程序进行多种等价变换,使得从变换后的程序出发,能生成更有效的目标代码。

(6)目标代码生成。目标代码生成是编译的最后一个阶段。目标代码生成器把语法分析后或优化后的中间代码变换成目标代码。

在编译过程中还会对生成的符号信息和出错信息进行记录与维护。

反编译要实现编译的逆过程。那么,是不是把上述编译过程的六个阶段倒置,就变成了反编译的过程呢?显然是不对的。对于反编译过程,可以这样去理解:源程序现在是二进制可执行文件或者汇编指令,目标程序是某种特定的高级语言。那么现在这个过程该如何转化呢?这其中的中间代码的生成是否和编译过程中的一样呢?

基于上述原理和问题,很容易会考虑到这种思路:将特定的机器代码,即反编译的源程序,先翻译为低级的中间代码,然后针对特定的高级语言将中间代码翻译为高级程序。没错,反编译的主要思想确实就是这样,但这期间,涉及各种程序的分析和变换技术,有些是基于编译技术的,有些是反编译所特有的,这些技术正是后面章节所要讨论的。

由于编译过程是利用编译程序从高级语言编写的源程序来产生目标程序,在现实应用的时候,很多情况下会把通过编译后的目标程序(可执行文件、字节码文件或某种专用格式的文件)得到源程序的过程,认为是反编译,例如,将反汇编称为反编译,Java 字节码的反编译、APK 的反编译、SWF 文件的反编译等。这是一种广义的观点,本书则从狭义的角度,重点讨论从二进制机器码到高级语言程序的过程。

反编译技术跟编译技术有着非常多的相似之处,其中的很多研究方法借鉴了编译技术。反编译器是软件逆向工程中最高级别的工具,它与反汇编器和调试器等逆向分析工具相比,逆向结果更加直接。

反编译要逆向编译过程,难度显然要比编译大很多,即使是编译程序本身,一般也没有反编译能力。然而对反编译的需求,却大有市场,不仅仅是开发者,一些应用人员,由于某些特殊需要,也对反编译情有独钟。这些特殊的需求中,也包括不便明说的原因,道德的与不道德的,合法的与非法的,一起构成了反编译的动机和来源。工具与用途的关系,总是可以进行辩证和辩论的。反编译不仅是工具,也是技术,蕴含在其中的智慧和智力结晶,值得热爱技术的人们去钻研。逆向工程可能会被误认为是对知识产权的严重侵害,但在实际应用上,反而可能会保护知识产权所有者。例如,在集成电路领域,如果怀疑某公司侵犯知识产权,可以用逆向工程技术来寻找证据。反编译正是针对目标程序的逆向工程技术。

1.2 反编译技术的发展历史

第一代反编译器诞生于 20 世纪 60 年代早期,仅比编译器晚十年。第一代反编译器被大量地用来翻译科学程序。由于第三代计算机的产生,当时运行在第二代计算机的软件面临着即将报废的危险,而第三代计算机却面临着软件匮乏的问题。为了挽救这些当时正大量运行在各种即将报废的第二代计算机上的价值不菲的软件,同时也为加速开发第三代计算机上的软件,美国的一些公司开始研究针对特定软件的专门用途的反编译工具用来进行软件移植,以及其他的一些研究,如程序转换、交叉汇编、翻译器等。反编译技术出现后,人们同时也在做反编译理论的研究。在整个 60 年代,反编译方面的研究主要是开发专门用途的反编译器作为软件移植的工具。当时,知识产权尚未得到如今的重视,而且针对当时的高级语言和目标代码的反编译的效果也较理想,因此吸引了众多科研人员的加入。

但是,随着高级语言的发展,由于编程模型的发展和复杂类型的引入等因素,编译系统修改和掩盖的信息越来越多,使得反编译研究越来越困难,研究难度远远大于相应的编译过程;另外,知识产权问题也阻碍了反编译技术的发展,因此学术界公开的文献和成果不多。但在航天、军工等尖端领域中,反编译研究从未终止过。许多研究项目由于各种原因秘而不宣,所以只能通过公开而且具有影响的研究来管窥一斑,例如,IBM 为 NASA 的航天飞机研制的反编译器,澳大利亚电子研究实验室的针对 Pascal 语言的反编译器,欧共体 ESPRIT 计划中也有许多反编译研究(例如,英国的核工业委员会使用反编译技术验证大量的 Safety Critical 软件,以提高软件的正确性)。

在 20 世纪 80 年代,随着改革开放,国内计算机技术飞速提高,关于反编译方面的研究也如火如荼地开展起来。首先,合肥工业大学微机所开展了用手工方法反编译 UNIX 操作系统的研究。1984 年在国家自然科学基金资助下,研究 DUAL 68000 机器上的 C 语言反编译系统,成功开发了 68000C 反编译系统,获国家机电工业部科技进步奖二等奖。1988 年起该所开展了 IBM PC 系列机的 C 语言反编译系统的研究工作,成功开发了 8086C 反编译系统,并发表了题为 *Research on Decompiling Technology* 的论文,该课题被列为"七五"国家科技攻关计划。1992 年起,微机所利用自筹资金,在 8086C 反编译系统研究的基础上开展了商品化的 C 语言反编译系统的研究工作,1995 年底完成商品化系统 DECLER 并投入使用。近年来,国内在反编译方面,关于反编译器的研究进展不大,虽然华中科技大学在反汇编系统上实现了静态库函数识别功能,能够给汇编代码增加一些库函数的信息,但由于其使用的方法仍旧基于 C 语言反编译器的技术,因此只能适用于 C 语言的静态库函数识别。

虽然近年来对完整的反编译器的研究不多,但反编译的相关理论和技术的研究确是方兴未艾,如程序分析变换、高级语义理解、控制流图恢复与分析、代码混淆、数字签名等理论和技术,应用领域也不断拓展,在代码理解、系统维护和网络安全等方面都有着很大的应用价值。

另外,近年来随着人工智能技术的蓬勃发展,人们开始研究和探索进行反编译的新途径,将机器学习、自然语言处理等思想应用于反编译处理，验证了利用人工智能技术实现反编译的可行性。

1.3　反编译所面临的问题

把二进制程序从各种各样的机器语言反编译为多种多样的高级语言，都要用到基本的反编译技术。反编译器的结构以编译器的结构为基础，采用与之相似的原理和技术来进行程序分析。在编写一个反编译器的时候，会面对一些理论上和实现上的问题，有些问题能够通过使用启发式方法解决，而另一些目前则不能完全解决。由于这些限制，反编译器对某些源程序能够进行全自动的程序翻译，而对其他一些源程序则只能进行半自动的程序翻译。这与编译器能对所有源程序都进行全自动程序翻译是不同的。本节主要讨论反编译所面临的一些理论和技术难题。

1.　体系结构带来的问题

从世界上第一台计算机诞生以来，冯·诺依曼体系结构一直占据着主导地位。在冯·诺依曼机器中，内存里的数据和指令以同样的方式进行存储。这意味着，只有当一个给定字节从内存读出放入一个寄存器作为数据或指令使用的时候，才知道它是数据还是指令(或两者都是)。即使在分段的体系结构上，其中数据段里只有数据信息，代码段只有指令，数据仍然能够以表的形式储存在一个代码段中，如 Intel 架构的 case 表；指令也能够以数据的形式储存，然后通过解释这些指令而运行。所以指令和数据的区分，是反编译首先必须解决的问题，而这在现行体系结构和编译机制下是一个难题。

2.　自修改代码

自修改代码指的是指令或者预置数据在程序运行期间被修改。一条指令的一个内存字节位置能够在程序运行期间被修改，表现成另一条指令或数据。这个方法曾经很长时间用于实现各种目的。在 20 世纪六七十年代，计算机内存很小，难以运行大程序。那时，计算机内存最多只有 32KB 或 64KB 可用。由于空间有限制，所以必须尽量充分利用。其中一个方法就是在可运行程序中节省字节，重复使用数据位置作为指令，或反之亦可。这样，一个内存单元在某一时间持有指令，而在另一时间变成持有数据或另一指令。而且，在指令不被需要时被其他指令修改并替换为其他指令，因此程序下次执行那部分代码的时候就会执行不同的代码。

现在的计算机在内存方面的限制少了，因此自修改代码已经不再用于节省空间，而是更多地用于代码保护，防止被逆向分析或者用于恶意代码的隐藏以避免被查杀。

图 1-4 给出一个 Intel 架构的简单自修改代码示例。inst 定义的数据字节在 mov 指令执行后被修改。在 mov 指令执行之前，inst 地址的内容是 9090，作为两条 nop 指令来执行；inst 指令动作执行后该内存位置内容被修改成 E920，现在是 0E9h20h，即是一条跳转到偏移 20h 的无条件跳转指令。这个过程就实现了程序运行过程中对内存单元内容的修改，而采用静态的程序分析技术则无法发现和分析到这些变化，从而使反编译的结果不正确。

...		/*其他代码*/
	mov[inst],E920	/*E9==jmp,20==offset*/
inst	db9090	/*90==nop*/

图 1-4　自修改代码的示例

3. 编译习语

编译习语(Idiom)也称为指令习语或成语,通常是二进制可执行程序中使用频繁的指令序列,是编译器在程序翻译过程中使用的被编译界普遍接受的一些翻译规则,利用固定的指令序列来等价替代高级语言中的一些特定语义和操作,从而提高可执行代码的执行效率和模拟目标体系结构所不支持的操作。指令习语主要包括子程序调用、加减法、乘除法、取模和逻辑运算等。指令习语的识别能大大增强反编译结果的可读性和准确性。

编译习语表现为一个指令序列,它形成一个逻辑实体,作为整体表示一个含义,而这个含义无法从各个组成指令的基本含义推导出来。

例如,乘以或除以 2 的 N 次方是一个普遍已知的编译习语:乘法通过左移来执行,而除法通过右移来执行。另一个编译习语是 long 型变量相加的方式。如果机器的字长是 2 字节,则一个 long 型变量有 4 字节。若要相加两个 long 型变量,先相加低 2 字节,然后在相加高 2 字节时计入第一次相加的进位。这些编译习语及其含义在图 1-5 举例说明。

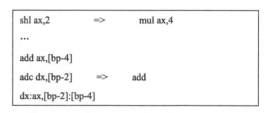

图 1-5　编译习语示例

大多数编译习语在编译界被广泛接受,翻译的规则也基本一致,但在具体实现时,不同的编译器的做法会有所不同,反编译时需要针对不同的情况进行处理。还有一些习语是具体编译器的特殊实现,分析起来难度更大。

4. 恶意代码

病毒和木马等恶意代码不仅含有产生恶性后果的代码,而且还需要设法隐藏这些代码。恶意程序使用各种方法隐藏其恶意代码,包括自修改和加密技术等,很难直接从指令上分析其语义。图 1-6 以 Azusa 病毒为例说明,它在栈中存放一个值作为一个子程序新的返回地址。如图 1-6 所示,恶意代码的段和偏移地址先入栈,随后一条远返回指令将控制交给恶意代码。在反汇编代码的时候,大多数反汇编器会误认为子程序已经结束了,因而在远返回指令上停止对该子程序的反汇编。然而实际上它还没有结束,且转去执行隐藏的恶意代码。在这个例子中就利用了子程序的调用和返回机制,实现了恶意代码的植入和隐藏。

使用自修改代码来修改一条无条件跳转指令的目的地址偏移量是一个常用技巧,该偏移量事先可以定义为数据或其他代码。图 1-7 举例说明 Cia 病毒在运行前的有关代码,cont 和 conta 分别定义数据项 0E9h 和 0h。在这个程序的运行期间,在 procX 子程序中修改 conta 的内容为恶意代码的偏移地址,并在子过程返回后,数据当作指令,执行 jmp virusOffset 指令,实现到 0E9h 恶意代码的无条件跳转。

	...	/*ax 预先放置目标段值 SEG*/
SEG:00C4	push ax	/*目标段值入栈*/
SEG:00C5	mov ax,0CAh	/*目标偏移值存入 ax*/
SEG:00C8	push ax	/*偏移值入栈*/
SEG:00C9	retf	/*跳转至恶意代码的目的地址 SEG:00CA*/
SEG:00CA	...	/*恶意代码位置*/

图 1-6　修改返回地址的恶意代码示例

```
start:
                        call procX                  /*procX 包含自修改代码*/
cont                    db 0E9h                     /*jmp 的操作码*/
conta                   dw 0h
procX:
                        mov cs:[conta],virusOffset
                        ret
virus:                  ...                         /*viruscode*/
end.
```

图 1-7　自修改代码实现到恶意代码目的地址的跳转

　　为实现自身的隐藏，恶意代码会以加密的形式出现，而且这个代码仅在需要的时候才进行解密。举个简单的加密例子，用异或函数实现一个简单的加密/解密机制，因为一个字节与同样的常数两次异或的结果等于原字节，所以加密过程是对其代码运用一次异或操作，解密过程则是将代码异或相同的常数。LeprosyB 病毒就是利用这个原理实现了恶意代码的加密/解密，如图 1-8 给出了这个病毒的加密/解密部分代码。

```
encrypt_decrypt:
                        Mov bx,offsetofvirus_code           /*获取加密/解密代码的起始偏移地址*/
xor_loop:               mov ah,[bx]                         /*利用循环对每个字节进行处理*/
                        xor ah,encrypt_val
                        mov[bx],ah
                        inc bx
                        cmp bx,offset of virus_code+virus_size
                        jle xor_loop
                        Ret
```

图 1-8　自加密的病毒的部分代码

　　上面只是一个早期恶意代码加密的简单例子，利用这种机制可以实现更复杂的代码加密。总之，恶意程序可以利用机器语言集的任何缺陷、自修改代码、自加密代码和无文档操作系统函数，使得对这类代码难以进行自动反汇编和反编译等逆向分析工作，因为对指令/数据的修改大部分在程序运行期间进行，这为静态反编译带来了难以逾越的障碍，使得反编译工作无法自动完成，需要人工的介入。

5. 库函数

另一个反编译问题来自由编译器引进的大量库函数和由链接器链接的库例程。编译器总是引进启动库函数(start-up)建立它的环境以及所需要的运行时的支持例程。这些例程通常是用汇编语言编写的,而且大多数情况下无法翻译成高级语言形式。另外,大多数操作系统不提供共享库机制,因此,二进制程序是自我包含的,库例程被封装装入每一个二进制映像之内。库例程用编译器的编写语言或用汇编语言编写。这意味着一个二进制程序不仅包含由程序设计者编写的例程,也通过链接器链接了很多其他例程。例如,人们在进行程序设计学习时写的第一个程序 "hello world!",在高级语言层面看到的是一条语句,而经过编译器和链接器处理后,往往会在二进制可执行程序中包含几十个甚至上百个不同的函数,这些函数是支持程序运行和打印字符串的库函数,而利用反编译进行逆向分析通常只对待分析的用户应用程序感兴趣,所以如何识别和标识库函数是反编译必须解决的一个重要问题。

1.4 反编译器框架结构

从原理上看,反编译器同编译器一样,也是通过对程序的分析和变换实现从二进制源程序到高级语言目标程序的翻译,因此一个反编译器的构成与编译器是相似的,由一系列阶段(或称为遍)构成,把源程序从一个表示法转换成另一个表示法。反编译器的框架结构如图 1-9 所示,其中包含阶段反映了反编译器的逻辑组织。在实际实现时,往往会把多个逻辑阶段在一个程序模块中实现。

反编译过程实际上就是对代码的抽象和提升的过程。从理论上,可以把反编译器划分为七个逻辑阶段:语法分析、语义分析、中间代码生成、控制流图生成、数据流分析、控制流分析和代码生成。

将反编译器框架与编译器框架结构做个比较,就会发现在图 1-9 的框架结构中是没有词法分析阶段的,这是为什么呢?

在反编译器中没有词法分析阶段,是因为反编译的源程序语言——机器语言太简单(所有的语言符号(记号)都用一些字节来表示,字节自然形成了二进制代码的词),所以不需要词法分析进行词的划分。任一字节,不可能确定该字节是不是一个新记号的开始。例如,字节 50 可能表示一条 push ax 指令的操作码,也可能表示一个立即常数或者一个数据单元的偏移量。

下面对反编译器框架中的各个阶段做个简单的介绍。

1. 语法分析

语法分析(Syntax Analysis)阶段或称为语法分析器,接收装载进内存的二进制可执行程序,识别源程序的字节序列,组织成源机器语言的语法短语(即机器指令)。这些短语以某种中间语言的形式表示出来(如语法分析

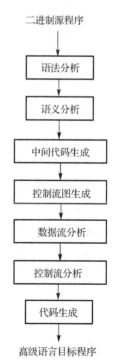

图 1-9 反编译器框架结构

树）。例如，表达式 sub cx,50 在语义上等价于 cx:=cx–50，可以表示成如图 1-10 所示的一个语法分析树形式。这个表达式有两个短语：cx–50 和 cx:=<exp>。这些短语形成一个层次结构，但是由于机器语言的特点，这个阶段生成的语法分析树最多只有两层。

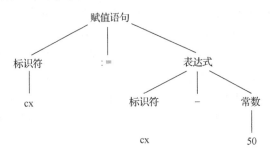

图 1-10　语法分析树图例

在语法分析阶段要解决的关键问题是区分指令和数据，即确定哪些字节表示的是数据和哪些字节表示的是指令，因为在当前常用的冯·诺依曼体系结构下，内存中是不区分指令和数据的，在代码段中可以包含数据，所以不能按字节依次顺序翻译。虽然，编译器很少将数据存放在代码段，但有一种编译的共识是利用了这一机制的，即对多路条件转移的翻译，编译器通常以跳转表（case 表）的形式实现，跳转表作为一个数据表存放在代码段，而反编译器并不知道这个表是数据而非指令。在这样的情况下，反编译器就不能想当然地认为一条指令的下一字节一定是一条指令，从而顺序向下地分析指令。跳转表为反编译带来了困难，但这个问题在很多情况下可以基于已知的编译规则，采用启发式算法来解决。

2. 语义分析

语义分析（Semantic Analysis）阶段检查源程序一组指令的语义，收集类型信息并且向整个子程序传播类型信息。对于任何一个编译器生成的二进制程序，只要程序能运行，其机器语言的语义就一定是正确的。因此，在源程序中是不会有语义错误的，除非语法分析器对某一条指令做了不正确的分析或把指令当作数据分析。语义分析阶段面临的主要问题是编译器所使用的一些规则和约定，如编译习语，不能由单一的一条指令推出其语义，需结合上下文从一个语句序列中得出。

为了检查一组指令的语义，就要分析和识别出编译习语。编译器会使用各种类型的编译习语，为提高程序的执行效率，编译器通常不会使用乘除指令，而是使用移位或加减指令来实现，例如，要计算 ax 乘以 4，编译生成的机器指令是 shl ax,2，这样反编译需要识别并把这条指令替换为等价的 ax*4 指令；而对于长型变量的操作则会通过高、低两部分的操作来完成，如下例：

```
add ax,[bp-4]
adc dx,[bp-2]
```

这实际上是一个长字加的例子，在这段代码中，[bp–2]:[bp–4]表示一个长型变量，而 dx:ax 在这个子程序中临时保存一个长型变量，在上下文相关的代码中 dx:ax 这两个寄存器当作一个 long 寄存器使用，代表一个长型的临时变量。

通过语义分析新发现的类型需要在程序控制流图中进行传播，用来辅助变量数据类型的识别。

3. 中间代码生成

同编译器对程序的分析和变换过程相同，反编译器也需要一个中间表示(Intermediate Representation，IR)语言用以对待分析程序进行表示和处理。中间表示语言作为一种程序的数据结构表示，它必须容易从源程序中生成，而且还必须适合用来表示目标语言，所以它应该是一种变化的结构，以适应不同分析阶段的需求。在反编译过程中，通常会在不同的阶段采用不同的中间表示形式，中间代码从低级表示形式逐步演化为高级表示形式。

中间代码生成虽然作为一个逻辑阶段被提出和表示，但实际上中间代码生成并不是独立的，而是蕴含在其他阶段的代码分析和变换过程中，如语法分析、语义分析、数据流分析和控制流分析等。

适应反编译的需求，中间表示语言划分为两个层次：低级中间表示语言和高级中间表示语言。低级中间表示语言需要支持对机器结构和机器语言成分的表示，通常采用四元组表示法；而高级中间表示语言需要蕴含高级语言的语法成分，通常采用三地址表示法。

4. 控制流图生成

控制流图(Control Flow Graph，CFG)生成阶段完成程序控制流转移关系的绘制。从广义上讲，控制流转移关系由子程序的调用图和每个子程序的控制流图来表示。源程序中每一个子程序的控制流图是反编译器分析程序所必需的。控制流图描述了程序执行的控制转移关系，被控制流分析用来发掘在程序中的高级控制结构，进行函数和类型恢复，也用来辅助数据流分析进行代码的优化和提升。

控制流图也叫作控制流程图，是一个程序的抽象表现，是编译器和反编译器中用到的一个抽象数据结构，代表了一个程序执行过程中会遍历到的所有路径。控制流图中的每个结点代表一个基本块，每个基本块是只有一个入口和一个出口的指令序列，其中指令要么都执行，要么都不执行，控制流图以图的形式表示一个子程序内所有基本块执行的可能流向转移关系。

5. 数据流分析

数据流分析(Data Flow Analysis)阶段试图改善中间代码，以便能够得到高级语言表达式。在这个分析阶段，寄存器和条件标志等低级语法成分被清除掉，因为在高级语言里面没有这些概念，指令操作合并形成含有多个运算的表达式形式。

如下一系列的中间语言指令：

```
asgn ax,[bp-0Eh]
asgn bx,[bp-0Ch]
asgn bx,bx*2
asgn ax,ax+bx
asgn [bp-0Eh],ax
```

经过数据流分析阶段，上面语句序列的变换结构是一个高级表达式的形式：

```
Asgn [bp-0Eh],[bp-0Eh]+[bp-0Ch]*2
```

第一组指令使用寄存器、栈变量和常数表示；表达式用标识符组成，对应的抽象语法树最多只有 2 层。在分析之后，最后输出的指令使用栈变量标识符，表达式为[bp-0Eh]:=[bp-0Eh]+[bp-0Ch]*2，对应了一个 3 层的抽象语法树。被机器语言用来计算这个高级表达式的临时寄存器 ax 和 bx，连同对这些寄存器的读取和写入，都已经被清除掉，在指令操作中隐含设置的条件码也被清除。

经数据流分析优化后留下的变量就是程序中用到的全局变量、局部变量、参数，在最后的代码生成阶段会以一定的规则，用标识符来命名。

6. 控制流分析

控制流分析阶段在预定义的高级控制结构集的指导下识别控制流图中蕴含的高级控制结构子图，试图将程序的每一个子程序的控制流图结构化成一个一般化的高级语言结构集，这个一般化的结构集必须包含大多数语言适用的高级控制结构，如控制的循环和条件转移。结构化二路条件转移的控制流子图如图 1-11 所示。

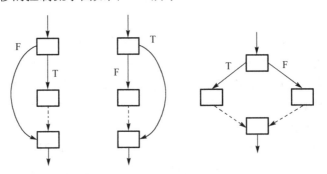

图 1-11　结构化二路条件转移控制流子图

7. 代码生成

代码生成(Code Generation)是反编译器的最后一个阶段，其任务是基于控制流图和每一个子程序的中间代码生成高级语言目标代码。其中要为所有识别出的全局变量、局部变量、参数和寄存器变量标识符选择变量名，也要为在程序中出现的各个子程序指定各自的子程序名。控制结构和中间指令被翻译成高级语言语句。

例如：

```
asgn[bp-0Eh],[bp-0Eh]+[bp-0Ch]*2
```

局部栈标识符[bp-0Eh]和[bp-0Ch]分别被赋予任意的名称 loc2 和 loc1，然后那条指令被翻译成 C 语言，如下：

```
loc2=loc2+(loc1*2);
```

1.5 反编译器实现及辅助工具

1.5.1 反编译器的模块结构

同编译器(或编译程序)实现的机制一样,反编译器在实现时通常也将前面所讨论的几个逻辑阶段划分为前端、中端和后端几个模块,如图 1-12 所示。

前端由那些与机器相关的和机器语言相关的阶段组成,包含前面提到的语法分析、语义分析、中间代码生成和控制流图生成四个逻辑阶段。前端接收待分析二进制可执行程序代码,因此是一个与机器和指令相关的模块。语法分析识别机器指令,转化为中间表示;语义分析识别编译习语、变量属性,进行传播和优化,其间生成该代码的低级中间表示形式和程序的控制转移关系图(包括子程序调用关系图和每个子程序的控制流图)。前端通过程序分析和变换,去除了二进制可执行程序代码中与机器相关的成分,产生了一个中间的与机器无关的程序表示法。

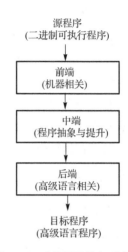

源程序
(二进制可执行程序)

前端
(机器相关)

中端
(程序抽象与提升)

后端
(高级语言相关)

目标程序
(高级语言程序)

图 1-12 反编译器的组成结构

反编译器的中端也称为通用反编译机(Universal Decompiling Machine,UDM),是一个完全独立于机器和语言的中间模块,完成中间代码的抽象和提升,是代码由低级向高级进行优化的核心过程。其主要包括数据流分析和控制流分析两个逻辑阶段。数据流分析以程序控制流图为指导,重点在中间代码上进行分析,通过获取数据在代码中的流动信息(定义和使用信息),建立和求解数据流方程,利用数据流分析结果清除寄存器和临时中间变量,将指令操作提升为高级表达式形式,去除无用指令,识别与恢复函数和过程及调用,将中间代码转换成任何高级语言都可接受的高级表示法。控制流分析则基于预定义的高级控制结构集,在控制流向图中识别符合条件的子图结构,把它们转换成标注了高级控制结构的控制流图。

反编译器的后端是一个高级语言依赖或目标语言依赖的模块,包含代码生成阶段,实现基于高级中间表示生成高级语言目标程序代码的功能。

反编译器的模块划分有利于在开发过程中实现代码复用,通过替换前端和后端可以实现对不同二进制程序和高级语言程序的支持,从而实现支持多源多目标的反编译器。在编译器理论中,阶段的组合是编译器作者为不同机器、不同语言建造编译器的机制。如果为不同的机器重新编写一个编译器后端,那么该机器的新编译器可以使用原来编译器的前端构成。类似地,可以为别的高级语言定义编写一个新前端,然后跟原来的后端一起使用。但是,实际上这个方法在实现时会由于选择的中间代码表示法而受到一定限制。同样,理论上,反编译器的阶段组合使得为各种不同机器和语言编写反编译器变得容易些:为不同机器编写不同的前端,为不同的目标语言编写不同的后端。但在实际应用中,其效果也受限于所采用的中间语言的普遍适用程度。

1.5.2　反编译辅助工具

在反编译实践中，往往还需要一些程序或工具辅助反编译器一起完成反编译过程，生成高级语言目标程序。

1.　加载器

加载器(Loader)也称为加载程序。本书所讨论的反编译是严格意义的对二进制可执行程序的反编译，这些程序以某种文件格式存储，如 Windows 的 PE 和 Linux 的 ELF 等，并不是一种可执行的格式，所以需要加载器将其重新组织成内存中的执行状态，一般来说，二进制源文件有一个重定位地址表，当程序装入内存的时候，将在那些地址上进行重定位。这个任务由加载程序完成。然后，将重新组装后的代码提交给反编译器进行反编译，也可以提交给反汇编器进行反汇编，生成汇编程序。

2.　反汇编器

反汇编器是一个把机器语言转换成汇编语言的程序。在后面的讨论中读者会看到，反汇编器实现了语法分析的基本功能，即在二进制程序中识别并翻译机器指令，只是反汇编器多做了一个汇编代码生成的过程。所以有些反编译器把反汇编生成的汇编语言程序作为反编译的输入，在此基础上完成后续的反编译过程。

3.　签名生成器

签名生成器是一个自动产生编译器和库的签名的程序。签名是唯一标识每个编译器和库子程序的二进制标本。这些签名使用的目的是试图反向进行链接器的工作，因为在从用户高级程序编译生成的二进制代码中不只包括用户程序代码，还包括被链接器引入的库例程代码以及编译器的程序启动和退出代码，而这些不是反编译用户所关心的内容，因此，签名生成器可以用来识别库函数，从而去除这些代码,使反编译器可以从主程序入口结点(main()函数)开始分析。

库函数识别一直是反编译的第一关。目前对特定的编译器提供的系统库必须用特定的签名来识别。签名生成器必须首先针对特定库和编译器进行训练，才能产生可用的库函数签名。如果能够分析出同一编译器的不同库版本甚至不同编译器的库代码之间的相似性，如存储结构、数据特征等，运用人工智能领域中的特征聚类、模式识别等分析方法，构造出常用库函数的通用识别模型，将大大降低反编译工作人员研究开发反编译系统的难度。

签名生成器的使用不仅减少了需要分析的子程序个数，也由于使用库函数名称代替任意的子程序名称从而增加了目标程序的可读性。

反汇编器可以借助编译器和库的签名去掉编译器启动代码(start-up)和库例程的反汇编。然后，汇编语言程序作为反编译器的输入，产生一个高级语言目标程序。

4.　原型生成器

原型生成器是一个自动确定库子程序参数类型以及函数返回值类型的程序。这些原型来自函数库的头文件，被反编译器用来确定库子程序的参数类型以及参数个数，子程序可以用其库函数名代替，增加了程序的可读性。类型识别的结果可以通过库函数参数类型的传播为数据类型识别提供有力的支持。

5. 库绑定

如果反编译器的目标语言不是最初编译得到二进制源程序的同一种高级语言，那么由于两种语言使用不同的库例程，所以即使这个程序是正确的也不能再用目标语言编译它。解决这个问题的方法是使用库绑定，即在两种语言的库例程之间建立关联，实现对应功能函数的转换。

1.6　反编译技术的分类

1.6.1　从反编译对象角度划分

从严格意义上说，反编译处理的对象是编译器(编译程序)生成的二进制程序，但是在现实应用中，"反编译"这一术语所涉及的范围要宽泛得多，各类对软件代码从"低"到"高"的逆向分析过程都称为反编译，这些代码有的是二进制可执行代码，有的并不是，如字节码、电子文档等，本书认为这是一种广义的理解。所以，从这个角度看，可以根据逆向分析对象的来源，将反编译分为以下类型。

1. C 程序的反编译

C 语言是应用最广的典型的面向过程的程序设计语言，包含的语法成分最为丰富，C 程序编译生成二进制可执行程序，所以，在反编译领域研究最多的就是针对 C 程序编译生成的二进制可执行程序的反编译，本书讨论也主要以 C 程序为目标程序的反编译为例。C 程序的反编译器有 DCC、EXE2C、HexRay 等。

2. C++程序的反编译

在传统 C++语言的开发环境中，是直接将其编译为机器指令的，因此对 C++的反编译就很困难，最多是反汇编到汇编代码。但是使用微软为.NET 平台扩展的 C++/CLI 语言，编译之后的是.NET 平台的 IL 语言，通过简单的反汇编就可以得到几乎原样的源代码(简称源码)，例如，在 VS2008 下开发的 Windows 桌面程序，就可以用 Reflector 反编译出源代码。

此外，在.NET1.1 时期，还有一种托管 C++语言，它是在.NET 的虚拟机里运行的，可以反编译出托管代码。虽然不能直接反编译得到 C++程序的源码，却还是有工具能帮助查看和分析 C++程序。PE Explorer 就是一款功能强大的可视化 Delphi、C++、VB 程序解析器，并且是一种集成化环境，捆绑了 UPX 的脱壳插件、扫描器和反汇编器，具备反汇编能力和 PE 文件头编辑功能，可以更容易地分析源代码，查看、替换和修复损坏了的资源。

3. VB 程序的反编译

VBExplorer、VB 反编译精灵和 VBRezQ 等都能对 VB 编写的程序进行反编译，但是不要对它们期望太高，大多时候并不能完全反编译出原来的源代码，只能作为辅助工具来用，协助重建窗体和项目文件，还原部分源代码。即便是效果较好的 VBRezQ，对于稍微复杂一些的 VB 程序，想反编译得到完整的源码也是勉为其难。

4. Delphi 程序的反编译

DeDe 被认为是非常好用的 Delphi 反编译工具。它可得到所有的目标 DFM 文件，甚至可以创建一个带有所有的 DFM、PAS、DPR 文件的 Delphi 工程的文件夹。

MRipper 可以反编译任何 Delphi 可执行文件，并可从 Delphi 应用程序中提取 CURSORS、ICONS、DFM 文件、PAS 文件和其他资源。得到的 PAS 文件不包含事件过程执行，还不能算是真正的源程序。此外，还有 DFM Explorer、Revendepro 等 Delphi 的反编译工具。

5. Java 程序的反编译

对 Java 的反编译比较常见，也比较完全，将.class 文件反编译成.java 文件也是有可能的。常用的 Java 反编译工具有 JAD（Joint Application Development）、Java Decompiler、JDEC、Java204 等。

6. 其他程序的反编译

例如，C#程序的反编译器 Reflector、易语言程序的反编译器 E-Code Explorer、.NET 程序的反编译器.NET Reflector 等。为了防止被反编译，有些软件的可执行文件在编译完成后会使用加壳工具进行加壳，甚至使用多个工具进行多重加壳。这些程序需要正确脱壳之后才能正常反编译。需要说明的是，由于反编译工具的不同，以及对编译环境判断的失误，甚至脱壳过程的错误，对高级语言的反编译，得到的源代码可能与原作者的代码差别极大，可读性很差，虽然可能它们的执行结果是一样的。

7. 电子文档的反编译

电子文档的传播，极大地方便了数字阅读和学习。然而美中不足的是，排版美观的电子文档，有时候却无法再利用。一方面是文档所有者对自己版权的保护；另一方面是一些电子文档格式本身的特点也决定了它不能够进行再编辑。大多数情况下，电子文档中的文字等资源是允许被复制使用的，但有时也会设定为不允许复制，更不用说内容和形式一起重新利用了。然而在很多时候，却需要还原这些文档的原有格式，以便重新编辑或者按自己的需要进行打印，这时候，就需要对这些电子文档进行反编译。

常用的电子文档的传播格式有 DOC、PDF、CHM 以及一些专用的电子杂志的格式。这些格式的电子文档(或电子图书)以 PDF 格式最为常见。由于 PDF 是一种大众化的文件格式，生成 PDF 格式文件的软件非常多，无法确定原始的源文件格式，因而对 PDF 文件的反编译，其实就是对它进行格式转换，如将它转换成 Word 的 DOC 格式。针对 PDF 的格式转换软件很多，效果较好的有 AnyBizSoft PDF Converter 等。

另外，有些文档制作成了 CHM 的帮助文件的格式，这些格式中的文本和图像等对象本身是可以复制的，但由于 CHM 通常是由 HTML 文件来制作生成的，在 HTML 代码中可能禁止了复制功能，所以有时也需要对 CHM 文件进行反编译。这类软件有 ChmDecompiler、CHM

电子书反编译精灵等。HTML Help Workshop、CHM 制作精灵则兼有编译和反编译的功能。其实 Windows 中自带的 CHM 文件浏览工具 hh.exe 也具有反编译 CHM 文件的功能，需要在命令提示符下带参数运行。为了方便，可以把反编译的命令和参数写在一个批处理文件中，利用拖放来实现反编译过程：

```
@echo off
set filePath=%1%
for %%i in (%filePath%) do (
set folder=%%~di%%~pi
set fileName=%%~ni
)
set dir=%folder%%fileName%
md %dir%>nul 2>nul
start %windir%\hh.exe -decompile
%dir% %filePath%
echo 反编译完成，文件保存在%dir%下
pause>nul
```

把上述内容保存在一个.bat 文件中，把要反编译的 CHM 文件拖到这个 BAT 文件上，原来 CHM 文件所在位置多出一个同名的文件夹，里面是已经反编译出来的 HTML 文件。

还有一些文档编译成了专用电子杂志的格式，这些格式需要用专门的阅读器来打开，有些甚至直接就是 EXE 可执行文件的格式。这些电子杂志格式的文档，设计美观，操作方便，内容丰富，功能强大，其中常常包含动画、音频等多媒体内容，要对它们进行反编译难度较大。有一款综合性电子杂志解包工具 pkZine（原名 unZineMaker），可用于解析各类流行电子杂志制作软件生成的 EXE 文件，从杂志中提取各种原始素材，如文字、SWF 动画、JPG 图片等。pkZine 目前支持解析 ZineMaker、ieBook 超级精灵、Flash、Director、SWFKit、诺杰数码精灵、中国麦客、雅致 Flash 打包工具等近 20 种软件生成的 EXE 文件。

8. Flash 的反编译

由于众多的课件作品都是 Flash 格式的，很多教师需要把这些 SWF 文件反编译成 FLA 文件，再进行修改，重新制作成 Flash 运行文件，其目的不言自明。当然，Flash 反编译工具的开发目的，绝不仅仅是让人去篡改 Flash 作品，更多的是提取其中的资源，以及学习其中的代码。最强大的 Flash 反编译工具应该非 Action Script Viewer（简称 ASV）莫属。ASV 是一个商业 SWF 反编译工具，在同类产品中，ASV 是代码反编译效果最好、FLA 工程重建成功率最高的软件。目前最新版本是 ASV2013，支持 AS1、AS2、AS3，可以支持 Flash1.0～18（AdobeFlashCS6）所有版本的 SWF 文件，反编译出的代码准确性好，支持反编译各种加密 SWF，支持 SWF 转 FLA，完美重现文件结构和脚本代码。

教师在学校常用的 Flash 反编译工具应该是硕思闪客精灵（Sothink SWF Decompiler）了，其方便而强大的 SWF 反编译功能在教师群体中有着极佳的口碑，不仅能解析 SWF，提取其中的资源文件，也能将 SWF 文件还原为 FLA 文件，方便重新修改。只是其重建 FLA 文件的效果要差些，会生成非常多的图层，对有些高版本的 SWF 甚至无法重建正确的 FLA 文件，AS 代码的反编译能力也差一些。实际上，如果仅仅是修改 SWF 文件，使

用硕思闪客之锤(Sothink SWF Quicker)要更方便一些。闪客之锤是一款功能强大的 SWF 编辑工具，虽然不能反编译出 FLA 文件，却能够直接修改 SWF 文件，包括其中的 AS 代码都能直接修改，而且成功率很高，对教师修改 Flash 课件而言更具实用性。类似的软件还有 SWiX Free 等。

　　9. 安卓应用程序的反编译

　　Android 应用程序的反编译就是针对.apk 文件里面的那些文件的反编译。Android(安卓)系统已然成为当前最流行的智能终端的操作系统，从手机、多媒体播放器、平板电脑，到网络机顶盒、智能电视，无处不见 Android 系统的身影，其应用程序也非常丰富。

　　Android 应用程序的扩展名是.apk，这其实是打包后的文件，Android 应用程序是用 Java 开发的。试着把这些.apk 应用程序的扩展名改为.zip 或.rar，会发现可以直接使用 WinRAR 之类的压缩软件打开(不改扩展名也可以打开，只是没有关联而已)，里面是很多分门别类的文件。因此，解开.apk 文件后，可以看到里面有一个 classes.dex 和一些.xml 文件，以及其他一些文件。在 apk 文件包中，res 这个目录下是资源文件，可以直接提取出来；META-INF 目录下是签名文件，用于确保压缩包的完整性；AndroidManifest.xml 文件是编译后的配置文件，用于声明程序中所包含的 activity、service 以及程序权限；resources.arsc 是编译后的资源说明文件。.apk 中的 classes.dex 就是主程序文件，它是.java 文件编译后再通过 dx 工具打包生成的，用来在 Android 的 dalvik 虚拟机上运行。要得到它打包前的 Java 源程序，需要用到一些反编译工具，最常用的是 dex2jar 和 jd-gui 这两个工具。dex2jar 用来把 DEX 文件转换成 JAR 文件，jd-gui 则可以把转换得到的 JAR 文件反编译成 Java 源文件。为了反编译方便，使用 dex2jar 时，可以把 classes.dex 复制到 dex2jar.bat 所在的目录下，并在命令提示符下转到这个目录，输入命令 dex2jar.batclasses.dex，即生成 classes.dex.dex2jar.jar 文件。这个 JAR 文件可以用 jd-gui 直接打开查看，保存所有文件，即生成一个包含所有源代码文件的压缩包。如果要直接反编译.apk 文件，可以使用另一个工具 Apktool，这是谷歌官方提供的命令行 APK 编译、反编译工具。把.apk 文件复制到软件所在目录下(方便起见，最好都置于 C 盘根目录)，并在命令提示符下转到这个目录，输入命令 apktooldC:/xxx.apkC:/xxxx，即可把 xxx.apk 文件释放到 xxxx 这个路径下。Apktool 还有重编译的功能，可以重新生成.apk 文件，这使它成为很受欢迎的 Android 反编译工具。

　　需要说明的是，用 WinRAR 等压缩软件虽然可以查看和解压缩.apk 文件，但是其中的 XML 是经过优化的，不能直接查看，否则只会看到一堆乱码。用 AXMLPrinter2.jar 这个工具，可以反编译.xml 文件。用 baksmali.jar 这个工具，也能反编译 classex.dex 文件。但是它们都需要用 JDK 来搭建 Java 运行环境，适合 Java 开发人员使用。

　　编译和反编译是互逆的过程，但二者并非一种对抗关系。反编译技术只要以正常的心态来正确使用，不突破道德和法律的底线，就会对自己和他人有益。很多时候，文档编译的目的不再是版权的保护，而是运行的需要和规范的需要，包括微软软件在内的很多编译软件自带了反编译功能，Windows 软件开发工具包中的 Dumpbin 就是一个例证。

1.6.2　从实现方式角度划分

　　从实现方式来看，反编译主要有静态和动态两种方式。

1. 静态反编译

静态反编译是指在代码翻译的过程中，代码不实际执行，通过解析代码文件格式和相关代码片段，按规则将代码以可执行形式装入内存后，通过递归迭代分析代码，将程序翻译成高级语言代码。

静态反编译的优点是程序全部加载，使用户可以在不运行程序的情况下，获得完整的程序，通过分析程序的静态代码获得程序的运行行为。

静态反编译的缺点是对运行时才能确定目的地址的间接转移和自修改代码等问题很难进行处理。

2. 动态反编译

动态反编译是通过代码的实际运行进行程序翻译。反编译程序通过中断或插桩等手段控制程序的执行，获取当前执行指令的信息，然后控制程序转回继续执行。

动态反编译的优点是不存在间接转移等问题，获取的都是实际运行的代码。其缺点是程序的一次运行和输入的数据集相关，不一定覆盖程序的所有执行路径，因此用户无法看到完整的程序。

当然，由于静态反编译和动态反编译都存在较大的难题，又具有互补性，在实现反编译时又提出一种将静态和动态相结合的反编译方式，用动态执行的方式获取静态分析无法得到的真实数据和代码，作为静态反编译的补充，可以提高反编译的成功率。

本书中主要讨论从二进制可执行程序到 C 语言高级语言目标程序的静态反编译技术。

1.7 反编译技术的应用

反编译是计算机专业人士的一个工具。在计算机软件领域的各个方面，反编译技术一直默默发挥着重要的作用，但一直以来，由于研究的难度、合法性的存疑、技术更新的速度慢等原因，反编译较少受到人们的关注。但是，随着软件技术的爆炸式发展，越来越多的新方向出现，在时代大潮中反编译的应用舞台越来越广阔。归结起来，反编译主要应用在两大领域：一是软件产品的开发、维护和升级；二是计算机安全领域。

1.7.1 软件产品的开发、维护和升级

反编译技术属于软件逆向工程领域，是软件逆向工程的一项重要技术，甚至在一些不严格的地方会将软件逆向的相关过程和技术统称为反编译。

逆向工程的定义为：分析他人设计和生产的产品并产生产品规格说明的活动。软件逆向工程则是一类分析、理解软件系统，并将其抽象成更高级形式的方法和活动。其根本目的通常不是对软件系统进行修改和破坏，而是帮助人们理解软件结构，以及蕴含在其中的软件设计思想、数据结构及算法思想。反编译等软件逆向工程技术在软件开发、维护和升级方面的应用主要如下。

1. 软件理解

软件理解是进行软件维护、重用和二次开发的基础。在软件的开发和维护过程中，开发者和维护者的角色常常由不同人员扮演，他们之间的信息交换往往是狭窄而片面的。中国的软件行业尚未成熟，越来越多的问题正在暴露出来。例如，软件所应包含的文档，在中国软件行业中，开发人员抱怨最多的就是文档缺乏或虽然有文档但无法从中获取有用的信息，更何况文档并不一定能详细而准确地描述开发者所要表达的信息。为了辅助程序理解的过程，现代调试器通常都提供了将机器代码反汇编到稍高一级的汇编语言的功能，以便人们获得对程序代码的更好的理解。但这一功能太简单了，只是指令代码的一一对应，完全不能满足一些较高级的要求或和具体情况相关的特定要求，软件工作者迫切需要更好的自动化辅助工具。利用反编译技术，程序分析器能自动搜索代码中的结构，向软件工程师提供最合适的程序解读，以便帮助他们理解程序和代码的操作、流程、结构等信息。

2. 软件维护与重用

软件维护作为软件生命周期的最后一个环节，已经被视为对计算机技术应用最严重的制约因素。按目前的软件交货方式，软件制造者一般只向用户提供软件的机器代码程序和有关软件使用和操作的文档，由于知识产权和技术保护等原因，通常不提供源代码给最终用户，这就给用户维护和改进程序造成了严重的困难。在已发布的软件中，许多优秀软件生产厂家没有保留源码或者不提供源码，而用户在某些情况下又需要自己进行恢复以便进行维护或改进，此时使用反编译技术可能是最好的方法之一，近年国内外也有此类研究应用的报道。另外，反编译技术还可以用于恢复自己开发的程序的源代码。自己开发的源代码丢失的情况并不罕见，例如，意外的事故、保管不善造成遗失，甚至被离职的雇员窃走等。软件维护的困难来自原有设计，同时也影响了再次开发，因此现代软件设计思想很注重对原有知识的重用，以达到易于维护的目的。

3. 硬件自动进化

知识的获取与重用也不仅仅限于软件方面，硬件方面也能利用反编译技术进行硬件芯片的自动设计以及硬件自动进化。例如，一个典型的进化过程如下：首先计算机需要读取硬件和芯片中的控制程序，翻译成高级表示；然后进行分析、理解和修改，生成新的程序；最后将新的程序下载到硬件中。如果采用自底向上的方式抽象硬件中的算法程序并学习理解，然后采用自顶向下的方式实现新的设计方法和技术，在计算机的辅助下能显著提高硬件各个行业设计开发的效率，最终实现机器的自动进化，《黑客帝国》中的描述也不再是幻想，这些必然需要反编译技术的强力支持才有可能实现。

1.7.2　计算机安全领域

在计算机安全领域，反编译技术的应用更为广泛，主要包括以下几点。

（1）为军方和政府机关审核非可靠单位提供的非开源软件。审核这些软件中是否存在恶意代码或者漏洞后门。

（2）反病毒软件的开发者可以反编译每一个他们掌握的病毒程序，评估其可能产生的破坏性和预期的感染率并做出防御；漏洞查找者可以反编译非开源操作系统和各种应用软件，查找它们的漏洞。

(3)软件评估机构可以通过反编译对程序的二进制代码进行取样检测来评估在程序中所使用的编码，从而对软件系统整体质量做出评价。

(4)在安全关键性的系统中，假设编译器得不到足够信任，可以反编译可执行代码来验证编译器的正确性。

随着移动互联网、物联网、云计算等技术的飞速发展，反编译相关技术在安全领域的应用将会越来越广泛，发挥更大的作用。

1.8　本　章　小　结

反编译是编译的逆过程，反编译的理论和技术基于编译的理论和技术。本章从编译与反编译的对比出发，介绍了反编译技术的发展历史，讨论了反编译所面临的主要问题；以编译器框架为基础介绍了典型的反编译器框架以及常用的反编译辅助工具；从反编译技术分类的角度讨论了反编译概念的外延和内涵；最后介绍了反编译相关技术在软件逆向工程和计算机安全领域的应用。

第2章 反编译基础

本书重点讨论针对二进制可执行程序的静态反编译技术，待分析的源程序以文件形式存储，所以在讨论反编译过程所涉及的主要技术之前，作为反编译技术的基础，本章首先介绍两种常用的二进制可执行文件格式，然后讨论程序的静态二进制代码和其运行时实现的动作之间的关系。

2.1 二进制可执行文件格式

可执行程序存储时按照规定的格式以文件形式来存储，运行时需要由装载器将其加载到内存空间。反编译针对可执行程序进行分析和变换，首先需要将程序组装重定位并加载到内存空间，所以对二进制文件格式的分析是反编译的基础之一。

2.1.1 PE 文件格式分析

PE(Portable Executable，可移植可执行)文件格式，是微软 Windows 平台上的二进制可执行文件的格式，属于 Win32 规范的一部分，常见 PE 文件类型包括 EXE、DLL、OCX、SYS 等。

1. PE 文件结构

Win32 规范中给出了 PE 文件的结构，如图 2-1 所示，可以划分为 DOS 文件头、PE 文件头、节、节表和调试信息五部分。下面重点讨论与文件装载相关的 DOS 文件头、PE 文件头、节和节表几部分。

1)DOS 文件头

所有的 PE 文件都以一个 64 字节的 DOS 文件头开始，目的是兼容早期的 DOS 操作系统。

DOS 文件头包含两部分：一部分是 DOS 文件头的标志，即以 ASCII 码为 MZ 字母开头的部分，简称 MZ 文件头；另外一部分是 DOS Stub 数据，当程序在 DOS 环境下运行时调用这部分数据，是链接器链接执行文件的时候加入的部分数据，一般是 This program must be run under Microsoft Windows。这部分数据可以通过修改链接器的设置来修改成自己定义的数据。

2)PE 文件头

PE 头是 PE 相关结构 NT 映像头(IMAGE_NT_HEADERS)的简称，其中包含许多装载 PE 文件需要用到的重要字段。

PE 文件头的数据结构定义为 IMAGE_NT_HEADERS，包含三部分，其结构如下：

```
Typedef struct IMAGE_NT_HEADERS{
  DWORD Signature;
  IMAGE_FILE_HEADER FileHeader;
```

```
    IMAGE_OPTIONAL_HEADER32 OptionalHeader;
}IMAGE_NT_HEADERS,*PIMAGE_NT_HEADERS;
```

其中，Signature 字段为 PE 文件头的标识，为双字结构，值为 50h,45h,00h,00h，即 PE\0\0。

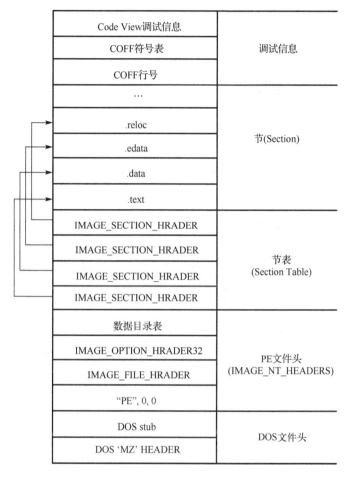

图 2-1　PE 文件结构图

FileHeader 字段：IMAGE_FILE_HEADER（映像头文件）结构包含了文件的物理层信息及文件属性。共 20 字节的数据，其结构如下：

```
Typedef struct _IMAGE_FILE_HEADER{
    WORD Machine;                   /*指示运行平台*/
    WORD NumberOfSections;          /*文件的节数目*/
    DWORD TimeDateStamp;            /*文件创建日期和时间*/
    DWORD PointerToSymbolTable;     /*指向符号表(用于调试)*/
    DWORD NumberOfSymbols;          /*符号表中符号个数(用于调试)*/
    WORD SizeOfOptionalHeader;      /*IMAGE_OPTIONAL_HEADER32 结构大小*/
    WORD Characteristics;           /*文件属性*/
}IMAGE_FILE_HEADER,*PIMAGE_FILE_HEADER;
```

可以用 LordPE 等工具查看 PE 文件的数据目录表，如图 2-2 所示。

图 2-2　用 LordPE 查看 PE 文件的数据目录表

3) 节和节表

PE 文件节包含了代码或某种数据，这些代码和数据划分为不同的节进行存储。代码就是程序中的可执行代码，而数据却有很多种，除了可读写的程序数据(如全局变量)之外，节中的其他类型的数据包括导入和导出表、资源和重定位表等。每个节在内存中都有它自己的属性，包括这个节是否含有代码、它是只读的还是可写的、这个节中的数据是否可在多个进程之间共享等。

PE 文件至少包含两个节，即数据节和代码节。Windows 的应用程序有 9 个预定义的节，分别为.text、.bss、.rdata、.data、.pdata、.rsc、.edate、.idate 和.debug 节，这些节并不是都是必需的。当然，也可以根据需要定义更多的节(如一些加壳程序)。在应用程序中最常出现的节分为以下 6 种：

(1) 可执行代码节，通常以.text(Microsoft)或 CODE(Borland)命名。

(2) 数据节。通常以.data、.rdata 或.bss(Microsoft)、DATA(Borland)命名。

(3) 资源节。通常以.rsrc 命名。

(4) 导出表。通常以.edata 命名。

(5) 导入表。通常以.idata 命名。

(6) 调试信息节。通常以.debug 命名。

一般而言，一个节中所有的代码和数据都通过一些方法逻辑地联系起来。编译器依据策略生成它们标准的节，一般用户也可创建并命名自己的节，链接器在可执行文件中包括它们。例如，在 Visual C++中，可以让编译器把代码或数据放到通过#pragma 语句命名的节中，下面语句：

```
#pragma data_seg("MY_DATA")
```

使 Visual C++把它生成的所有数据放到一个命名为 MY_DATA 的节中，而不是缺省的.data 节。大多数程序都使用编译器产生的默认节，但偶尔也会有把代码或数据放到一个单独的节中的需求。

PE 文件中所有节的属性都定义在节表中，节表由一系列的 IMAGE_SECTION_HEADER 结构排列而成，每个结构用来描述一个节，结构的排列顺序和它们描述的节在文件中的排列顺序是一致的。全部有效结构的最后以一个空的 IMAGE_SECTION_HEADER 结构作为结束，所以，节表中 IMAGE_SECTION_HEADER 结构的数量等于节的数量加 1。节表存放在紧接在 PE 文件头的地方。另外，节表中 IMAGE_SECTION_HEADER 结构的总数总是由 PE 文件头 IMAGE_NT_HEADERS 结构中的 FileHeader.NumberOfSections 字段来指定的。

每个节的 IMAGE_SECTION_HEADER 结构定义如下：

```
Typedef STRUCT _IMAGE_SECTION_HEADER{
    BYTE Name[IMAGE_SIZEOF_SHORT_NAME]; /*8 字节的节名称*/
    Union{
      DWORD PhysicalAddress;
      DWORD VirtualSize;//节的尺寸
    }Misc
    DWORD VirtualAddress;                /*节区的 RVA 地址*/
    DWORD SizeOfRawData;                 /*在文件中对齐后的尺寸*/
    DWORD PointerToRawData;              /*在文件中的偏移量*/
    DWORD PointerToRelocations;          /*在 OBJ 文件中使用，重定位的偏移*/
    DWORD PointerToLinenumbers;          /*行号表的偏移(供调试使用)*/
    WORD NumberOfRelocations;            /*在 OBJ 文件中使用，重定位项数目*/
    WORD NumberOfLinenumbers;            /*行号表中行号的数目*/
    DWORD Characteristics;               /*节属性，如可读、可写、可执行等*/
}IMAGE_SECTION_HEADER
```

其中重要的字段说明如下。

(1) Name：节名。这是一个由 8 位的 ASCII 码数组定义的结构成员，用来定义节的名称。多数节名都习惯性以一个 "." 作为开头(如.text)。值得注意的是，如果节名达到 8 字节，后面就没有 0 字符了，并且前边带有一个 "$" 的节名会从链接器那里得到特殊的待遇，前边带有 "$" 的相同名字的节在载入时将会合并，在合并之后的节中，它们是按照 "$" 后边的字符的字母顺序进行合并的。

每个节的名称都是唯一的，不能有同名的两个节。但事实上节的名称不代表任何含义，仅仅是为了正规统一编程的时候方便程序员查看而设置的一个标记而已，所以将包含代码的节命名为 ".data" 或者说将包含数据的节命名为 ".code" 都是合法的。

当从 PE 文件中读取需要的节时候，不能以节的名称作为定位的标准和依据，正确的方法是按照 IMAGE_OPTIONAL_HEADER32 结构中的数据目录字段结合进行定位。

(2) VirtualSize：对齐前的节的大小。这是节的数据在没有进行对齐处理前的实际大小。

(3) VirtualAddress：该节装载到内存中的 RVA 地址。这个地址是按照内存页来对齐的，因此它的数值总是 SectionAlignment 的值的整数倍。

(4) PointerToRawData：指出节在磁盘文件中所处的位置。这个数值是从文件头开始算起的偏移量。

(5) SizeOfRawData：该节在磁盘中所占的大小。这个数值等于 VirtualSize 字段的值按照 FileAlignment 的值对齐以后的大小。

依靠上面 5 个字段的值，进行文件装载时就可以从 PE 文件中找出某个节(从 PointerToRawData 偏移开始的 SizeOfRawData 字节)的数据，并将它映射到内存中(映射到从模块基地址偏移 VirtualAddress 的地方，并占用以 VirtualSize 的值按照页的尺寸对齐后的空间大小)。

(6) Characteristics：该节的属性。该字段是按位来指出节的属性(如代码/数据/可读/可写等)的标志。

在执行一个 PE 文件的时候，Windows 并不在一开始就将整个文件读入内存，而是采用与内存映射文件类似的机制。Windows 装载器在装载的时候仅仅建立好虚拟地址和 PE 文件之间的映射关系。当且仅当真正执行到某个内存页中的指令或者访问某一页中的数据时，这个页面才会被从磁盘提交到物理内存，这种机制使文件装入的速度和文件大小没有太大的关系。

但是要注意的是，系统装载可执行文件的方法又不完全等同于内存映射文件。当使用内存映射文件的时候，系统对"原著"相当忠实，如果将磁盘文件和内存映像进行比较，可以发现不管数据本身还是数据之间的相对位置都是完全相同的。而在装载可执行文件的时候，有些数据在装入前会被预处理，如重定位等，因此，装入以后，数据之间的相对位置可能发生微妙的变化。

4) 调试信息

调试信息通常存放在 PE 文件的 ".debug" 区段，由 PE 文件头可选映像头数据目录表的成员 IMAGE_DATADIRECTORY DataDirectory[IMAGE_DIRECTORY_ENTRY_DEBUG]指向。

2. RVA 和文件偏移的转换

RVA 即相对虚拟地址(Relative Virtual Address)，顾名思义，它是一个相对地址。PE 文件中的各种数据结构中涉及地址的字段大部分都是以 RVA 表示的。

RVA 是当 PE 文件装载到内存中后，某个数据位置相对于文件头的偏移量。例如，如果 Windows 装载器将一个 PE 文件装入载到 00400000h 处的内存中，而某个节中的某个数据装载到 0040**xh 处，那么这个数据的 RVA 就是(0040**xh–00400000h)=**xh，反过来说，将 RVA 的值加上文件被装载的基地址，就可以找到数据在内存中的实际地址。

很明显，DOS 文件头、PE 文件头和节表的偏移位置与大小均没有变化。而各个节映射到内存后，其偏移位置就发生了变化。计算方法如下。

当处理 PE 文件时候，任何的 RVA 必须经过到文件偏移的换算，才能用来定位并访问文件中的数据，但换算却无法用一个简单的公式来完成，文件偏移的计算过程如下。

步骤 1：循环扫描节表得出每个节在内存中的起始 RVA(根据 IMAGE_SECTION_HEADER 中的 VirtualAddress 字段)，并根据节的大小(根据 IMAGE_SECTION_HEADER 中的 SizeOfRawData 字段)算出节的结束 RVA(两者相加即可)，最后判断目标 RVA 是否落在该节内。

步骤 2：通过步骤 1 定位了目标 RVA 处于具体的某个节中后，用目标 RVA 减去该节的起始 RVA，这样就能得到目标 RVA 相对于起始地址的偏移量 RVA2。

步骤 3：在节表中获取该节在文件中所处的偏移地址(根据 IMAGE_SECTION_HEADER 中的 PointerToRawData 字段)，将这个偏移值加上步骤 2 得到的 RVA2 值，就得到了真正的文件偏移地址。

3. PE 文件的装载过程

装载一个 PE 文件的过程如下。

(1) 读取文件的第一个页，获取 DOS 文件头、PE 文件头、节表。

(2)检查进程地址空间，目的地址是否可用，如果不可用，则另外选一个装载地址。

(3)使用节表中提供的信息，将 PE 文件中所有的节一一映射到地址空间中相应的位置。

(4)如果装载地址不是目的地址，则进行 Rebasing。

(5)装载所有 PE 文件所需要的 DLL 文件。

(6)对 PE 文件中所有导入符号进行解析。

(7)根据 PE 文件头中指定的参数，建立初始化栈和堆。

(8)建立主线程并启动进程。

通常，PE 文件的优先装载地址是 0x00400000（虚拟空间的地址），DLL 文件的优先装载地址是 0x10000000。

2.1.2　ELF 文件格式分析

ELF 是 Linux 的一种对象文件的格式，用于定义不同类型的对象文件的存放内容及格式。在 Linux 下，可执行文件/目标文件(可重定向文件)/动态库文件都存储为 ELF 文件格式，但三种类型的文件包含的内容却有所不同。

(1)可执行文件没有 section header table。

(2)目标文件没有 program header table。

(3)动态库文件两个 header table 都有，因为链接器在链接的时候需要 section header table 来查看目标文件各个 section 的信息，然后对各个目标文件进行链接，而加载器在加载可执行程序的时候需要用到 program header table，需要根据这个表把相应的段加载到相应的虚拟内存(虚拟地址空间)中。

1. ELF 文件格式视图

ELF 文件格式提供了两种视图，分别是链接视图和执行视图。图 2-3 为 ELF 文件结构视图。

图 2-3 左侧的视角为链接视图，是在链接时用到的视图，以节(Section)为单位。右侧的视角为执行视图，以段(Segment)为单位。ELF 文件从结构上可以分为以下四个部分。

(1)ELF 头。描述整个文件的组织。

(2)程序头表。描述文件中的各种段，用来告诉系统如何创建进程映像。

(3)节或者段。段是从运行的角度来描述 ELF 文件，节是从链接的角度来描述 ELF 文件，也就是说，在链接阶段，可以忽略程序头表来处理此文件，在运行阶段可以忽略节头表来处理此程序。段与节是包含的关系，一个段包含若干个节。

(4)节头表。包含了文件各个节的属性信息。

链接视图和执行视图的对应关系如图 2-4 所示。

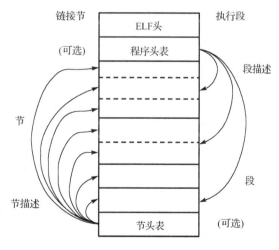

图 2-3　ELF 文件格式视图

链接视图	执行视图
ELF 头	ELF 头
程序头表(可选)	程序头表
节区 1	段 1
...	
节区 2	段 2
...	
...	...
节区头表	节区头表(可选)

图 2-4　链接视图和执行视图的对应关系

2. ELF Header

ELF Header 的结构体定义如下：

```
#define EI_NIDENT 16
Typedef struct {
  Unsigned char e_ident[EI_NIDENT];
  ELF32_Half e_type;
  ELF32_Half e_machine;
  ELF32_Word e_version;
  ELF32__Addr e_entry;
  ELF32_Off e_phoff;
  ELF32_Off e_shoff;
  ELF32_Word e_flags;
  ELF32_Half e_ehsize;
  ELF32_Half e_phentsize;
  ELF32_Half e_phnum;
  ELF32_Half e_shentsize;
  ELF32_Half e_shnum;
  ELF32_Half e_shstrndx;
}Elf32_Ehdr;
```

在 ELF Header 中可以得到 ELF 文件的属性，包括操作系统、处理器架构等，其中需要重点关注以下几个字段。

(1)e_entry。程序入口地址，对于程序进入点是指当程序真正执行起来的时候，其第一条要运行的指令的运行时的地址。因为 Relocatable objects file 只是供再链接而已，.o 可重入文件的进入点是 0x0(e_entry)，表明 Relocatable objects file 不会有程序进入点。而可执行文件 TEST 和动态库.so 都存在进入点，且可执行文件的 e_entry 指向 C 库中的_start,而动态库.so 中的进入点指向 call_gmon_start。这对于反编译的语法分析阶段非常重要，因为它是进行语法分析的起始地址。

(2)e_ehsize。ELF Header 结构大小。

(3)e_phoff、e_phentsize、e_phnum。分别描述 Program Header Table 的偏移、大小、结构。

(4)e_shoff、e_shentsize、e_shnum。分别描述 Section Header Table 的偏移、大小、结构。

(5) e_shstrndx。描述的是字符串表在 Section Header Table 中的索引，值 25 表示的是 Section Header Table 中第 25 项是字符串表(String Table)。

可以通过运行 readelf.exe -h android_server 命令，查看到 ELF Header 结构的内容，如图 2-5 所示。

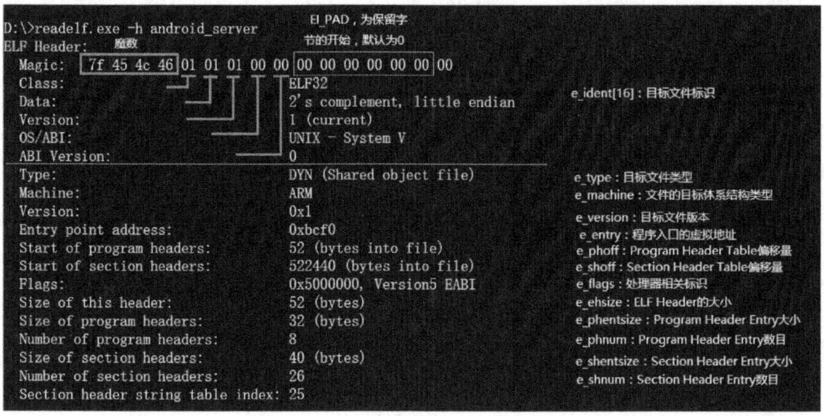

图 2-5　ELF 文件头内容查看

3.　Section Header Table

一个 ELF 文件中到底有哪些具体的节，由包含在这个 ELF 文件中的 section head table(SHT) 决定。在 SHT 中，针对每一个节，都设置有一个条目(Entry)，用来描述对应的这个节，其内容主要包括该节的名称、类型、大小以及在整个 ELF 文件中的字节偏移位置等。SHT 的结构定义为

```
typedef struct{
        Elf32_Word    sh_name;        /*Section 的名字*/
        Elf32_Word    sh_type;        /*Section 的类别*/
        Elf32_Word    sh_flags;       /*Section 在进程中执行的特性(读、写)*/
        Elf32_Addr    sh_addr;        /*在内存中开始的虚地址*/
        Elf32_Off     sh_offset;      /*此 Section 在文件中的偏移*/
        Elf32_Word    sh_size;
        Elf32_Word    sh_link;
        Elf32_Word    sh_info;
        Elf32_Word    sh_addralign;
        Elf32_Word    sh_entsize;
}Elf32-Shdr;
```

4.　Program Header Table

程序头(Program Header)描述与程序执行直接相关的目标文件结构信息，用来在文件中定位各个段的映像，同时还包含其他一些用来为程序创建映像所必需的信息。

可执行文件或者共享目标文件的程序头是一个结构数组，每个结构描述了一个段或者系统准备程序执行所必需的其他信息。目标文件的段包含一个或者多个节区，也就是段内容(Segment Contents)。程序头仅对可执行文件和共享目标文件有意义。

程序头的数据结构如下：

```
Typedef struct{
    Elf32 _Wordp_type;      /*此数组元素描述的段的类型，或者如何解释此数组元素的信息*/
    Elf32 _Offp_offset;     /*此成员给出从文件头到该段第一个字节的偏移*/
    Elf32 _Addrp_vaddr;     /*此成员给出段的第一个字节将被放到内存中的虚拟地址*/
    Elf32 _Addrp_paddr;     /*此成员仅用于与物理地址相关的系统中*/
    Elf32 _Wordp_filesz;    /*此成员给出段在文件映像中所占的字节数，可以为0*/
    Elf32 _Wordp_memsz;     /*此成员给出段在内存映像中占用的字节数，可以为0*/
    Elf32 _Wordp_flags;     /*此成员给出与段相关的标志*/
    Elf32 _Wordp_align;     /*此成员给出段在文件中和内存中如何对齐*/
}Elf32_phdr;
```

5. Section

在链接视图中，一些.so 文件中的 Section 对程序分析非常重要，包括符号表、字符串表、重定位表等。

1) 符号表(.dynsym)

符号表包含用来定位、重定位程序中符号定义和引用的信息，简单地理解就是符号表记录了该文件中的所有符号，符号就是经过修饰的函数名或者变量名，不同的编译器有不同的修饰规则。例如，符号_ZL15global_static_a 就是由 global_static_a 变量名经过修饰而来的。

符号表项的格式如下：

```
Typedef struct{
    Elf32 _Wordst_name;         /*符号表项名称。如果该值非0，则表示符号名的字符串
                                  表索引(offset)，否则符号表项没有名称*/
    Elf32 _Addrst_value;        /*符号的取值。其依赖于具体的上下文，可能是一个绝对
                                  值、一个地址等*/
    Elf32 _Wordst_size;         /*符号的尺寸大小。例如，一个数据对象的大小是对象中
                                  包含的字节数*/
    Unsigned char st_info;      /*符号的类型和绑定属性*/
    Unsigned char st_other;     /*未定义*/
    Elf32_Half st_shndx;        /*每个符号表项都以和其他节的关系的方式给出定义。
                                  此成员变量给出相关的节头表索引*/
}Elf32_sym;
```

2) 字符串表(.dynstr)

符号表的 st_name 是符号名在字符串表中的索引，字符串表中存放的是所有符号的名称字符串。字符串表的 section header 表项如表 2-1 所示。

表 2-1　section header 结构

Struct section_table_entry32_t section_table_element[3]	.dynstr	C9044h
struct s_name32_t s_name	.dynstr	C9044h
enum s_type32_e s_type	SHT_STRTAB(3)	C9048h
enum s_flags32_e s_flags	SF32_ALLoc(2)	C904Ch

续表

Elf32_Addr s_addr	0x00007548	C9050h
Elf32_Off s_offset	7548h	C9054h
Elf32_Xword s_size	20794	C9058h
Elf32_Word s_link	0	C905Ch
Elf32_Word s_info	0	C9060h
Elf32_Xword s_addralign	1	C9064h
Elf32_Xword s_entsize	0	C9068h
char s_data[20794]		7548h

3) 重定位表

重定位表在 ELF 文件中扮演很重要的角色。在介绍重定位表之前，先来理解重定位的概念，在高级语言源程序从代码到可执行文件这个翻译的过程中，要经历编译器、汇编器和链接器对代码的处理。编译器和汇编器通常为每个文件创建程序地址从 0 开始的目标代码，但是几乎没有计算机会允许从地址 0 加载用户程序。而且如果一个程序是由多个子程序组成的，那么所有的子程序必须要加载到互不重叠的地址上。重定位就是为程序不同部分分配加载地址，调整程序中的数据和代码以反映所分配地址的过程。简单地说，就是要将程序中的各个部分映射到合理的地址上。换句话来说，重定位是将符号引用与符号定义进行连接的过程。例如，当程序调用了一个函数时，相关的调用指令必须把控制传输到适当的目标执行地址。具体来说，就是把符号的 value 进行重新定位。

可重定位文件必须包含如何修改其节区内容的信息，从而允许可执行文件和共享目标文件保存进程的程序映像的正确信息。这就是重定位表项要做的工作。重定位表项的格式如下：

```
Typedef struct{
Elf32 _Addrr_offset;          /*重定位动作所适用的位置(受影响的存储单位的第一个
                                字节的偏移或者虚拟地址)*/
Elf32 _Wordr_info;            /*要进行重定位的符号表索引，以及将实施的重定位类型
                                (哪些位需要修改，以及如何计算它们的取值)*/
/*其中.rel.dyn 重定位类型一般为 R_386_GLOB_DAT 和 R_386_COPY；.rel.plt 为 R_
386_JUMP_SLOT*/
}Elf32_Rel;
...
Typedef struct{
 Elf32 _Addrr_offset;
 Elf32 _Wordr_info;
 Elf32 _Wordr_addend;
}Elf32_Rela;
```

常见的重定位表类型如下。

(1).rel.text。重定位的地方在.text 段内，以 offset 指定具体要定位的位置。在链接的时候由链接器完成。.rel.text 属于普通重定位辅助段，由编译器编译产生，存在于 OBJ 文件内。链接器链接时，用于最终可执行文件或者动态库的重定位。通过它修改原 OBJ 文件的.text 段后，合并到最终可执行文件或者动态文件的.text 段。其类型一般为 R_386_32 和 R_386_PC32。

（2）.rel.dyn。重定位的地方在.got 段内，主要是针对外部数据变量符号，如全局数据。重定位在程序运行时定位，一般是在.init 段内。

定位过程：获得符号对应 value 后，根据 rel.dyn 表中对应的 offset，修改.got 表对应位置的 value。另外，.rel.dyn 的含义是指和 DYN 相关，一般是指在程序运行的时候，动态加载。区别于 rel.plt，rel.plt 是指和 PLT 相关，具体是指在某个函数调用的时候加载。

注意：.rel.dyn 和.rel.plt 是动态定位辅助段，由链接器产生，存在于可执行文件或者动态库文件内。借助这两个辅助段可以动态修改对应的.got 和.got.plt 段，从而实现运行时重定位。

（3）.rel.plt。重定位的地方在.got.plt 段内（注意也是.got 内，具体区分而已），主要是针对外部函数符号。一般是函数首次调用时重定位。首次调用时会重定位函数地址，把最终函数地址放到.got 内，以后读取该.got 就直接得到最终函数地址。这个 Section 的作用是，在重定位过程中，动态链接器根据 r_offset 找到.got 对应表项，来完成对.got 表项值的修改。

（4）.plt（过程链接表）。所有外部函数调用都是经过一个对应桩函数，这些桩函数都在.plt 段内。

具体调用外部函数过程是：调用对应桩函数→桩函数取出.got 表表内地址→跳转到这个地址。如果是第一次，这个跳转地址默认是桩函数本身跳转处地址的下一个指令地址（目的是通过桩函数统一集中取地址和加载地址），接着把对应函数的真实地址加载进来放到.got 表对应处，同时跳转执行该地址指令，以后桩函数从.got 取得的地址都是真实函数地址。

2.2　二进制程序的存储组织结构

用户高级语言程序通常由一或多个子程序组成，这些称为用户子程序。而经过编译和链接产生的二进制可执行程序不仅包含用户子程序，还包含用户程序调用的库例程和链接器链接的其他子程序（给编译器提供运行时支持）。所以，一个组装加载到内存的二进制代码的一般结构如图 2-6 所示，包括启动代码、用户程序代码和退出代码。

| 启动代码 |
| 用户程序代码
（包括库子程序） |
| 退出代码 |

图 2-6　二进制程序的存储结构

启动代码（Start Up Code）也称为启动函数，不是用户编写的代码，而是编译器添加的代码。编译器编译程序时，不同编译器会根据自身特点，添加不同的启动函数，目的是为程序执行建立运行环境。在逆向分析或反编译程序时不需要仔细分析这些启动函数，只需识别出这些函数，进而分清哪些是用户程序代码，哪些是启动函数。

用户程序代码是进行反编译所真正关注的内容，但其中也包含了用户程序调用的库函数代码，包括系统调用函数、编译器库函数以及专业领域库函数等，这些库函数的实现代码也不是反编译分析所关注的，后面需要通过库函数识别将这些代码去除掉。

退出代码（Exit Code）也是编译器所加入的代码，主要用于释放资源、恢复系统状态。退出代码同样不属于用户程序，不是反编译分析所关注的内容，需要识别并去除。

所以，一个程序的运行首先是通过调用编译器启动代码建立它的运行环境；随后调用用户主程序执行，期间它会调用链接器链接的库函数；最后在程序终止之前调用一系列编译器子程序恢复机器状态。

例如，一个"hello world!"C 程序，用 Turbo C16 位机编译以后，会有超过 25 个不同的子程序。启动代码调用多达 16 个不同的子程序来建立编译器的环境。用户的主程序由一个子过程组成。这个子过程调用 printf() 函数,进而调用多达 8 个不同的子程序来显示格式化的字符串。最后,退出代码调用 3 个子程序恢复环境并且退回 DOS。这个程序的代码构架样本见图 2-7。而 DEV C++的 64 位编译则调用了 87 个不同的子程序。

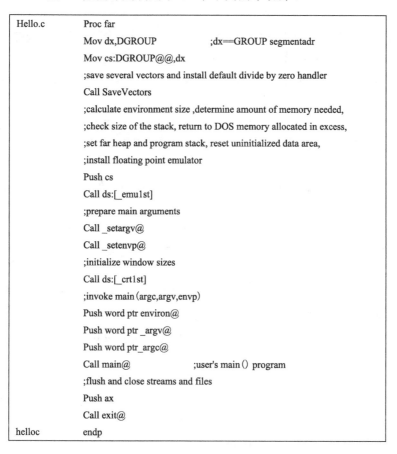

```
Hello.c      Proc far
             Mov dx,DGROUP                    ;dx==GROUP segmentadr
             Mov cs:DGROUP@@,dx
             ;save several vectors and install default divide by zero handler
             Call SaveVectors
             ;calculate environment size ,determine amount of memory needed,
             ;check size of the stack, return to DOS memory allocated in excess,
             ;set far heap and program stack, reset uninitialized data area,
             ;install floating point emulator
             Push cs
             Call ds:[_emu1st]
             ;prepare main arguments
             Call _setargv@
             Call _setenvp@
             ;initialize window sizes
             Call ds:[_crt1st]
             ;invoke main (argc,argv,envp)
             Push word ptr environ@
             Push word ptr _argv@
             Push word ptr _argc@
             Call main@                       ;user's main () program
             ;flush and close streams and files
             Push ax
             Call exit@
helloc       endp
```

图 2-7   一个"hello world!"程序的代码构架样本

在一个二进制程序中,子程序是用它们的入口地址来标识的;子程序没有与之关联的名称,而且在对这些子程序所定义和使用的寄存器做数据流分析之前,并不知道某个子程序是一个子过程(没有返回值)还是一个函数(有返回值)。在后面的章节中称调用另一个子程序的子程序为调用者(Caller),而被调用的子程序为被调用者(Callee)。

2.3   数据的存储

高级语言支持多种数据类型,包括基本数据类型(如字符型、整型、浮点型)和复杂数据类型(如数组、字符串和结构等)。基本数据类型的数据对象可以放在寄存器中来操作,也可以放在连续相邻的内存单元里,而复杂类型的数据对象,因为它们的大小通常超过寄存器的大小,不能将其整体放在寄存器中,通常储存在连续相邻的内存单元里,通过一个指向它们起始地址的指针来进行存取。

2.3.1　复杂数据类型

对于复杂数据类型，不同的编译器有不同的管理方式。

1. 数组

数组存储为连续相邻的一片内存单元，它保存一个或多个特定类型的数据项。根据特定语言所规定的顺序，多维数组在内存按不同的行优先或列优先顺序来实现。

（1）行优先顺序。多维数组的元素按行优先顺序存储，即一行接一行。C 语言编译器就使用这种存储顺序。

（2）列优先顺序。多维数组的元素以列优先顺序存储，即一列接一列。Fortran 语言和 Basic 语言编译器使用这种顺序。

对于大多数语言，数组的大小在编译时是已知的，如 C 语言、Pascal 语言和 Fortran 语言就是这样的。Basic 语言允许运行时声明数据大小，因此一个数组需要有一个数组描述符，用来保存数组的大小和一个指针指向数组储存在内存里的实际位置。

2. 字符串

字符串是一个字符序列。不同语言使用不同的表示法表现一个字符串，具体如下。

（1）C 语言格式。一个字符串是一个以空字符（\0）结束的字节数组。

（2）Fortran 语言格式。一个字符串是在一个固定不变的存储单元上的字节序列，因此在字符串结束处不需要定界符。

（3）Pascal 语言格式。一般的 Pascal 编译器有两种类型的字符串：STRING 和 LSTRING。前者是一个固定长度字符串，与 Fortran 格式一样。后者是一个长度可变的字符串，是一个字符数组，该数组的第一个字节保存该字符串的长度。标准的 Pascal 语言没有 STRING 或 LSTRING 类型。

（4）Basic 语言格式。一个字符串用一个 4 字节的字符串描述符实现；开头 2 字节保存字符串的长度，后 2 字节是一个默认数据区的相对偏移量，在那里保存字符串。这个区域由 Basic 的字符串空间管理例程分配，因而其位置在内存里是不固定的。

3. 结构

结构是连续相邻的一片内存，它保存一个或多个数据类型的相关数据项。在不同的语言里结构有不同的名称：在 C 语言里叫 struct，在 Pascal 语言里叫 record，在 Basic 语言里叫用户定义类型。默认地，C 语言和 Pascal 语言储存结构体的方式是以字节为单位尺寸的对象以及这些对象的数组，而且是无压缩存储、字对齐（Word-aligned）。

4. 复数

有些语言没有复数，如 C 语言。Fortran 有复数数据类型，按照以下方式存储浮点数。
(1) COMPLEX*8。4 字节表现实数部分，其他 4 字节表现虚数部分。
(2) COMPLEX*16。8 字节表现实数部分，其他 8 字节表现虚数部分。

5. 布尔值

Fortran 的 LOGICAL 数据类型按照以下方式存储布尔信息。
(1) LOGICAL*2。1 字节保存布尔值(0 或 1)，其他 1 字节保留未使用。
(2) LOGICAL*4。1 字节保存布尔值，其他 3 字节保留未使用。

2.3.2 字节序

在计算机领域，不同的体系结构对多字节数据对象的数据存储方式不同，称为字节序，即多字节数据在计算机内存中存储或网络传输时各字节的存储顺序，主要分为两大类：小端序(Little Endian)和大端序(Big Endian)。

采用大端序存储多字节数据对象时，内存地址低位存储数据的高位，内存地址高位存储数据的低位，这是一种最直观的字节存储顺序，它常用于大型 UNIX 服务器的 RISC 系列 CPU 中，网络协议中也经常采用大端序方式。

采用小端序存储多字节数据对象时，内存地址高位存储数据的高位，内存地址低位存储数据的低位，这是一种逆序存储方式，保存的字节顺序被倒转，它是最符合人类思维方式的字节序。Intel x86 CPU 采用的就是小端序，使用小端序进行算术运算以及扩展和缩小数据时，效率非常高。

下面通过一段简单的示例代码，了解同一个数据对象在不同的字节序保存时有何不同。

```
BYTE b=0x12;
WORD w=0x1234;
DWORD dw=0x12345678;
Char str[]="abcde";
```

上面代码中定义了四个不同数据类型的变量，它们的大小各不相同，从表 2-2 中可以看出同一个数据对象在不同字节序下的存储形式。

表 2-2 大端序与小端序比较

类型	变量名	大小(字节数)	大端序存储	小端序存储
BYTE	b	1	[12]	[12]
WORD	w	2	[12][34]	[34][12]
DWORD	dw	4	[12][34][56][78]	[78][56][34][12]
Char []	str	6	[61][62][63][64][65][00]	[61][62][63][64][65][00]

当数据类型为字节型(BYTE)时，其长度为 1 字节，保存这样的数据时，无论采用大端序还是小端序，字节顺序都是一样的，但是数据长度为 2 字节(含 2 字节)以上时，采用不同字节序保存它们形成的存储顺序是不同的，从表中存储在变量 w 和 dw 中的值可以清楚地体

现出来。字符串数据以字符数组形式存储，一个个字符连续存储，在上例中的字符串"abcde"保存在一个字符数组 str 中，占据 6 字节连续的内存，实际上是每个字符作为独立的存储单位，所以无论采用大端序还是小端序，存储的顺序都是一致的。这里因为是字符数组，每字节内存放的是字符的 ASCII，字母 a 的 ASCII 码的十六进制表示为 0x61，字母 e 的 ASCII 码的十六进制表示为 0x65，字符串最后是以 NULL 结尾的，对应字节存储的是[00]。

2.4   栈   帧

高级语言的编译器为了允许混合语言编程而制定了一些约定规范，使得一个程序的某些子程序可以用某一种语言编写，而另一些子程序则可以用另一种不同的语言编写，而且所有这些子程序都能链接到同一个程序中。这一约定的核心是一个称为栈帧(Stack Frame)的结构，约定涉及栈帧的建立方式以及子程序的调用与返回方式。基于栈帧实现了程序的执行模式。

在当今多数计算机体系结构中，函数的参数传递、局部变量的分配和释放都是通过操纵栈来实现的。栈还用来存储返回值信息、保存寄存器以供恢复调用前处理机的状态。每次调用一个子程序，都要为该次调用的子程序实例分配栈空间。为单个子程序分配的那部分栈空间就叫作栈帧，栈帧主要是为了描述子程序调用关系、存储子程序运行相关数据的。

在讨论栈帧结构之前，先来介绍相关的栈和寄存器。

2.4.1   栈和调用栈

栈，相信大家都十分熟悉，栈是一种应用非常广泛的数据结构，作为一种运算受限(只能在表的一端进行插入和删除操作)的线性表，按照后进先出(Last In First Out，LIFO)的原则来存储数据。先进入的数据压入栈底，后进入的数据存放在栈顶。栈支持两种基本操作：push和 pop。插入数据的操作称为压栈(入栈)push，将栈中的数据弹出并存储到指定寄存器或者内存单元中的操作称为出栈 pop。

pop 操作后，栈中的数据并没有被清空，只是该数据无法直接访问。栈的形式可以向下生长，由高地址向低地址生长，也可以向上生长，由低地址向高地址生长。这里用到的系统调用栈(Call Stack)是向下生长的。

操作系统利用栈结构后进先出的特性，构成了计算机中程序执行的基础，用于内核中程序执行的栈具有以下特点。

(1)每一个进程在用户态对应一个栈结构，称为调用栈。

(2)程序中每一个开始且未完成运行的子程序对应一个栈帧，栈帧中保存了子程序局部变量、传递给被调用子程序的实际参数和返回地址以及子程序局部变量等信息。

(3)栈底对应高地址，栈顶对应低地址，栈由内存高地址向低地址生长。

调用栈的内存结构如图 2-8 所示。在一个进程中，调用栈是一种有高地址向低地址生长的数据结构。当执行 push 指令将数据压栈时，栈顶指针减小，向低地址移动；当执行 pop

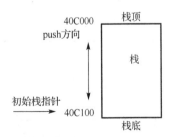

图 2-8   调用栈的内存结构

指令将数据出栈时，栈顶指针增加，向高地址移动，所以栈是逆向扩展的。

2.4.2　栈帧相关寄存器

寄存器位于 CPU 内部，用于存放程序执行中用到的数据和指令，CPU 从寄存器中存取数据，相比从内存中存取要快得多。寄存器又分为通用寄存器和特殊寄存器。

通用寄存器有 ax/bx/cx/dx/di/si 等，尽管这些寄存器在大多数指令中可以任意选用，但也有一些规定某些指令只能用某个特定的通用寄存器，例如，子程序返回时需将值返回到 ax 或 dx:ax 寄存器中。特殊寄存器有 bp/sp/ip 等，特殊寄存器均有特定用途，例如，sp 寄存器用于存放前面提到的栈帧的栈顶地址，除此之外，不能用于存放局部变量或其他用途。

与子程序调用和栈帧相关的几个特定用途的寄存器具体如下。

(1) ax (accumulator)。可用于存放函数返回值。

(2) bp (base pointer)。基址指针寄存器，也称为帧指针，用于确定执行中的子程序的栈帧地址。

(3) sp (stack poinger)。栈指针寄存器，用于存放执行中的子程序对应的栈帧的栈顶地址。

(4) ip (instruction pointer)。指向当前执行指令的下一条指令，子程序的返回地址可由该寄存器获得。

这里为了说明简单采用了 x86 结构 16 位地址寄存器，不同架构的 CPU，寄存器名称被添加不同前缀来指示寄存器的大小。例如，对于 x86 的 32 位架构，字母 e 用作名称前缀，指示各寄存器大小为 32 位；对于 x86_64 寄存器，字母 r 用作名称前缀，指示各寄存器大小为 64 位。上述寄存器在 32 位和 64 位架构上相应的寄存器分别为 eax、ebp、esp、eip 和 rax、rbp、rsp、rip。后面的示例中会用到不同架构下的寄存器。栈从高地址向低地址延伸，一个子程序的栈帧用基址寄存器 (如 ebp) 和栈寄存器 (如 esp) 这两个寄存器来指示。

2.4.3　栈帧结构

在计算机系统中，每个进程对应一个调用栈，每个子程序在调用运行时都关联一个栈帧。栈帧也常称为活动记录 (Activation Record)，是编译器用来实现子程序调用的一种数据结构。栈帧是参数、局部变量和返回地址 (调用子程序中的地址) 的集合，如图 2-9 所示。在栈帧中参数表现子程序的一次特定调用的实际参数，这里需要说明的是在二进制文件中并没有储存子程序形式参数的有关信息，需要在反编译过程中通过分析来恢复形式参数。栈标记 (Stack Mark) 包括调用子程序的返回地址和栈帧指针。调用子程序的返回地址用来在被调用子程序执行完成以后把控制权交回给调用子程序，而调用子程序的栈帧指针 (如在 Intel 体系结构中是寄存器 bp/ebp) 是在栈帧里面各偏移量的参照点。局部变量表现为当子程序取得控制权以后由它分配的空间，只有对于活动的 (即开始执行且未终止的) 子程序来说这个空间才是可用的。局部变量包括函数的非静态局部变量以及编译器自动生成的其他临时变量。

当栈帧指针 (如 bp) 已经被设置以后，从指针起的正偏移存取参数和栈标记，而负偏移存取局部变量。这样，一个进程的调用栈结构如图 2-10 所示。

所以，栈 (Stack) 是相对整个系统而言的，调用栈是相对某个进程而言的，栈帧则是相对某个子程序而言的，调用栈就是正在使用的栈空间，由多个嵌套调用的子程序所使用的栈帧组成。具体来说，Call Stack 就是指存放某个程序的正在运行的子程序的信息的栈。Call Stack 由 Stack Frames 组成，每个 Stack Frame 对应于一个已开始而尚未结束运行的子程序。

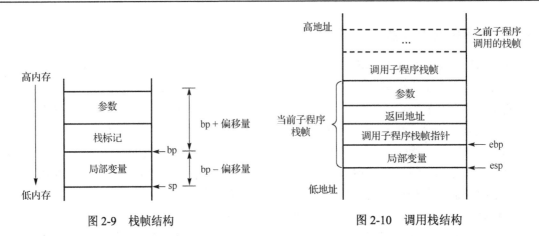

图 2-9　栈帧结构　　　　　　　　　图 2-10　调用栈结构

栈帧组织方式的重要性和作用体现在以下两个方面。

第一，栈帧使调用者和被调用者达成某种约定。这个约定定义了子程序调用时参数的传递方式、返回值的返回方式、寄存器如何在调用者和被调用者之间进行共享。

第二，栈帧定义了被调用者如何使用它自己的栈帧来完成局部变量的存储和使用。

2.4.4　程序的运行模式

从前面的讨论可以看出，栈帧在逻辑上就是一个子程序执行的运行时环境，包括所有与子程序调用相关的数据：主要包括子程序参数、子程序中的局部变量、子程序执行完后的返回地址、被子程序修改的需要恢复的任何寄存器的副本。每次子程序调用，都会建立一个独立栈帧。寄存器 ebp 用来作为栈帧指针，寄存器 esp 用来指向当前的栈帧的顶部(低地址)，在子程序调用执行过程中，寻找所需参数或局部变量信息时使用寄存器 ebp 来进行寻址，因为寄存器 esp 的值是经常变化的，而寄存器 ebp 的值对一个子程序的栈帧来讲是不变的。

调用栈用于维护子程序调用的上下文。由于栈是一种 LIFO 形式的数据结构，所有的数据都后进先出。这种形式的数据结构正好满足调用子程序的方式：调用者在前，被调用者在后；返回时，被调用者先返回，调用者后返回。基于调用栈和栈帧结构，依据调用约定，编译器生成可执行程序代码，这些约定都体现在可执行代码中。图 2-11 为调用子程序代码示例，负责将实际参数入栈。图 2-12 为被调用子程序代码示例，建立被调用子程序的栈。

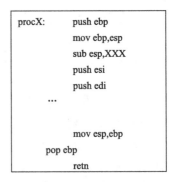

```
push dword ptr [bp-4]
push word ptr [bp-8]
call procX
add esp, 8
```

图 2-11　调用子程序代码示例　　　　　图 2-12　被调用子程序代码示例

子程序调用的过程如下。

(1)参数入栈。调用者将参数按照程序设计语言和编译器的调用约定(如 C 语言是按照从右向左的顺序传递参数的)依次压入系统调用栈中。

(2)返回地址入栈。将当前代码区调用指令的下一条指令地址压入栈中，即指令寄存器 (ip/eip)内容入栈，供子程序返回时从该地址继续执行。

(3)代码跳转。处理器将代码区跳转到被调用子程序的入口处。

(4)进入子程序，首先进行子程序栈帧调整。

①将调用者的 ebp 压栈处理，保存调用者的 ebp 地址(方便子程序返回之后的现场恢复)，此时 esp 指向新的栈顶位置，操作指令：

```
push ebp
```

②设置新的栈帧指针值，将当前栈帧切换到新栈帧(将 eps 值装入 ebp)，这时 ebp 指向栈顶，而此时栈顶就是调用者的 ebp，操作指令：

```
mov ebp,esp
```

③如果需要入栈保存在子程序中用到的寄存器变量，如 esi、edi 等，操作指令：

```
push esi
push edi
```

④给新栈帧分配空间，即为当前执行的被调子程序预留临时变量空间，操作指令：

```
sub esp,xxx
```

⑤执行子程序功能。

(5)子程序返回。

①保存被调用子程序的返回值到约定寄存器(如 eax)寄存器中，操作指令：

```
mov eax,xxx
```

②恢复 esp，同时回收局部变量空间，操作指令：

```
mov ebp,esp
```

③出栈当前栈顶元素到 ebp，恢复调用者栈帧指针，操作指令：

```
pop ebp
```

④弹出当前栈顶元素，从栈中取到返回地址，并跳转到该位置(call 指令的下一条指令地址)，操作指令：

```
retn
```

(6)恢复到调用者子程序执行，通常会释放被调子程序参数所占空间。

下面通过一个实例观察基于栈和栈帧约定的程序执行过程。程序如图 2-13 所示。

程序从 main()函数开始执行，首先将 main()函数压入系统调用栈(下面若无特殊说明，用栈代指系统调用栈)，并给它分配一个栈帧用以保存所需信息。然后执行 main()函数中第一条语句，这是一条函数调用语句，在实际调用执行 add()函数前需要做一些准备工作。

首先将 5 和 10 两个参数压入栈，同时更新 esp 指针的值，如图 2-14 所示。

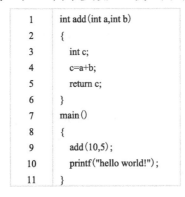

```
1    int add (int a,int b)
2    {
3        int c;
4        c=a+b;
5        return c;
6    }
7    main ()
8    {
9        add (10,5) ;
10       printf ("hello world!") ;
11   }
```

图 2-13　示例程序

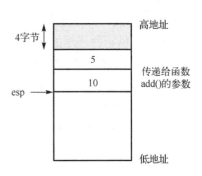

图 2-14　add ()函数调用实参入栈

注意：按照 C 语言参数传递顺序约定，应该是从右向左依次压入系统调用栈，所以参数的入栈顺序为 5、10。

接下来需要搞清楚的是：当 add ()函数调用执行完毕之后，需要通过某种方式返回到 main ()函数中继续执行下面的指令，在本例中也就是要执行 printf ()函数。解决这个问题的方式就是将下一条指令的地址压入栈中，如图 2-15 所示。

以上准备工作就绪，下面开始调用执行 add ()函数。

首先需要将 main ()函数用来寻址参数或局部变量信息的 ebp 寄存器值压入栈中保存，以便于从 add ()函数返回之后，从栈中取出 ebp 的值赋给 ebp 寄存器让 main ()函数用来寻址参数或变量信息，同时更新 esp 的值。为了 add ()函数能够寻址到所需信息，将此时的 esp 寄存器的值赋值给 ebp 寄存器(图中的 ebp-new)。此时将接着执行 int c 语句，为变量 c 开辟一段内存空间压入栈中，同时更新 esp 的值，如图 2-16 所示。

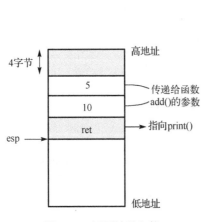

图 2-15　返回地址入栈

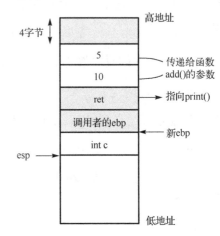

图 2-16　建立新栈帧

接下来执行 c=a+b，然后返回 c，但 main ()函数中并没有声明变量来存储该返回值，故该返回值丢失。函数返回时将 esp 更新为新 ebp，接着将调用者 ebp 弹出赋值给 ebp 寄存器，让 main ()函数拿来寻址所需信息，此时就从 add ()函数的栈帧恢复到了 main ()函数的栈帧。接着弹出 ret(add ()函数的返回地址)，对应的汇编代码中会有一条 ret 指令，该指令会将 RET

返回地址保存到 eip 寄存器中，然后处理器根据这个地址无条件跳转到 main () 函数的相应位置去取下一条指令即 print () 函数继续执行。print () 函数调用执行过程中压栈、出栈过程与 add () 函数类似，不再详细讨论。

2.5 反编译器的符号表

2.5.1 符号表的作用

在编译器工作过程中，需要不断收集、记录和使用源程序中一些语法符号的类型和特征等相关信息。为了方便起见，这些信息一般以表格形式存储于系统中，如常数表、变量名表、数组名表、子程序名表、标号表等，这些表格统称为符号表。符号表组织、构造和管理方法的好坏会直接影响编译系统的运行效率。

编译器符号表的作用是收集和记录标识符的属性信息，符号表中登记的内容在编译的各个阶段都要用到，例如，查找符号的属性，作为上下文语义的合法性检查的依据，以及作为目标代码生成阶段地址分配的依据等。

反编译器同样需要符号表。反编译器的符号表用于存储在程序中使用的变量和目的地址的有关信息。由于二进制程序中是没有名字的，所有被指令操作的数据都可能是变量，包括内存单元和寄存器；而 call 指令的目的地址对应于子程序的标识，转移的目的地址对应于程序标签。

二进制程序中的变量可以归结为以下几种类型。

(1) 全局变量。有实际内存地址的变量，通过它们的段和段内偏移量来存取。

(2) 实参。子程序的实际参数 (实参) 在调用栈中存储，利用栈帧框架指针进行存取，位于 bp (ebp) 正偏移上的变量是该子程序的实际参数。

(3) 局部变量。子程序的局部变量也在调用栈中存储，位于 bp (ebp) 负偏移上的变量是与这个栈框架对应的子程序的局部变量。

(4) 寄存器变量。编译器为了提高效率会大量使用寄存器变量，因此反编译器针对最初的二进制程序，先把其中的所有寄存器看作变量；再对寄存器做进一步分析以确定它们是否代表寄存器变量 (如数据流分析)。在代码生成期间赋予变量唯一的名称。

子程序和标签则对应内存单元地址，以段和偏移来表示。

符号表主要的操作有插入、查找和删除，其他的一些操作也是必要的。当发现新的变量和目的地址时，进行插入操作。当使用变量时，需要查找变量信息。而当变量和名字被清除时，需要用删除操作除去相关信息。

符号表必须能够有效地提供一个项目的有关信息，并且管理数目可变化的变量。符号表需要动态生长，其操作效率直接影响反编译器的性能，所以，符号表的组织，即数据结构的选择至关重要。

2.5.2 符号表的组织

编译器的符号表的组织形式可以选择线性表、各种搜索树结构 (二叉搜索树、AVL 树、B 树) 以及哈希 (散列) 表 (Hash 表) 等。反编译器的符号表的内容相对简单，可以根据情况选择不同的结构来组织，有些实现是以编写更多的代码为代价来获得更高的效能。为了通过例子说明各种数据结构之间的差别，假设要把下列数据项放进符号表：

```
ecs:02F81600              /*全局变量*/
ebp+8                     /*参数*/
ebp-10                    /*局部变量*/
eax                       /*寄存器*/
ebp-4                     /*局部变量*/
```

下面介绍几种简单的符号表存储结构。

1. 无序表

无序表是一个线性表结构，数据元素储存在一个无序线性表中，每次发现一个新的变量，就插入当前表尾。无序表可以以链表或顺序表的形式来存储。顺序表实现受静态分配数组尺寸的限制；链表实现则没有这些限制。显然，无序表的插入比较方便，但查询的复杂度较高，对于一个有 n 个数据元素的无序表，它的查询时间复杂度是 $O(n)$。上面例子的无序表链表式组织如图 2-17 所示。

图 2-17　符号表的无序表链表式组织

2. 有序表

和无序表相比，有序表比较容易存取，因为确定一个数据元素是否已经在列表中不需要检查该列表的全部数据项。采用顺序存储结构的有序表可以使用二分法搜索，其存取时间复杂度是 $O(\log_2 n)$。但是，插入一个数据项花费代价较大，因为有序表需要保持数据元素的排列是有顺序的。

因为在一个二进制程序中有不同类型的变量，而这些变量是根据其类型以不同的方式来识别的，同一种类型的数据的排序是可以的，但是四种不同类型的数据就必须独立排序。图 2-18 是本节例子的有序表组织，首先用一个记录指定所使用变量的数据类型，然后每一个数据类型关联一个有顺序的列表。

3. 散列表

散列表是在一个表的固定数目位置和可能很大数目的变量之间的映射。这个映射是通过一个散列函数(为所有可能的变量定义这个函数)完成的，能够快速地计算，为所有变量提供一致的概率，而且把相似的变量映射到表中不同的随机位置。

在开放散列结构中，散列表表现为一个固定大小的数组而且每个数组位置附接着一个链表。链表保存那些经过散列产生相同散列地址的不同变量。图 2-19 是符号表的散列表组织；对于有顺序列表，首先用一个记录指定变量的类型，然后每个不同的变量类型关联一个散列表。

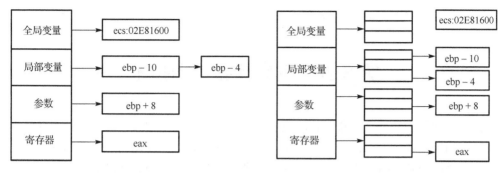

图 2-18　符号表的有序表组织　　　　　　　　图 2-19　符号表的散列表组织

4. 适用于反编译的符号表表示法

为了达到反编译目的，将上述方法配合使用。根据不同类型的变量定义符号表：全局变量、局部变量、实参和寄存器变量。其中每一种类型均以不同方式实现。对于全局变量，因为它们的地址范围大，所以用散列表实现最合适。对于局部变量和参数，由于这些变量是相对框架指针的偏移量，而且总是以顺序方式分配的(即在栈框架中没有"间隙")，所以它们的实现是一个关于偏移量的顺序列表；不需要把寄存器 ebp 存入，因为它总是相同的。因为寄存器数目是固定的，所以寄存器的实现是一个以寄存器编号作为索引的数组；数组位置有一个关联的数据项，表示在符号表中所定义的寄存器。反编译的符号表示法如图 2-20 所示。

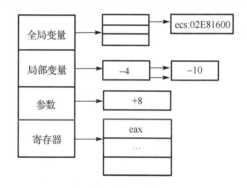

图 2-20　反编译的符号表示例

2.6　本 章 小 结

对二进制可执行程序进行静态反编译首先需要将以文件形式存储的可执行程序组装成内存执行模式。本章首先分析了两种最常用二进制文件结构：PE 文件格式和 ELF 文件格式，然后介绍了二进制程序的内存结构和程序数据的存储，最后重点讨论了程序的运行模式和栈帧结构。本章讨论的内容是开展反编译研究的基础。

第 3 章　反编译器前端技术

反编译器的前端是一个机器依赖的模块,以二进制可执行程序作为输入,通过对程序进行指令解码和语义映射,将待分析程序表示为易于后续分析和优化的中间表示形式,同时可以构建出程序的控制流图。本章重点讨论反编译器前端所涉及的关键技术。

3.1　指　令　解　码

从二进制流中识别出机器指令并表示成汇编指令或指令的某种中间表示形式的过程叫作指令解码。指令解码在反编译器框架中对应于语法分析阶段,是反编译系统的重要组成部分之一,是反编译系统的基础,指令解码的正确与否和效率的高低直接影响着系统的整体功能及性能。

指令解码器对装载入内存的二进制程序进行解析,将 0/1 二进制流划分为字节序列,识别出原机器语言的语法短语(也称为指令或语句)并翻译为目标形式。指令解码所做的工作类似于反汇编器的工作,此时,直接将识别的指令输出,即为反汇编程序,但在反编译器中,通常会检查识别出指令的句法结构,并以一种中间代码(如抽象语法树)的形式表示出来,作为下一个阶段的输入。从另一个角度来看,反编译器也可以直接以成熟的反汇编器的输出作为进一步反编译工作的基础。

指令解码涉及两个关键问题:指令识别和指令映射。

指令解码处理的是二进制可执行程序,同具体的机器指令系统和体系结构密切相关,因此是机器依赖的。

指令识别完成的功能是区分出二进制程序中的代码和数据,即确定内存里哪些字节是代码、哪些字节是数据。这是反编译(包括反汇编)面临的关键问题之一。该问题源自冯·诺依曼体系结构的先天不足,代码和数据的混合存储。例如,在 C/C++的二进制代码中,代码段有可能包含一些非可执行的数据,如用来实现间接跳转的跳转表、对齐字节以及面向对象程序中的虚函数表等。指令解码算法必须正确区分它们,才能生成正确的结果。此外,手工嵌入的汇编码、变长指令、多种多样的间接跳转实现形式,都增加了指令识别的难度。指令识别算法必须对这些情况做出恰当的处理,保证指令解码的正确性及后续分析变换的正确性。

指令映射相对简单。因为机器语言的句法能够用语法准确地加以规定,而且在机器语言中,只规定了指令或语句,而没有类似高级语言那样规定控制结构。一般来说,任何机器的指令都可以通过语法做出准确的描述。二进制可执行程序中几乎不会出现语法错误,编译器总是为被编译的程序生成能够在机器上正确运行的代码。

3.1.1　指令识别

在反汇编器和反编译器中主要采用两类指令识别算法:线性扫描(Linear Sweep)算法和递归下降(Recursive Descent)算法,它们都有着广泛的应用。采用线性扫描算法的系统包括调试工具 WinDbg、ObjDump，软件分析工具 gpt 和 EEL，优化链接器 Spike 和 OM 等。采用递归下降算法的系统包括 Queensland 大学开发的 UQBT、著名的反汇编工具 IDA、W32dasm 等。线性扫描算法和递归下降算法各有优点和不足。本节主要讨论两种算法的基本原理，分析它们存在的问题，并介绍在两种算法基础上的优化算法。

1. 线性扫描算法

线性扫描算法的基本思想是首先找到程序的入口结点，然后将程序入口结点和代码结束之间的所有二进制序列都看作指令代码一个个进行顺序解析，根据具体的指令集语法规范进行映射，翻译成机器指令，直到代码结束或遇到无法解析的二进制序列，算法强制停止。

线性扫描算法的基本步骤如下。

(1) 位置指针 lpStart 指向代码段开始处。

(2) 从 lpStart 位置开始尝试匹配指令，并得到指令长度 n。

(3) 如果(2)操作成功，则识别 lpStart 之后 n 字节，映射为相应的机器指令；如果失败，则退出。

(4) 调整指针 lpStart 为 lpStart+n，指向下一条指令。

(5) 判断 lpStart 是否超过了代码段结尾处，如果超出，则结束；如果不超出，则进入(2)。

在(1)、(5)这两个步骤中，需要提前确定代码开始位置和结束位置。一般来说，在 Windows 平台上，根据 PE 文件的可选头标准域中 BaseOfCode 结合 DataDirectory 中相关信息算出代码的开始位置，从 PE 文件可选头标准域中 SizeOfCode 得到代码段总大小，从而确定结束位置。也可从加载程序中获取代码开始位置的指针。

线性扫描算法最大的优点是简单方便，只需要沿着字节序列顺序翻译即可，但同时线性扫描算法也存在较大的问题，使得解码的成功率不高。

首先，线性扫描算法没有对所解码的二进制序列进行任何判断，而是笼统地将遇到的所有 0/1 码都作为代码来处理。因此，它无法正确地将代码和数据区分开，数据也将作为代码来进行解码，从而导致解码错误。而这种错误将一直持续到解码出错，导致解码过程无法继续时才能够被发现，尤其是在复杂指令集计算机(CISC)系统中，因为其中几乎每个字节值都可能是指令操作码。图 3-1 给出了一个线性扫描算法导致的解码错误示例。引起错误的原因是代码中插入的对齐字节(图中阴影所示部分，非指令码)被作为代码来处理了，从而翻译成了错误的指令，导致其后的解码出现明显错误而无法进行。

地址	二进制代码	反汇编结果
0x809ef45:	b 3c	jmp 0x809ef83
0x809ef47:	00 00	add %a1, (%eax)
0x809ef49:	00	add %a1,
0x809ef4a:	3 ee 04 83 ee	0xee8304ee(%ebx)
0x809ef4f:	4 83	add $0x83, %a1,
	...	
0x809efaa:	3 9r	jae 0x809ef4a

图 3-1　线性扫描算法错误示例

2. 递归下降算法

图 3-1 中出现的问题是由于线性扫描算法没有利用程序的控制流信息。为了对齐而插入的 3 个 0x00 字节，而其前面是一条 jmp 指令，它使得程序在执行时直接跳过这 3 个空字节，而不会执行它们。如果指令解码算法在扫描程序的过程中，能够利用这样的控制流信息，确定二进制程序中哪些部分需要进行解码，哪些部分不需要，这就可以避免出现图 3-1 中的错误。递归下降法就是这样一种方法，按照代码可能的执行顺序来解析程序，对每条可能的路径都进行扫描。当解码出分支指令后，利用静态分析技术确定程序可能跳转的地址集合，从这些地址继续进行解码。采用递归下降法可以避免将代码中的数据作为指令来解码，也可以解决代码混淆技术中的部分花指令问题，这就是该算法的基本思想。采用递归下降法的系统的优点在于实现比较简单，并且可以有效处理代码中包含数据的情况。

程序的控制流由程序执行的指令决定，处理器的指令根据其对程序执行流程的作用不同，可以分为转移类指令和非转移类指令。根据转移范围的不同，可以分为由调用类指令和返回类指令等引起的程序段间流程转移，以及由无条件跳转类指令和条件跳转类指令等引起的局部流程转移。根据指令的逻辑功能不同，可将指令细分为 7 种类型，如表 3-1 所示。

表 3-1　指令分类表

指令类型	指令特征
顺序类指令	不改变程序的流程，其随后一定是指令
条件跳转类指令	当条件满足时将改变程序的流程；否则顺序向下执行，其随后一定是指令
无条件跳转类指令	改变程序的流程，其跳转到的目的地址一定是指令起始地址，其随后区域若是某条转移类指令的目标，则是指令；否则是数据
子程序调用类指令	改变程序的流程，当所调用的子程序执行结束时，返回到本指令之后继续执行。所以，其随后一定是指令
返回类指令	改变程序的流程，这类指令表示子程序的结束。其随后的区域若是某条转移类指令的目标，则是指令；否则是数据
陷阱类指令	改变程序的流程，根据异常类型调用对应的服务程序进行处理，处理结束后返回本指令后续指令执行。所以，其随后一定是指令
复位类指令	表示程序结束，随后区域若是某条转移类指令的目标，则是指令；否则是数据

递归下降算法根据当前解码的指令类型确定下一条带解析指令的地址，递归解码直到程序结束或无法确定下一条指令地址为止。递归下降算法描述如下：

```
procparse(addr)          /*从 addr 地址处开始指令解码，addr 确定为一条指令开始*/
{   done=FALSE;
    while(!done)
    { inst=getNextInst(addr);
      if(alreadyParsed(inst))              /*检查指令是否已经被解码*/
      {   done=TRUE;  break;}
      switch(inst.opcode)                   /*根据指令类型进行处理*/
      case conditionaljump:                 /*条件跳转指令/
          addrCopy=addr;
          parse(addr);                      /*解码下条指令*/
          state->ip=targetAdr(inst);        /*获取目标分支地址*/
          if(hasBeenParsed(state->ip))      /*解析目标分支指令*/
              done=TRUE;
```

```
    case unconditionaljump:              /*无条件跳转指令处理*/
        if(directjump)                   /*直接寻址*/
        state->ip=targetAdr(inst);       /*获取目标分支地址*/
        if(hasBeenParsed(state->ip))
            done=TRUE;
        else                             /*间接寻址*/
        if(bounds determined){
            for(all entries I in the table){
                *stateCopy=*state;
                stateCopy->ip=targetAdr(targetAdr(table[i]));
                parse(stateCopy);
            }
        else                             /*路径终止*/
            done=TRUE;
    case procedure call:                 /*过程调用处理*/
    if(!isLibrary(targetAdr(inst))){
        *stateCopy=*state;
        if(directcall)
            stateCopy->ip=targetAdr(inst);
        else
            stateCopy->ip=targetAdr(targetAdr(inst));
        parse(stateCopy);
    }
    Default:              /*其他情况(过程返回、顺序、中断、陷阱)处理相同*/
    }
}
```

对于图 3-1 的例子，递归下降算法在解码出 0x809ef45 的 jmp 指令后，将从 jmp 的目的地址 0x809ef83 处继续进行解码。当解码进行到 0x809ef4a 时，递归下降算法将返回到 0x809ef4a 处继续进行解码。三个为对齐而插入的空字节不会作为代码来反汇编，因为程序的任意一条执行路径都不能到达它们。

在递归下降算法中，一个十分重要的假设是对于任一条控制转移指令，其后继即转移的目的地址都能够确定。对于大部分情况，这都是可以做到的。但在编译器生成的可执行代码中，对于多路分支跳转，目的地址的确定有时是十分困难的。例如，后面将讨论的通过位于代码段的跳转表来实现间接跳转的情况，要确定其所有后继指令，必须准确地估计跳转表的大小。如果对跳转表的大小估计过大，则会导致部分代码作为数据处理而无法解码；反之，则会导致数据作为代码处理而错误解码。可以看出，递归下降算法面临的一个重要问题是如何预测间接跳转的目的地址。在具体的编译器实现中，多路分支跳转语句的实现方式非常多，并且是和编译器以及体系结构相关的，要想识别它们，也是相当有难度的。定位间接跳转的目的地址，目前主要采用的是程序切片、常量传播等技术。但这些技术都是基于子程序的控制流图进行的。然而，在子程序尚可能存在部分指令没有被解码的情况下，其子程序控制流图的生成本身就存在很多问题。

3. 代码和数据的区分

指令解码所面临的关键问题是代码和数据的区分问题,具体可以分为第一条指令的确定和间接地址的处理两个问题。

1) 反编译的第一条指令

当二进制可执行源程序装入内存以后,装载器返回该程序在内存里最初的开始地址。这个地址是完全的二进制程序的启动地址,因为程序要从这里开始运行,所以它一定是一条指令的地址。如果已经从二进制程序查出编译器签名,就可以把程序 main() 函数入口结点作为最初的启动地址,即略过所有的编译器启动代码,直接从相应源码的主程序开始地址开始,这是用户反编译真正关心的内容。

图 3-2 举例说明一个"hello world!"程序的反汇编样本代码。由装载器返回的入口结点是 cs:0000,即是完整程序的入口结点(包括编译器启动代码)。由编译器签名分析器给出的入口结点是 cs:01fa,即主程序的开始地址。从反编译的目的来讲,人们所关注的是用户程序的代码,而不是编译器或库例程的代码,所以将指令解码的地址设定为用户 main() 函数的地址,也就是编译器签名分析器给出的那个地址。

```
helloc proc far
cs:0000      start: mov dx,*
cs:0003      mov    cs:*,dx
...                 /*start-up code*/
cs:011A      call   _main
cs:011D      ...    /*exit code*/
helloc endp
...
_main proc near
cs:01FA      push   bp
cs:01FB      mov    bp,sp
cs:01FD      mov    ax,194h
cs:0200      push   ax
cs:0201      call   _printf
cs:0204      pop    cx
cs:0205      pop    bp
cs:0206      ret
_main  endp
```

图 3-2 "hello world!"反汇编样本代码

2) 间接寻址模式

间接寻址模式利用一个寄存器或者内存单元的值来作为一条指令的目的地址。在编译器中,间接寻址模式能够用于无条件跳转(如实现变址的跳转表)和子过程调用指令。这个寻址模式的主要问题是目的地址可以在程序运行期间改变,因而对程序做静态分析不能确定内存单元是否已经被修改,从而无法求出正确的值。对于寄存器值也是同样的,除非一直模拟寄存器的内容,然而很可能在某个循环中使用间接寻址,因此需要模拟执行循环,对分析性能的影响很大。

在高级语言(如 C 语言)中,函数调用指针的实现就是间接的子程序调用。考虑下面的 C 程序:

```
Typedef char(*tfunc)();
tfunc func[2]={func1,func2};

char func1(){/*somecodehere*/}
char func2(){/*somecodehere*/}

main()
{
  func[0]();
  func[1]();
}
```

在主程序里，对函数 func1()和 func2()的调用是通过函数指针来实现的，通过函数数组的索引访问不同的函数。这个程序的反汇编代码如下：

```
    CS:0094    B604                                /*address of proc1(04B6)*/
    CS:0098    C704                                /*address of proc2(04C7)*/
        ...
        proc_1  PROC  FAR
    CS:04B6 55  push    bp
        ...
    CS:04C6 CB  retf
        proc_1  ENDP

        proc_2  PROC  FAR
    CS:04C7 55  push    bp
        ...
    CS:04D7 CB  retf
        proc_2  ENDP

        main    PROC  FAR
    CS:04D8 55  push    bp
    CS:04D9 8BEC    mov bp,sp
    CS:04DB FF1E9400    call    0094    /*intra-segment indirect tcall*/
    CS:04DF FF1E9800    call    0098    /*intra-segment indirect call*/
    CS:04E3 5D  pop bp
    CS:04E4 CB  retf
        main    ENDP
```

在机器代码中用每个子过程地址的内存偏移地址代替函数指针(分别是 04B6 和 04C7)。如果这些地址在程序运行期间没有被修改，则从这些内存单元的内容得到那些函数的目的地址，函数的目的地址用子过程调用指令代替，把它看作一个普通的子过程调用，反编译 C 程序的结果如下：

```
Void proc_1(){/*函数体*/}
Void proc_2(){/*函数体*/}
Void main()
{
  proc_1();
  proc_2();
}
```

如果函数指针内存单元的值在程序运行中发生改变，则静态分析无法确定函数调用的目的地址。

3) 多分支语句

高级语言支持多路分支语句高级控制结构，如 C 语言的 switch 语句。在多路分支结构中，有 n 个不同的路径可能被执行。这种结构没有相应的低级机器指令，因此不同的编译器可能用不同的方法实现。

如果多路分支的数目不是太多(如少于 10 个),多路分支可以用一序列的条件跳转来实现,每个检测一个单独的数值并且把控制转移到相应的代码。例如,下面的汇编代码片断:

```
        cmp al,8                /*start of case*/
        je  lab1
        cmp al,7Fh
        je  lab2
        cmp al,4
        je  lab3
        cmp al,18h
        je  lab4
        cmp al,1Bh
        je  lab5
        jmp endCase
lab1:   ...
...
lab5:   ...
...
endCase:    ...             /*endofcase*/
```

在这个代码片断中,寄存器 al 跟 5 个不同的字节数值做比较,如果结果是相等的,就无条件跳转到处理该分支的标签。如果寄存器跟 5 个数值中任何一个都不相等,程序就无条件跳转到这段代码的结束处。

编译器对多路分支语句的一个更通用的处理方法是使用索引表,也称为跳转表,其中保存 n 个目标标签地址:每个地址对应 n 种跳转之一。用一个变址的跳转指令进入该表。先对表索引值检查该表的上下限,以避免错误的索引号。在确定索引值不越界以后,再执行变址的跳转指令。考虑下面的代码片断:

```
cs:0DCF    cmp     ax,17h              /*17h==24*/
cs:0DD2    jbe     startCase
cs:0DD4    jmp     endCase
cs:0DD7 startCase:
           mov     bx,ax
cs:0DD9    shl     bx,1
cs:0DDB    jmp     wordptr cs:0DE0[bx] /*indexed jump*/
cs:0DE0    0E13    ;dwlab1              /*star to find indexed table*/
cs:0DE2    0E1F    ;dwlab2
              ...
cs:0E0E    11F4    ;dwlab24             /*end of indexed table*/
cs:0E10 lab1:
              ...
cs:11C7 lab24:
              ...
cs:11F4 endCase:                        /*endofcase*/
              ...
```

跳转表在代码段中定义为数据,而且紧跟在变址的跳转之后和任何目标分支标签之前。

寄存器 ax 保存进入该表的索引值。这个寄存器跟上限 24 做比较。如果寄存器大于 24，将不执行这组指令序列的其他部分并且把控制转移给最后一个标签，即多路分支结束后的第一条指令。如果寄存器小于或等于 24，就到第一个标签，并且寄存器 bx 设置为表内偏移。因为字长是 2，跳转表标签偏移是 2，所以原来的表内索引乘以 2 即求出在 2 字节表内的正确偏移。然后，变址的跳转指令确定该跳转表是在 cs 段中偏移 0DE0 处(对于这个例子，也就是在内存中下一个字节)。因此，目标跳转地址是这个表的 24 个不同可选地址中任何一个。

　　另一个非常相似的多路分支语句实现方法是，把跳转表放置在子过程的末尾，进入该表的变址寄存器就是保存表内偏移的寄存器(在下面代码片断中为寄存器 bx)：

```
cs:0BE7         cmp     bx,17h                  /*17h==24*/
cs:0BEA         jbe     startCase
cs:0BEC         jmp     jumpEnd
cs:0BEF startCase:
                shl     bx,1
cs:0BF1         jmp     wordptr cs:0FB8[bx] /*indexed jump*/
cs:0BF6 jumpEnd:
                jmp     endCase
cs:0BF9 lab1:
                ...
cs:0F4C lab24:
                ...
cs:0F88 endCase:                                /*end of case*/
                ...
cs:0FB5         ret                             /*end of procedure*/
cs:0FB8         0BF9    ;dw lab1                 /*star to find exedtable*/
cs:0FBA         0C04    ;dw lab2
                ...
cs:0FE6         0F4C    ;dw lab24               /*end of indexed table*/
```

　　实现多路分支语句的第三种方法是把所有变址分支放在跳转表后面。在这种方法中，代码跳过所有的目标跳转地址，检查索引表的上限(在下面的代码片断中是 31)，校准作为表内索引的寄存器，然后分支转移到那个位置：

```
cs:0C65     jmp     startCase
cs:0C68 lab5:
                ...
cs:1356 lab31:
                ...
cs:1383 lab2:
                ...
cs:13B8     1403    ;dw endCase     /*star to find indexed table*/
cs:13BA     1383    ;dw lab2
                ...
cs:13F4     1356    ;dw lab31       /*end of indexed table*/
cs:13F6 startCase:
            cmp     ax,1Fh          /*1Fh==31*/
```

```
cs:13F9      jae      endCase
cs:13FB      xchg     ax,bx
cs:13FC      shl      bx,1
cs:13FE      jmp      wordptr cs:13B8[bx]      /*indexed jump*/
cs:1403      endCase:
             ...
cs:1444      ret
```

多路分支语句的第四种的实现方法是，使用一串字符选项代为编号。考虑下面的代码片断：

```
cs:246A 4C6C68464E6F785875646973            /*db'LlhFNoxXudiscpneEfgG%'*/
cs:2476 63706E654566674725
cs:247F      256C    ;dw lab1               /*start of table*/
cs:2481      2573    ;dw lab2
             ...
cs:24A7      24DF    ;dw lab21
             ...
cs:24C4      procStart:
             push     bp
             ...
cs:2555      mov      di,cs
cs:2557      mov      es,di                  /*es=cs*/
cs:2559      mov      di,246Ah               /*di=start of string*/
cs:255C      mov      cx,15h                 /*cx=upper bound*/
cs:255F      repne    scasb
cs:2561      sub      di,246Bh
cs:2565      shl      di,1
cs:2567      jmp      wordptrcs:247F[di] /*indexed jump*/
cs:256C      lab1:
             ...
cs:26FF      lab12:
             ...
cs:2714      ret
```

字符选项字符串放置于 cs:246A。寄存器 al 保存所要核对的当前字符选项，es:di 指向作为比较的内存字符串，repne scasb 指令在 es:di 所指向的字符串里面寻找与寄存器 al 的第一个匹配。执行以后，寄存器 di 就指向那个匹配字符串。然后将这个寄存器减去字符串的开始地址和左移一位，就是在变址跳转表内的索引值，该表放置于代码段上该子过程之前。这个方法紧凑而且精彩。

虽然各个编译器实现多路分支语句的思想相似，但不同的编译器表示法各不相同，没有固定的表示法，因此反编译时需要首先手动检查二进制代码以确定它是如何实现多路分支语句的。不同的编译器使用不同的实现方法，通常一个特定厂商的编译器只使用一两种不同的表示法。跳转表的确定通常采用启发式方法，操作一组预先定义的一般化实现。反编译器能处理的实现方法越多，它所能产生的输出就越好。在使用启发式方法的时候，需要首先满足预备条件：如果遇到跳转表而跳转表的上下限无法确定，就不能应用所建议的启发式方法。

3.1.2　指令映射

指令映射是指令解码的基础，实现将一个二进制字节序列翻译成一条机器指令的过程。

因为被反编译的源程序一定是可以正确执行的，所以二进制程序中不会出现语法错误，基于机器指令语法即可实现二进制字节序列到机器指令的正确翻译。

1.　指令映射基本原理

有限状态自动机（Finite State Automaton，FSA）可以看作一个语言识别程序，它接收输入的一个字符串，如果字符串对于该语言是有效的，它回答 yes，否则回答 no。字符串即是某个给定字母表的一个符号序列。任意给定一个字符串，FSA 能够确定它是不是该语言的有效字符串。

可以基于有限状态自动机的原理实现指令映射。

定义 3.1　一个有限状态自动机是一个数学模型，它由以下组成：

　　一个有限状态集 S；

　　一个初始状态（初态）s_0；

　　一个最终状态或接受状态（受态）集 F；

　　一个输入符号字母表 Σ；

　　一个转变函数 T：state×symbol→state。

FSA 可以用转变图（Transition Diagram）来图形化表现，如图 3-3 所示。字母表符号标示了状态的转变。在转变图中没有显式地表现错误的转变，而是以任何非有效符号标签隐含地表现从一个状态到一个错误状态的转变。

有限状态自动机还可以支持通配符，如可以定义两个通配符"*"和"%"。元符号"*"代表任何由零个或者更多个字母表 Σ 的符号组成的序列，"%"代表任何单一的字母表符号。

例 3.1　令 Σ=f{a,b,c}。以通配符表达式 a*说明，该语言接受任何以 a 开头的字符串，其 FSA 表示如图 3-4 所示。

图 3-3　FSA 的组成要素　　　　　　　图 3-4　有限状态自动机示例

任何机器语言都能用一个（即接受或拒绝任意字符串的识别程序）有限状态自动机表现，其字母表 Σ 是一个十六进制数字 00…FF 的有限集（即数字用 1 字节表示），一个字符串就是 1 字节序列。它能够认识的机器语言指令就是该语言的有效字符串。

例 3.2　对于一条 x86 机器指令：

```
83E950; sub cx,50
```

识别它的 FSA 首先需要确定 83 是一个操作码（sub），这个操作码有 2 字节或更多字节的操作数。根据机器指令的语法，第二个字节编码目标寄存器操作数（较低的 3 位），以及指明在这个字节之后用多少字节表示其他信息：如果较高 2 位是 0 或 2，那么在第二个字节后面的 2 字节也是目的操作数的一部分；如果这 2 位的值是 1，那么在第二个字节后面的 1 字节是目的操作数的一部分；否则，该目的操作数没有使用更多字节。在例 3.2 中，较低的 3 位等于 1，表示寄存器 cx，而较高 2 位是 3，说明目的操作数没有使用更多字节。最后，最末尾的 1 字节是立即常数操作数，在这个例子里是 50。指令映射的 FSA 如图 3-5 所示。

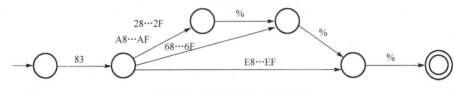

图 3-5　指令映射的 FSA 示例

2. 编解码描述语言

由于功能的需求不断增长，计算机(特别是 CISC 机器)的指令集也越来越复杂。例如，x86_64 处理器囊括了从 8086 到 64 位模式的所有指令，其指令构成成分多样，结构复杂。通过手工编写程序实现指令解码不但工作量大，而且极易出错，调试起来也比较困难，因此，一些研究工作者开展了基于机器指令的形式化描述方法自动生成机器指令解码器的研究工作，让指令解码工作摆脱了繁重的负担。

Vengroff 设计了 decgen 工具用于将简单的指令规范格式自动翻译生成指令集的解码器，其规范语言简单直观，但是该工具在表达具有多种语法格式和可选或长度可变的域的指令集时存在不足。UPFAST 模拟器生成器使用了一种描述语言——体系结构描述语言(Architecture Description Language，ADL)。该语言不仅可以描述指令集语法，也能够描述指令语义和体系结构语义，可以用来自动生成功能完整的汇编器、反汇编器以及模拟器。然而同 decgen 相似，ADL 的语法规范在描述可变长度指令和有可选域指令时有一定的缺陷。Rosetta 工具集应用有限状态自动机技术产生基于树的解码器，并使用树处理技术和 DFA 优化技术对解码器进行优化。nML 描述语言使用属性文法描述机器的指令集，它通过 AND-rules 和 OR-rules 来描述基本语法，使用合成属性来表达寄存器传递语义和汇编语言语法。用户可以引入自己的属性来表示某些信息，如寻址模式。属性的值可以是整数、字符串、位串或者寄存器传递序列。指令的二进制表示以位串的形式表示。可以使用 nML 描述生成一个包括指令解码和代码生成的模拟。NJMCT(New Jersey Machine Code Toolkit)提出了 SLED，用户可以通过使用 SLED 描述机器的指令集来编写处理机器二进制码的程序。与 nML 的二进制字符串属性相比，SLED 提供了一种更简洁、更不容易出错的方式来描述指令的二进制表示。NJMCT 已经完成对 MIPS R3000、SPARC、Alpha 和 Intel Pentium 指令集的描述。NJMCT 分为 Icon 版本和 ML 版本。ML 版本可用来自动生成解码器，同时比 Icon 版本提供更多的优化，该版本称为 MLTK。

这里简单介绍编解码描述语言(Specification Language for Encoding and Decoding，SLED)，实现二进制的自动解码。

SLED 规范定义了机器指令的抽象表示、二进制码和汇编语言之间的对应关系。它使用下面四个元素来描述二进制机器指令。

(1) tokens。表示指令的二进制表示中一串连续的位的名称。

(2) fields。一个 token 内部一块连续位域的名称。

（3）patterns。描述指令的二进制表示。

（4）constructors。构造抽象层与二进制表示之间的映射。

下面以 Pentium 指令集为例简单介绍 SLED。

1）tokens 和 fields

机器的指令并不总是占据一个机器字，一条指令通常由不同类型的一个或多个 token 组成。如图 3-6 所示，以 Pentium 指令为例，一条指令可能包括几个 1 字节的前缀、一个 1 字节的操作码、1 字节的 ModR/M 寻址模式字节、1 字节的 SIB 字节、不多于 4 字节的偏移量和立即操作数。通常，前缀和操作码应属于同一类型的 token，寻址模式字节和操作数的类型不同。

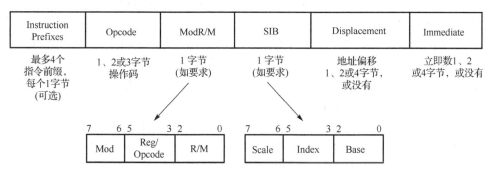

图 3-6　Pentium 指令结构

每一个 token 划分为多个 fields，每个 field 是 token 内部一块连续的位域。field 通常包含了操作码、操作数、寻址模式和其他的一些信息。一个 token 可能有多种划分为 field 的方法。可以用关键字 fields 声明 field 的名称和其绑定的位域，并且指明它所在 token 的位数。

Pentium 指令的 token 和 field 描述如图 3-7 所示，声明了一个名称为 opcodet 的 8 位 token，这个 token 划分为多个 field，其中 row、col、page 表示该指令操作码在 Pentium 指令手册 opcode 表中的位置；r32、sr16、r16、r8 等 field 表示指令操作码字节中蕴含的寄存器寻址信息。另外，还声明了名称为 modrm、sib、I8、I16 和 I32 的其他几类 token，分别表示 Pentium 指令中的其他组成元素。

```
fields of opcodet（8）row 4:7 col 0:2 page 3:3 r32 0:2 sr16 0:2 r16 0:2 r8 0:2
fields of modrm（8）mod 6:7 reg_opcode 3:5 r_m 0:2
fields of sib（8）ss 6:7 index 3:5 base 0:2
fields of 18（8）i8 0:7
fields of 116（16）i16 0:15
fields of 132（32）i32 0:3
```

图 3-7　Pentium 指令的 token 和 field 描述

2）patterns

patterns 描述了指令、一组指令或指令组成的一部分的二进制表示，它起着约束 field 的值的作用，一条 pattern 描述可能只约束一个单独 token 中的 field，也可能同时约束多个 token。patterns 通常使用的约束形式有两种：取值范围约束和域值绑定。patterns 由与（&）、连接（；）和或（|）组合而成。一个简单的 patterns 能够用来描述操作码，而较复杂的 patterns 能够用来

描述寻址模式或者一组三操作数算术指令。下列 patterns 描述了单个 MOV 指令、一组算术运算指令操作码和指令操作码中的寻址模式域的二进制表示：

```
patterns
MOVib is row=11 & page=0
Arith is any of [ADD OR ADC SBB AND SUB XOR CMP], which is row={0to3} & page=[01]
[Eb.GbEv.GvGb.EbGv.EvAL.IbrAX.Iv] is col={0to5}
```

3) constructors

constructors 将指令的抽象表示、二进制码和汇编语言连接在一起。在抽象层，指令是应用到一组操作数上的一个功能函数 (constructor)。使用 constructor 能产生一个给出指令二进制表示的形式，这个形式是一个典型的 token 序列。每一个 constructor 又与一个能产生指令的汇编语言表示的函数关联起来，在编写描述文件时能够使用 constructor 定义与汇编语言对应的抽象表示。应用程序编写者通过在匹配语句中使用 constructor 匹配指令和提取指令的操作数来解码指令。SLED 在设计时为二进制表示增加了类型信息，正如每一种 token 都有自己的类型一样，也需要为每一个 constructor 定义其类型，SLED 为 constructor 提供了一个预定义的匿名类型来产生整条指令。也可以引进更多的 constructor 类型来表示有效地址和结构化的操作数，这样 constructor 的类型就与操作数的分类相对应，并且类型的每一个 constructor 对应一种访问模式。

Pentium 的有效地址通常以一个单字节的类型为 ModR/M 的 token 开头，ModR/M 中包含了一个寻址模式域和一个寄存器域。在变址模式下，ModR/M 字节后通常紧接着一个单字节的类型为 SIB 的 token，SIB 包含了变址、基址寄存器和一个索引因子 ss。有效地址中用到的 token 和 field 在图 3-7 中已经预先定义。Pentium 的大部分指令对所有的寻址模式都支持，但某些指令只能访问操作数在内存中的有效地址，而不支持寄存器立即寻址。所以，在定义有效地址的 constructor 时，引入类型 Mem 与操作数在内存中的寻址相对应，而引入类型 Eaddr 包含所有的寻址类型。这种区别就需要定义一个 constructorE 将 Mem 类型的有效地址映射到 Eaddr 类型上，如图 3-8 所示。

上述 constructor 中冒号的左边表示的是寻址模式的名称和有效地址的各组成部分，描述中用到的方括号和星号是汇编语言语法中建议使用的符号；冒号右边紧接着的 Eaddr 和 Mem 是为每个寻址模式定义的类型信息；大括号里的内容是对某些 field 的取值范围的限定；is 后面的描述是该 constructor 对应的 pattern。

下面给出了一些指令的 constructor：

```
constructors
  MOVib r8, i8!          is  MOVib & r8; i8
  MOV^"mrb" Eaddr, reg   is  MOV & Eb.Gb; Eaddr & reg_opcode = reg ···
  arith^"iAL"  i8!       is  arith & AL.Ib; i8
```

其中，MOVib 表示的指令是将立即数的值 i8 传送到寄存器 r8 中；MOV^"mrb" 表示的指令是将 ModR/M 字节的 reg_opcode 域表示的 8 位寄存器里的值传送到 Eaddr 所表示的 8 位寄存器或内存中；arith^"iAL" 表示了一组算术指令，这些算术指令的操作数都是 AL 和 i8。

```
constructors
Indir [reg] : Mem { reg !=4, reg!= 5 } is mod=0 & r_m=reg
Disp8 i8![reg]: Mem { reg!=4}    is mod =1 & r_m = reg; i8
Disp32 d[reg]: Mem {reg !=4}    is mod =2 & r_m =reg i32=d
Abs32 [a]: Mem           is mod=0 & r_m=5; i32=a
Reg reg : Eaddr is mod= 3 & r_m = reg
Index    [base]lindex *ss] : Mem { index != 4, base != 5 } is
                  mod =0 & r_m=4; index & base & ss
Base [base]: Mem { base != 5 is
                  mod=0 & r_m= 4: index = 4 & base
Index8 i8![base]lindex * ss]: Mem { index !=4 }is
                  mod=1 & r_m= 4: index & base & ss: i8
Base8 d![base]: Mem is
                  mod=1& r_m=4; index = 4 & base; i8 =d
Index32 d[base][index *ss] : Mem { index !=4 } is
                  mod=2 & r_m=4; index & base &ss: i32=d
Base32 d[base]: Mem is
                  mod=2 & r_m=4; index =4 & base; i32 =d
ShortIndex d[index *ss] : Mem { index !=4} is
mod=0 & r_m= 4: index & base=5 & ss: i32=d
IndirMem[d]:Mem is
                  mod= 0 & r_m=4; index =4 & base = 5: i32=d
E Mem: Eaddr is Mem
```

图 3-8　Pentium 寻址模式的 constructor 描述

　　使用以上阐述的 SLED 的几个元素对机器指令进行完整的描述后就形成一个扩展名为.spec 的文件，用于后期自动生成解码器的输入。

　　4）匹配语句

　　NJMCT 提供的解码程序通常使用 C 和 Modula-3 语言编写并嵌入匹配语句，使用匹配语句来驱动二进制指令流解码，一个匹配语句类似于 C 语言中的 case 语句，但是它的分支却用一个模式（pattern）标记，而不是 case 语句中的值。哪个分支标记的 pattern 第一个匹配成功，哪个分支就会执行。匹配语句使用关键字 match 来标识，每一个匹配分支用符号"|"来标识，并且分支中用于匹配的 pattern 和执行代码通过符号=>分隔开。

　　图 3-9 描述了部分指令和寻址模式的匹配语句。假如当前要解码的指令是 MOV m8, r8，那么 decodeInstruction() 函数中含有 MOVmrb(Eaddr,reg) 匹配模式的分支将会执行，在执行分支中调用 print_Eaddr() 函数提取操作数的有效地址，在 print_Eaddr() 函数中又根据寻址模式的匹配语句找到含有标识 E(mem) 的分支，进入 print_Mem() 函数中进行真正的寻址模式分析。其中，print_Abs32()、print_Disp32()、print_Index() 和 dis_reg() 均为相应的处理函数。

　　为每一条指令设计匹配语句后，形成匹配文件 decoder.m。MLTK 的 translator 模块能够通过输入机器的 SLED 描述文件*.spec 和匹配文件 decoder.m 自动地将 decoder.m 中的 match 语句转换成相应的 C 或 Modula-3 语句，生成能从二进制指令流中的某个地址识别出单个二进制指令的指令识别函数。用户可以设计自己的解码算法，驱动指令识别函数不断地识别二进制指令，完成指令解码工作。

```
print_Eaddr (unsigned pc)
{
    match pc to
      | Reg (reg) =>
        printf( "%s", dis_reg(reg));
      | E (mem) =>
        print_Mem (mem);
    endmatch
}
  print_Mem (unsigned pc)
{
    match pc to
      | Abs32 (a)=>                        /* [a]*/
        print_Abs32(a);
      | Disp32 (d, base) =>                /*m[r[ base+d]]*/
        print_Disp32 (d,base);
      | Index (base, index, ss) =>         /* m[r[base] +r[index|*ss]*/
                        print Index(base, index, ss);
      ...
    endmatch
}
decodeInstruction (unsigned pc, unsigned uNativeAddr)
{ Unsigned nextPC;                         /* the address of next instruction*/
    match [nextPC] pc to
      | MOVib (r8, i8) =>
        printf( "%s,%s,%d" , "MOVib" , dis_reg(r8), i8);
      | MOVmrb (Eaddr, reg) =>
        printf( "%s" , "MOVmrb" );
        print Eaddr(Eaddr);
        printf( "%s" , dis_reg(reg));
      | ADDiAL (i8)=>
        printf( "%s,%d", "ADDiAL" , i8);
      ...
    endmatch
    return nextPC;
}
```

图 3-9　Pentium 指令和寻址模式匹配语句

3.2　语　义　分　析

　　语义分析阶段主要完成编译习语分析和类型传播功能，即确定一组机器指令的含义，收集子程序各条指令单独的信息，并且在子程序所有指令中传播这个信息。

　　在语义分析阶段，编译习语是基础，通过编译习语可以进行语义抽象和提升，识别出机器指令中所没有的数据类型，如整型、长整型、有符号和无符号等，并进一步沿程序的控制流执行路径传播。

　　编译习语通常是程序中频繁使用的、具有逻辑含义的指令序列，其含义无法从所有单独的指令含义推导出来。编译习语是编译器在编译优化过程中，利用固定的指令序列来等价替代高级语言中的一些特定操作，从而提高可执行代码的执行效率和模拟目标体系结构所不支持的操作。一个编译习语可能代表一个高级指令。编译习语主要包括子程序调用加减法、乘除法、取模等。编译习语的识别能大大增强反编译结果的可读性和准确性。

3.2.1　常用编译习语

大多数编译习语在编译领域是广为人知的，这样的一个指令序列是以一个唯一有效的或者比使用其他指令更为有效的方式执行一个操作。下面举例说明一些常用的编译习语。

1. 子程序中的编译习语

为实现子程序调用机制，编译器使用了一系列编译习语，实现进入子程序、建立栈帧、退出子程序等操作。在 2.4 节介绍了程序运行时的栈帧结构、基于栈帧的程序运行模式，编译器在二进制可执行程序中生成相应的代码，这些代码就是编译器关于子程序的编译习语。当进入一个子程序的时候，通过复制栈指针 esp 的值给基址寄存器 ebp，把 ebp 设置为栈帧指针。栈帧指针用于在那个子程序里面存取保存在栈上的参数和局部数据。相应的编译习语(指令序列)通常称为子程序的序言，如图 3-10 所示。高级语言子程序的序言把寄存器 ebp 设置为指向当前栈帧指针，且通过把栈指针 esp 的值减去所需要的字节数目或者将子程序用到的作为局部变量的寄存器入栈，可选择地在栈上为局部变量分配空间。

在子程序序言中任何入栈的寄存器表示它的值要在这个子程序期间受保护，即这些寄存器可能在当前子程序中充当寄存器变量(即局部变量)，因而会把它们标记为可能是寄存器变量，并记录到符号表中。图 3-11 是寄存器 esi 和 edi 开始压入栈，即 esi 和 edi 两个寄存器在该子程序中可能用作局部变量，需要将 esi 和 edi 插入符号表中，esi 和 edi 入栈保存其在调用子程序中的值。

```
push ebp
mov ebp,esp
[sub esp,immed]
```

图 3-10　子程序序言习语

```
push esi
push edi
```

图 3-11　保存寄存器变量

最后，为了退出子程序，任何保存在栈上的寄存器都要弹出，任何被分配的数据空间都要释放，ebp 需要恢复为指向调用者的栈帧指针，然后子程序用一条返回指令返回。图 3-12 展示了子程序退出习语的示例。

```
pop edi          /*恢复寄存器*/
pop esi
mov esp,ebp      /*释放局部变量空间*/
pop ebp          /*恢复调用子程序栈帧指针*/
ret(f)           /*子程序返回*/
```

图 3-12　子程序退出习语

2. 调用约定

不同的高级语言在进行子程序调用时有不同的约定，规定了不同的参数传递顺序。下面以 C 语言为例，介绍 C 语言的调用约定及其在二进制可执行程序中的体现。

C 语言调用约定也就是 C 语言的参数传递次序。在这个约定中，调用子程序通过调用栈把参数传递给被调用子程序，参数入栈的次序跟它们在源代码中出现的次序相反(即按照从右到左的次序传递)，然后调用子程序。在子程序返回之后，调用子程序或者通过将参数出栈，或者通过修改栈帧指针，将栈指针增加参数字节数来恢复栈。对于这两种情况，参数所使用的字节总数都可以知道，语义分析可以储存起来以备后用，并从代码中清除与栈恢复相关的指令。在传递可变个数的参数的时候使用的是 C 语言调用约定，被调用者不负责恢复栈。图 3-13 是使用出栈指令恢复栈的情况。字节总数通过 pop 指令个数乘以 4 求得（32 位机器结构下）。

```
call(f)
proc_X
pop reg                              /*参数出栈*/
[pop reg]                            /*参数出栈*/
↓
proc_X.numArgBytes=4*numPops         /*参数所占存储空间*/
sets CALL_Cflag
```

图 3-13　通过 pop 指令清除参数

还可以通过修改栈指针来恢复栈，即将栈指针值加上实参所占字节数，如图 3-14 所示。这个数值储存起来以备后用，并且把恢复栈的指令清除以便进一步的分析。编译器会从时间和空间优化的不同角度，选择相应的栈恢复方式。

```
call(f)
proc_X
add esp,immed                        /*调整栈顶指针，释放参数空间*/
↓
proc_X.numArgBytes=immed             /*参数所占字节数*/
sets CALL_Cflag
```

图 3-14　使用修改栈指针方式恢复栈

3. 长整型变量的运算

长整型变量在内存中用两个连续内存单元或栈单元存储。当对这些变量进行简单的加减法运算时，一般使用简单明了的编译习语来实现。因此通过这些编译习语可以识别出这些长整型变量，并加上类型标识。

```
add eax,[ebp-8]
adc edx,[ebp-4]
↓
edx:eax=edx:eax+[bp-4]:[bp-8]
```

图 3-15　长整型的加法习语

图 3-15 是长整型加法所用编译习语。长整型变量的低字部分用一条 add 指令相加，如果有溢出就会设置进位标志。然后它们的高字部分带进位相加，相当于在低字部分有一个 1 溢出，这个 1 需要加到高字部分。因此，需要用一条 adc 指令（带进位加）来做高字部分相加。

长整型减法的做法与之类似。低字部分先用一条 sub 指令相减。如果有借位就设置借位标志。如果下溢，那么在高字部分相减的时候计入，相当于在低字部分有一个溢出，借位需要从源的高字部分减去。因此，使用 sbb 指令（带借位减），如图 3-16 所示。

长整型变量的求负用一个三指令序列来完成：首先高字部分求反，然后低字部分求反，最后高字部分带借位减零以防止在低字部分的求反有下溢。这个编译习语如图 3-17 所示。

```
sub eax,[ebp-8]
sbb edx,[ebp-4]
↓
edx:eax=edx:eax-[ebp-4]:[ebp-8]
```

图 3-16　长整型的减法习语

```
neg regH
neg regL

sbb regH,0
↓
regH:regL=-regH:regL
```

图 3-17　长整型的求负习语

长整型左移 1 位通常使用进位标志，而且在移位结果的高字或低字部分循环该标志。左移不受长整型操作数的符号影响，而且通常包括低字左移(shl)，低字部分的高位会移到进位标志中。然后高字部分左移，不同的是它要把进位标志放在结果高字部分的最低位，因此要使用 rcl 指令(带进位左循环移位)。这个编译习语如图 3-18 所示。

长整型右移 1 位需要保持长整型操作数的符号，因此两个不同编译习语各用于有符号操作数和无符号操作数。图 3-19 是用于有符号长整型操作数的编译习语。长整型操作数的高字部分右移 1 位，是使用一条算术右移指令(sar)，所以这个数作为有符号数看待。高字部分的较低位放在进位标志上。然后操作数的低字部分带进位右移，因此使用一条带进位循环右移指令(rcr)。

```
shl regL,1
rcl regH,1
↓
regH:regL=regH:regL<<1
```

图 3-18　长整型变量左移习语

```
sar regH,1
rcr regL,1
↓
regH:regL=regH:regL>>1 (regH:regLissignedlong)
```

图 3-19　有符号长整型变量右移习语

无符号长整型操作数右移 1 位与之类似。在这种情况下，高字部分右移把较低位移到进位标志，然后用一条带进位循环右移指令移入低字部分，见图 3-20。

4. 其他编译习语

给一个变量赋零值是一个常见的编译习语。不是使用一条 mov 指令，而是使用 xor 指令：只要一个变量跟它本身异或，结果便是零。这个编译习语使用更少的机器周期和占用更少的字节，如图 3-21 所示。

```
shr regH,1
rcr regL,1
↓
regH:regL=regH:regL>>1 (regH:regLisunsignedlong)
```

图 3-20　无符号长整型变量右移习语

```
xor reg/stackOff,reg/stackOff
↓
reg/stackOff=0
```

图 3-21　赋零值的编译习语

不同的机器体系结构对于一条移位指令移的位数有不同限制。在 i8086 中，移位指令只允许一条指令移 1 位，因此为了移 2 位或更多位不得不编写若干条移位指令。图 3-22 是这个编译习语。一般来说，移 n 位(n 是常数)可以用 n 条移 1 位指令完成。

整型/字型变量的按位取反实现如图 3-23 所示。这个习语将寄存器求反(二进制补码)，然后用借位减法从中减去自身,以防止该寄存器最初的求反下溢,最后该寄存器增量 1,得到的答案是 0 或 1。

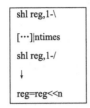

图 3-22　左移 n 位的编译习语

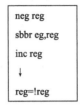

图 3-23　按位取反的编译习语

5. 编译习语检测的基本方法

编译习语检测方法大多采用模式匹配方法,基于解码后的指令序列构建编译习语模式库,然后进行匹配。

编译习语检测方法如下。

(1)顺序的编译习语模式由于不包含跳转指令,可以把基本块边界作为编译习语的检测边界,这样规定提高了检测的效率和精确性。

(2)同类型编译习语对应的指令操作码序列不变,不同的只是部分指令的操作数大小。考虑到指令操作码中包含指令操作数的类型以及寻址方法等特征,用操作码来代表指令特征并不会丢失操作数的主要特征。编译习语的特征可以以汇编指令操作码序列作为编译习语的检测特征。

(3)编译器由于指令调度等优化算法,可能会在指令序列中插入编译习语不相关指令语句。所以只需要保证编译习语对应的操作码序列为匹配目标基本块指令序列的子序列即可。子序列是保序的映射,可以保证指令之间的依赖关系。

3.2.2　基本数据的传播

基本数据类型,如字符型和整型,它们的符号容易通过在比较一个操作数时所使用的条件跳转的类型来确定。这样的技术也用来确定更复杂的基本数据类型的符号,如长整型和实型。下面举例说明一些技术,用来确定一个字操作数是有符号整型的还是无符号整型的、一个双字操作数是有符号长整型的还是无符号长整型的。这些技术也很容易推广到其他基本数据类型。

1. 整型的传播

一个字操作数可能是一个有符号整数也可能是一个无符号整数。大多数处理字操作数的指令对于有符号和无符号不做任何的区别,而条件跳转指令是一个例外。对于大多数相关操作,有符号数和无符号数会采用不同类型的条件跳转指令,例如,下面的代码:

```
cmp [ebp-04h],28h
jg X
```

检查在 ebp-04h 处的字操作数是否大于 28h。而下面的代码:

```
cmp [ebp-04h],28h
ja X
```

则检查在 ebp-04h 处的字操作数是否超出 28h。这后一个条件跳转测试的是无符号字操作数的比较结果，而前一个条件跳转测试的是有符号操作数的比较结果；因此，对于前一种情况，在 ebp-0Ah 处的局部变量是一个有符号整数，而后一种情况下则是一个无符号整数。通过这样的跳转指令可以得出变量得符号信息，之后可以把这个信息作为该局部变量的一个属性储存在符号表中。

　　同样地，如果一个条件跳转的操作数是寄存器，就可以确定该寄存器存储的是一个有符号数还是无符号数，然后这个信息在寄存器所属的基本块（Basic Block）上向后传播，直至找到该寄存器的定义（赋值）。考虑下面的代码：

```
1    mov     eax,[ebp-08h]
2    cmp     eax,28h
3    ja      X
```

　　通过第 3 条指令，条件跳转的操作数确定是无符号整数；因此，寄存器 eax 和常数 28h 是无符号整数操作数。因为寄存器 eax 不是一个局部变量，所以把这个信息向后传播，直至找到 eax 的定义。在这个例子中，第 1 条指令用局部变量 ebp-08h 定义 eax，因此，这个局部变量代表一个无符号整数，把这个属性储存在符号表的 ebp-08h 项目里。

　　可以总结，用来区别有符号整数和无符号整数的条件跳转指令集如表 3-2 所示。这些条件跳转指令适用于 Intel 体系结构的指令系统。

2. 长整型的传播

　　长整型变量的最初识别是可以通过 3.2.1 节所描述的编译习语分析来确定。一旦已知一对标识符是

表 3-2　条件跳转指令集

有符号条件的	无符号条件的
jg	ja
jge	jae
jl	jb
jle	jbe

一个长整型变量，就必须改变对这些标识符的所有引用以反映它们是一个长整型变量的组成部分（即长整型变量的高字或低字部分）。而且，能够把处理长整型变量高字和低字部分的一对指令合并成一条指令。考虑下面的代码：

```
108    mov     edx,[ebp-10h]
109    mov     eax,[ebp-14h]
111    add     edx:eax,[ebp-08h]:[ebp-0Ch]
112    mov     [bp-18h],edx
113    mov     [bp-1Ch],eax
```

　　通过编译习语分析，指令 110 和指令 111 被合并成一条 add 指令，继而标识符 ebp-08h 和 ebp-0Ch 以及寄存器 edx:eax 变成一个长整型变量。除了寄存器之外的标识符传播到整个子程序中间代码，在这个例子中，对 ebp-08h 没有其他引用。寄存器在使用它们的基本块里面传播，通过向后传播直至找到寄存器定义，而且向前传播直至遇到对该寄存器重新定义。在这个例子中，通过 edx:eax 的向后传播，得到以下代码：

```
109    mov     edx:eax,[ebp-10h]:[ebp-14h]
```

```
111   add   edx:eax,[ebp-08h]:[ebp-0Ch]
112   mov   [ebp-18h],edx
113   mov   [ebp-1Ch],eax
```

上面已把指令 108 和指令 109 合并成一条 mov 指令。同时，由这个合并可以确定局部标识符 ebp-10h 和 ebp-14h 是一个长整型变量，并且因此把这个信息储存在符号表中。通过在基本块中向前传播 edx:eax，得到以下代码：

```
109   mov   dx:ax,[bp-10h]:[bp-14h]
111   add   dx:ax,[bp-0Ah]:[bp-0Ch]
113   mov   [ebp-18h]:[ebp-1Ch],edx:eax
```

上面已把指令 112 和 113 合并成一条 mov 指令。此时，局部标识符 ebp-18h 和 ebp-1Ch 确定是一个长整型变量，而且也把这个信息储存在符号表中并且进行传播。

长整型变量的跨条件跳转传播可以用两步或更多步完成。长整型识别符的高字和低字部分在不同的基本块中相互比较。基本块的概念很简单：只有一个入口结点和一个出口结点的指令序列；这个概念会在 3.4 节中进行详细介绍。考虑以下代码：

```
115   mov   edx:eax,[ebp-0Ch]:[ebp-10h]
116   cmp   edx,[ebp-04h]
117   jl    L21
118   jg    L22
119   cmp   eax,[ebp-08h]
120   jbe   L21
```

在指令 115 上寄存器 dx:ax 被确定是一个长整型寄存器，因此在指令 116 上的 cmp 操作码只是在检查这个长整型寄存器的高字部分，稍后有一条指令(119)检查长整型寄存器的低字部分。通过分析该指令可以看到，如果 edx:eax 少于或等于标识符[ebp-04h]:[ebp-08h]，就到标签 L21；否则就到标签 L22。这三个基本块能够转换成包含这个条件的唯一基本块，如下：

```
115   mov   edx:eax,[bp-0Ch]:[bp-10h]
116   cmp   edx:eax,[bp-04h]:[bp-08h]
117   jle   L21
```

若该条件为真，这个基本块分支转移到标签 L21；若该条件为假，就转移到标签 L22。在这些指令中没有显式地出现标签 L22，但是被这个基本块的出边(Out-edge)隐含地指出。

一般来讲，长整型条件分支通过它们的图结构来识别。图 3-24 展示出五个图。其中四个代表六个不同的条件。图 3-24(a)和图 3-24(b)表现相同的条件。这些图代表不同的长整型条件分支，取决于这些图的结点所对应的指令，条件是：<=、<、>和>=。图 3-24(c)和(d)判断长整型变量的相等和不相等。当满足以下条件的时候，这四个图转化成图 3-24(e)。

在图 3-24(a)和(b)中：

(1)基本块 x 是一个条件结点，它比较长整型变量的高字部分。

(2)基本块 y 是一个有一条指令的条件结点；一个条件跳转，而且有一个来自基本块 x 的入边(In-edge)。

（3）基本块 z 是一个有两条指令的条件结点；长整型变量低字部分的比较和一个条件跳转。

在图 3-24（c）和（d）中：

（1）基本块 x 是一个条件结点，它比较长整型变量的高字部分。

（2）基本块 y 是一个有两条指令的条件结点；长整型变量低字部分的比较和一个条件跳转，而且有一个来自基本块 x 的入边。

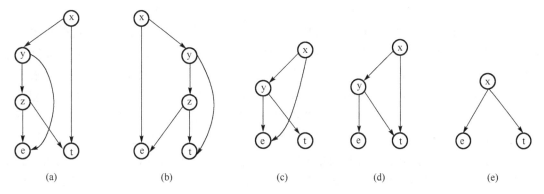

图 3-24 长整型条件分支图

表 3-3 展示的代码样本对应图 3-24（c）和（d）：长整型变量的相等和不相等。

表 3-3 长整型相等的布尔条件码

结点 x	结点 y	布尔条件
cmp edx,offHi jne t	cmp eax,offLow jne t	!=
cmp edx,offHi jne e	cmp eax,offLow je t	==

图 3-24（a）的结点对应的代码样本如表 3-4 所示。每个结点所对应的代码表现不同的不相等布尔条件，即不多于（小于或等于）、小于、大于和不小于（大于或等于）。图 3-24（b）对应的代码与之相似，表现的布尔条件完全相同。

表 3-4 长整型不相等的布尔条件码

结点 x	结点 y	结点 z	布尔条件
cmp edx,offHi jl t	Jg e	Cmp eax,offLow Jbe t	<=
cmp edx,offHi jl t	Jne e	Cmp eax,offLow Jb t	<
Cmp edx,offHi jg t	Jne e	Cmp eax,offLow Ja t	>
Cmp edx,offHi jg t	Jl e	Cmp eax,offLow Jae t	>=

3.3　反编译的中间表示

反编译过程与编译过程一样，程序的分析和变换要在一种抽象的数据结构上进行，即需要将待分析的程序转换为一种中间表示形式，称为中间表示或中间语言（Intermediate Language，IL）。在反编译器的前端，通过指令解码首先将待分析程序表示成没有语言特征的等价的中间表示形式，之后的分析和变换都是针对中间表示来完成的。

在反编译过程中要对程序进行一系列的分析和变换，所以中间表示首先要能等价表示二进制程序所包含的机器语言特征，最终反编译要生成高级语言程序，所以中间代码要能表示高级语言所具有的语法特征。因此，中间表示形式通常分为低级中间表示和高级中间表示，反编译过程的中间表示通常采用两步法：首先用低级的中间表示形式来表现机器语言程序。在这个表示形式里面可以进行编译习语分析和类型传播，并可以从中产生汇编代码，也就是说这是适合反汇编器使用的一个中间表示形式，因为它不对代码做高级分析。然后通过分析和变换，去掉其中与机器和语言密切相关的属性，提取所蕴含的高级语言属性，把这个表示形式转换成一种高级的中间表示形式，它具有高级语言的语法特征，适合用来生成高级语言，而且这种表示形式需要具有足够的一般性，以便将来可以生成任何高级语言的代码。

在一个反编译器中，前端将机器语言源代码翻译成适合反编译分析的低级中间表示形式，可以将不同机器的二进制代码映射到同一中间表示形式；采用一个与目标语言无关的表示形式，从而只需为不同的目标语言编写一个后端附加到反编译器上就可以产生各种不同的反编译结果。所以利用中间表示可以达到代码复用的效果，实现支持多源多目标的反编译器。

1.　低级中间表示

低级的中间表示的目的是等价表示源程序的机器指令，因此可以和机器的汇编语言很相近，这样就可以对代码进行语义分析并且从中生成汇编语言程序。对于每一条完整的机器语言指令，中间代码必须有对应的指令。复合的机器指令也必须用一条中间指令表现。例如，在图3-25中，机器指令B720对应的中间指令是mov bh,20。机器指令2E及其后的FFEFC006（即一条用CS段前缀覆盖的jmp指令）用一条jmp cs:06C0[bx]指令代替，显式地使用寄存器。而最后，复合的机器指令 F3A4 等同于汇编指令 rep 和 movs di,si。这两条指令只用一条中间指令rep_movs di, si表示，把这个数据传递的目的寄存器和源寄存器都清楚地表示出来了。

	2E	F3
B720	FFEFC006	A4
	↓	
mov bh,20	jmp cs:06C0[bx]	rep_movs di,si

图 3-25　低级中间指令示例

低级中间表示形式用一个四元组实现一条指令，显式地表现它所使用的源操作数和目的操作数，如图3-26所示。opcode字段保存低级的中间操作码，dest字段保存目的操作数（即一个标识符），src1字段和src2字段保存指令的源操作数。有些指令不使用两个源操作数，只使用src1字段。

opcode	dest	src2	src1

图 3-26　四元组表示一条机器指令

例 3.3　一条 add ebx, 3 机器指令用四元组表示如下:

add	ebx	ebx	3

其中,寄存器 ebx 既是源操作数,又是目的操作数;常数 3 是第二个源操作数。

例 3.4　一条 push ecx 机器指令表示如下:

push	esp	ecx	\

其中,寄存器 ecx 是源操作数;寄存器 esp 是目的操作数。

2. 高级中间表示

高级中间表示的目的是向高级语言映射,可以采用三地址代码形式。三地址代码是三地址机器汇编代码的一般形式。由于三地址代码是程序的抽象语法树(Abstract Syntax Tree, AST)的线性化表示法,所以这个中间代码适合在反编译器中使用,从而能够在数据流分析期间重建程序完整的 AST,方便向目标高级语言映射。三地址指令的一般形式如下:

```
x:=y op z
```

其中,x、y 和 z 是标识符;op 是一个算术运算符、逻辑运算符等运算符。结果地址是 x,两个操作数地址是 y 和 z。

三地址语句与高级语言语句很相似。假如数据流分析要重建程序的 AST,三地址指令不仅提供单个标识符,而且能够提供表达式。一个标识符可以看作一个表达式的最小形式。三地址语句定义的各种指令类型如下。

1) Asgn <exp>,<arithExp>

赋值指令,把一个表达式的值赋给一个标识符或表达式(即标识符用一个表达式表现,如对一个数组元素的赋值)。这个语句表现以下三种不同类型的高级赋值指令。

(1) x:=y op z。其中,x、y 和 z 是标识符或表达式,op 是一个二元运算符。

(2) x:=op y。其中,x 和 y 是标识符或表达式,op 是一个一元运算符。

(3) x:=y。其中,x 和 y 是标识符或表达式。

在数据流分析之后,表达式不仅表现一个二进制运算,而且是一个由运算符和标识符组成的、完整的分析树,与高级语言的表达式对应。

在这个意义上讲,一个有返回值的子程序(函数)也看成一个标识符,因为对它的调用返回一个结果被赋给另一个标识符,如 a:=sum(b,c)。

2) jmp

无条件跳转指令,除了跳转目的地址之外不关联任何表达式。这条指令使控制转到目的地址。因为高级中间表示用于反编译的后端,将与程序的控制流图一起来表示程序的结构,所以目的地址并没有显式地作为该指令的一部分,而是会通过控制流图中含有这条指令的基本块的出边予以说明。这条指令等价于如下高级指令:

```
    goto L
```

其中，L 是跳转的目的地址。

3) jcond <boolExp>

条件跳转指令，带有一个与之关联的布尔表达式，由它判定分支是否转移。该布尔表达式的形式为 x relop y，其中 x 和 y 是标识符，relop 是一个关系运算符，如<、>=、=等。这个语句等价于如下高级语句：

```
    if x relop y goto L
```

在这个中间指令中，目的地址(L)和直通的地址(即下一条指令的地址)不是该指令的一部分，因为在控制流向图中它们会通过含有这条指令的基本块的出边予以说明。

4) call <procId><actual parameters>

调用指令，表现一个子程序调用。子程序标识符(<procId>)是一个指针，它指向被调用子程序的地址。其中，实际参数的列表要等到数据流分析期间才建立。如果所调用的子程序是一个函数，它还定义了持有返回值的寄存器。在这个情况下，该指令等价于：

```
    asgn <regs>, <procId><actual parameters>
```

5) ret [<arithExp>]

返回指令，确定一个子程序在一条路径上的终点，可以有返回值也可以没有：如果子程序是一个子过程，就没有返回值；如果是函数就有返回值。

另外，还有两个伪高级中间指令，在数据流分析中用作中间指令，但是在分析结束时被清除掉。它们是 push 指令和 pop 指令。

6) push <arithExp>

进栈指令，把有关算术表达式放在一个临时栈上。

7) pop <ident>

退栈指令，取出临时栈顶端的表达式或者标识符，并且将它赋给标识符 ident。

3. 高级中间代码的实现

高级的中间表示形式用三元组实现。在一个三元组中，有两个显式的表达式和一个指令操作码 op，如图 3-27 所示。result 和 arg 字段是指向一个表达式的指针，它的最小形式是一个标识符，指向符号表。

| op | result | arg |

图 3-27　三元组的一般表示法

赋值语句 x:=y op z 用三元组表示如下：op 字段是 asgn 操作码，result 字段用一个指针指向标识符 x(而 x 也用一个指针指向在符号表中的标识符)，arg 字段有一个指向二进制的表达式的一个指针；这个表达式用一个抽象语法树表现如图 3-28 所示，指针指向符号表项目 y 和 z。

类似地，条件跳转语句 if a relop b 用一个三元组表示如图 3-29 所示，op 字段是 jcond 操作码，result 字段用一个指针指向一个测试关系的抽象语法树，arg 字段未使用。

无条件跳转语句 goto L 不使用 result 或 arg 字段。op 字段设置为 jmp，其他字段未使用，如图 3-30 所示。

　　子程序调用语句 procX(a,b) 用 op 字段存放 call 操作码，result 字段指向保存在符号表中的子程序名字，arg 字段用于指向子程序参数，它是一连串指向符号表的参数，如图 3-31 所示。

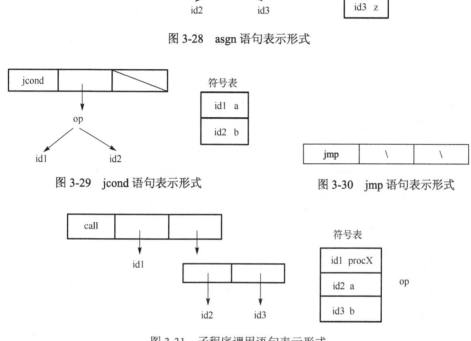

图 3-28　asgn 语句表示形式

图 3-29　jcond 语句表示形式

图 3-30　jmp 语句表示形式

图 3-31　子程序调用语句表示形式

　　子程序返回语句 ret a 用 op 字段存放 ret 操作码，result 字段用于标识符/表达式，arg 字段未使用，如图 3-32 所示。

　　伪高级指令 push a 用三元组储存，用 op 字段存放 push 操作码，arg 字段用于指向要入栈的标识符，存放的是其在符号表中的地址，result 字段未使用，如图 3-33 所示。

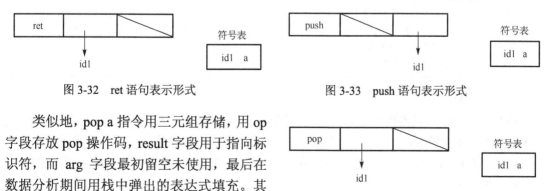

图 3-32　ret 语句表示形式

图 3-33　push 语句表示形式

　　类似地，pop a 指令用三元组存储，用 op 字段存放 pop 操作码，result 字段用于指向标识符，而 arg 字段最初留空未使用，最后在数据分析期间用栈中弹出的表达式填充。其三元组表示法如图 3-34 所示。

图 3-34　pop 语句表示形式

4. RTL

RTL（Register Transfer List，寄存器传输列表）是一种描述基于寄存器的指令中信息转换的中间表示语言。RTL 假定有着无限数目的寄存器，因此不受特定机器表示的限制。RTL 已经用作很多不同工具的中间表示语言，如链接时优化器 OM、GNU 编译器 GCC 以及编辑库 EEL。因为 RTL 操作简单并且具有良好的平台无关性，所以也可以选用它作为反编译系统的中间表示语言。

RTL 的语法结构类似于 Lisp 语言的表达式结构。这种结构实际上表示的是一种树结构。利用这种类 Lisp 的表示，RTL 设计得十分简洁、灵活，它仅有 115 种操作码，其中真正用于编译内部的只有 91 种，另外的 24 种则只出现在机器描述中。RTL 的基本元素是称为 rtx 的表达式。每个 rtx 都具有统一的内部数据结构与外部语法形式。

1）RTL 标准语句

RTL 的语句称为 insn，用来表示一个完整的动作或含义。一个函数代码的 RTL 表示可以视为 insn 对象的双向链表，表 3-5 列出了 insn 指令的三个固定域。

表 3-5　insn 指令的固定域

固定域	描述
INSN_UID(i)	表示访问 insn i 的唯一 ID，每个 insn 均有其唯一的 ID 与当前函数的其他 insn 区分
PREV_INSN(i)	函数可以获取指向 i 之前的 insn 的链表指针
NEXT_INSN(i)	函数可以获取指向 i 之后的 insn 的链表指针

insn 有六种类型，如表 3-6 所示。

表 3-6　insn 类型

类型	特点
insn	表示用于顺序执行的指令，即不进行跳转和函数调用的指令
jmp_insn	表示用于执行跳转的指令。对于汇编语言中的 RET 指令，从当前函数返回的指令也视为 jump_insn。jump_insn 还包括 jump_abel 域，表示跳转的位置，该域在执行完跳转优化后被定义
call_insn	表示用于执行函数调用的指令
Call_label	表示用于跳转到指定标号的指令
barrier	表示用于阻止指令流的指令，它们通常放在无条件跳转指令的后面，表示跳转是无条件的，当对类型符为 volatile 的函数调用之后，表示不会返回
note	表示用于额外的调试和说明信息

2）基本元素

RTL 是一种接近机器指令的语言，内部形式由一个指向简单结构的多层数据结构组成。最外层结构是双向链表，反映程序的顺序关系。外部形式由机器描述和调试信息组成。RTL 的基本元素为 rtx 表达式，一般表示为：（code[/flags][:m]opn1 opn2 …），表 3-7 所列为基本元素每一项的含义。

表 3-7 RTL 基本元素

表达式	RTL 基本元素	描述
code	操作码	表明 RTX 表示的操作类型,确定 RTX 的操作数个数和操作数种类
m	机器模式	指明数据和运行结果的类型,反映数据类型与字长信息
opn	操作数	操作数可以表示寄存器、常数、变量等具体操作对象,每个表达式的操作数个数和操作数种类都是不一样的,这根据 RTX 的操作码而定,RTL 的操作数可以是表达式、整数、字符串和向量等

下面是一个 RTX 表达式的例子:

```
(insn 21 19 23(set(mem/f:SI(plus:SI(reg/f:SI 54 virtual-stack-vars)
(const_int -4[0xfffffffffffffffc]))[0 a+0 S4 A32])
(const_int 10[0xa]))-1(nil)(nil))
```

分析该表达式,操作码为 insn 表示是一个顺序执行的指令,其中前三个操作数分别表示本条指令的序号、上一条指令的序号以及下一条指令的序号,如此构成 insn 对象双向链表结构。(plus: SI (reg/f:SI 54 virtual-stack-vars) (const_int-4 [0xfffffffffffffffc])) 表示 a 的存储地址,(const_int10[0xa] 表示常数 10,该表达式的意思是通过 set 指令将 10 赋值给 a 的存储单元,等同于 int a=10,该 RTX 表达式树结构如图 3-35 所示。

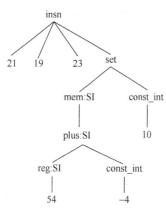

图 3-35 RTX 表达式树结构

3)操作码

RTL 操作码可以确定 RTX 操作数的个数及种类。RTX 代码的类别决定了 RTX 的类型。每一类描述不同的 RTX 类型,如描述一个常量对象、指令类别、一元算术运算、二元算术运算、非对称比较、对称比较等。

(1)常数操作码。

常数操作码如表 3-8 所示,该操作码用于描述常数,包含整数常量、浮点类型常量、字符类型常量等。

表 3-8 常数操作码

常数操作码	描述
const_int	整数常量
const_double	浮点类型常量
const_string	字符类型常量
symbol_ref	引用数据的汇编标号
label_ref	引用代码的汇编标号
const	常量,通常为算术计算的结果

(2) 寄存器和内存操作码。

寄存器和内存操作码如表 3-9 所示，该操作码用于描述机器寄存器和内存地址，包括程序计数器、条件代码寄存器等。

表 3-9　寄存器和内存操作码

寄存器和内存操作码	描述
reg	寄存器
subreg	引用多个寄存器组成的其中一个寄存器
cc0	机器的条件代码寄存器
pc	程序计数器
mem	内存地址

(3) 算术操作码。

算术操作码如表 3-10 所示，该操作码用于描述对表达式可以实现的运算类型，包括加法、减法、乘法、除法、比较等运算。

表 3-10　算术操作码

算术操作码	描述
plus	加法运算
minus	减法运算
mult	乘法运算
div	除法运算
compare	比较运算
not	取反运算
and	与运算
xor	异或运算
ior	或运算
lshiftrt	逻辑左移运算
ashiftrt	逻辑右移运算
abs	取绝对值运算
sqrt	求平方根运算

(4) 比较操作码。

比较操作码如表 3-11 所示，该操作码用于描述比较两个操作数的大小关系，其中关系包括等于、不等、小于、大于、大于等于等关系。

表 3-11　比较操作码

比较操作码	描述
eq	等于
ne	不等
lt ltu	小于
gt gtu	大于

续表

比较操作码	描述
ge geu	大于等于
if_then_else	比较操作数后，根据条件执行跳转
cond	根据判断条件，选择执行的跳转

（5）对机器状态产生影响的操作码。

对机器状态产生影响的操作码如表 3-12 所示，该操作码用于描述对机器状态产生影响的操作，包括设置指令属性、调用子过程、返回子过程、并行操作等。

表 3-12　对机器状态产生影响的操作码

对机器状态产生影响的操作码	描述
set	设置指令属性
retum	返回子过程
call	调用子过程
clobber	可能的存储
use	对值的使用
parallel	并行操作
sequence	insn 序列

（6）机器模式。

机器模式用于描述数据对象的大小及其表示。在 C 代码中，机器模式是枚举类型 enum machine_mode，每个 RTL 表达式都有机器模式域。RTL 表达式的机器模式紧跟在 RTL 代码之后，中间用冒号隔开。例如，（reg:SI38）表达式，表示的是机器模式为 SImode，表 3-13 所列为所有的机器模式及其描述。

表 3-13　机器模式

机器模式	描述
BImode	表示 1 位，用于断言寄存器
QImode	表示 1 字节的整数
HImode	表示 2 字节整数
PSImode	表示 4 字节，但不全部占用的整数
SImode	表示 4 字节整数
PDImode	表示 8 字节整数
DImode	表示 8 字节整数
TImode	表示 16 字节整数
SFmode	表示单精度 4 字节浮点数
DFmode	表示双精度 8 字节浮点数
XFmode	表示三精度 12 字节浮点数
TFmode	表示四精度 16 字节浮点数
BLKmode	模块操作的模式
VOIDmode	表示不固定的模式

3.4　控　制　流　图

控制流图反映了程序的控制转移关系和执行流向，从严格意义上说控制流图包括通常所说的调用图（Call Graph，CG）和控制流图（CFG）：CG 表示子程序间的调用关系，CFG 表示子程序执行的控制流。构建控制流图（CFG）是二进制程序反编译的基础工作之一。反编译的数据流分析和控制流分析都要在程序的控制流图的基础上进行。

3.4.1　图的相关概念

为更好地讨论控制流图，本节先简单回顾数学和图论关于图的相关定义，以避免后面叙述用词的混乱。

定义 3.2　图 G 是一个（V,E,h）元组，其中 V 是图中顶点的集合，E 是图中边的集合，h 是图的根。一个边是一对结点（v,w），这里 v,w∈V。

定义 3.3　有向图 G=(N,E,h) 是一个由有向边组成的图，即每组（n_i,n_j）∈E 有一个方向，而且表示为 $n_i \rightarrow n_j$。

定义 3.4　在图 G(N,E,h) 中一条路径从 n_1 到 n_m，表示为 $n_1 \rightarrow n_n$，是一个边的序列（n_1,n_2），（n_2,n_3），…，（n_{n-1},n_m）∈N，m≥1。

定义 3.5　如果 G=(V,E,h) 是一个图，∃!h∈V，而且 E=∅，那么 G 叫作一个平凡图，其中∅表示空集。

定义 3.6　如果 G=(N,E,h) 是一个图，而且∀n∈N，h→n，那么 G 是一个连通图。

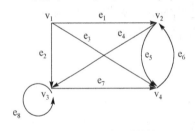

图 3-36　有向连通图样例

一个连通图是这样一个图，其中所有结点可以从头结点出发到达。图 3-36 给出一个有向连通图的样例。

图 G=(V,E,h) 可以以不同的存储结构来进行存储，包括关联矩阵、邻接矩阵和前趋后继表。

定义 3.7　图 G=(V,E,h) 的关联矩阵是 v×e 矩阵 M(G)=[m_{ij}]，其中 m_{ij} 是顶点 v_i 和边 e_j 的关联次数（0、1 或 2）。

定义 3.8　图 G=(V,E,h) 的邻接矩阵是 v×v 矩阵 A(G)=[a_{ij}]，其中 a_{ij} 是连接顶点 v_i 和 v_j 的边数。

定义 3.9　图 G=(V,E,h) 的前趋后继表是 v×2 表 T(G)=[t_{i1},t_{i2}]，其中 t_{i1} 是顶点 v_i 的前趋顶点列表，t_{i2} 是顶点 v_i 的后继顶点列表。

例 3.5　下面是图 3-36 中的图的几种不同的表示形式：

关联矩阵：

	e_1	e_2	e_3	e_4	e_5	e_6	e_7	e_8
v_1	1	1	1	0	0	0	0	0
v_2	1	0	0	1	1	1	0	0
v_3	0	1	0	1	0	0	1	2
v_4	0	0	1	0	1	1	1	0

邻接矩阵：

	v_1	v_2	v_3	v_4
v_1	0	1	1	1
v_2	1	0	1	2
v_3	1	1	1	1
v_4	1	2	1	0

前趋后继表：

	前趋	后继
v_1	$\varnothing$	$\{v_2,v_3,v_4\}$
v_2	$\{v_1,v_4\}$	$\{v_3,v_4\}$
v_3	$\{v_1,v_2,v_3\}$	$\{v_3,v_4\}$
v_4	$\{v_1,v_2,v_3\}$	$\{v_2\}$

3.4.2　基本块

在本节中，给基本块下一个正式的定义。为了表明它的特征，需要给程序结构下更多的定义。这里从一个程序的组成部分(即数据和结构)开始。注意：这个定义与内存里具体的结构或数据无关。

定义 3.10　令

(1)P 是一个程序。

(2)$I=\{i_1,\cdots,i_n\}$ 是 P 的指令。

(3)$D=\{d_1,\cdots,d_m\}$ 是 P 的数据。

那么 $P=I\cup D$。

为了便于研究，约定程序没有包含自修改代码，而且没有利用数据作为指令，也没有利用指令作为数据的情况(即 $I(P)\cap D(P)=\varnothing$)。一个指令序列是指在内存里连续存放的一组指令。

定义 3.11　令

(1)P 是一个程序。

(2)$I=\{i_1,\cdots,i_n\}$ 是 P 的指令。

对于 i_j，$\forall 1\leqslant j\leqslant k-1$，当且仅当 $S=[i_j,i_{j+1},\cdots,i_{j+k}]\cdot1\leqslant j<j+k\leqslant n\wedge i_{j+1}$ 是在一块连续不断的内存单元里面时，S 是一个指令序列。

为了生成控制流向图，可以将中间指令分成以下两类。

(1)转移指令(TI)。一些指令的集合，这些指令把控制流转移到在内存里不同于下一条指令地址的某个地址。具体如下。

①无条件跳转：把控制流转移到跳转目的地址。

②条件跳转：如果条件为真，把控制流转移到跳转目的地址，否则把控制转移到在指令序列中的下一条指令。

③变址的跳转：把控制流转移到一些目的地址中的某一个。

④子程序调用：把控制流转移到被调用的子程序。

⑤子程序返回：用返回指令把控制流转移到调用子程序的子程序。

⑥程序终点：程序结束。

(2)非转移指令(NTI)。不改变程序控制流的指令集合，也可以说是把控制转移到指令序列中下一条指令的集合，即所有不属于 TI 集合的指令。

对中间指令进行分类以后，基本块根据它的指令有如下定义。

定义 3.12 基本块 $b=[i_1,\cdots,i_{n-1},i_n]$，$n\geq 1$ 是一个满足下列条件的指令序列：

(1) $[i_1,\cdots,i_{n-1}]\in NTI$。

(2) $i_n\in NTI$。

或

(1) $[i_1,\cdots,i_{n-1},i_n]\in NTI$。

(2) i_{n+1} 是另一个基本块的第一条指令。

即基本块是指满足下列两个条件的连续指令序列。

(1)控制流只能从基本块的第一条指令进入该块。也就是说，没有跳转到基本块中间的转移指令。

(2)除了基本块的最后一条指令，控制流在离开基本块之前不会停机或者跳转。

所以，基本块是程序中单入口单出口的程序段。

因为基本块是只有一个入口结点和一个出口结点的一个指令序列，所以如果基本块的一条指令被执行，那么所有其他指令也会被执行。

一个程序的指令集合能够从程序的入口结点开始被唯一地分成相互不重叠的基本块。

定义 3.13 令

(1) I 是程序 P 的指令。

(2) h 是 P 的入口结点。

那么 $\exists B=\{b_1,\cdots,b_n\}$，使得 $b_1\cap b_2\cdots\cap b_n=\varnothing\wedge I=b_1\cup b_2\cup\cdots\cup b_n\wedge b_1$ 的入口结点为 h。

3.4.3 控制流图的定义

控制流图是一个表现程序控制流的有向图，图的结点代表该程序的基本块，图的边代表结点之间的控制流。

定义 3.14 程序 P 的控制流图 $G=(N,E,h)$ 是一个满足以下条件的有向连通图：

(1) $\forall n\in N$，n 代表 P 的一个基本块。

(2) $\forall e=<n_i,n_j>\in E$，e 代表从一个基本块到另一个基本块的控制流，而且 $n_i,n_j\in N$。

(3) $\exists f:B\rightarrow N$，使得 $\forall b_i\in B$，$f(b_i)=n_k$ 对于某些 $n_k\in N\wedge\nexists b_j\in B$，使得 $f(b_j)=n_k$。

令 $(n_i,n_j)\in E$，表示控制流图中的边 $n_i\rightarrow n_j$，称 n_i 是 n_j 的直接前驱，称 n_j 为 n_i 的直接后继；基本块 n_j 的所有前驱组成的集合称为 n_j 的直接前驱集，记为 $pred(n_j)$，n_i 的所有后继组成的集合称为 n_i 的直接后继集，记为 $succ(n_i)$。

控制流图的结点为基本块，同时控制流图的边指明了哪些基本块可能紧随着一个基本块执行。

为了生成控制流图，根据基本块的最后一条指令，将基本块分成不同类型。基本块可以有以下几种类型。

(1)单路基本块。基本块的最后一条指令是一个无条件跳转，因此这种块只有一个出边。

(2)两路基本块。基本块的最后一条指令是一个有条件跳转，因此这种块有两个出边。

(3)多路基本块。基本块的最后一条指令是一个变址的跳转，那么位于 case 表的分支变成这个基本块结点的 n 路出边。

(4)调用基本块。基本块的最后一条指令是对某个子程序的一个调用。从这种块出发有两个出边：一个到子程序调用指令的下一条指令(如果子程序有返回)，另一条到被调用的子程序。

(5)返回基本块。基本块的最后一条指令是一条子过程返回或者程序终止。这种基本块没有出边。

(6)直通基本块。下一条指令是一条分支转移指令的目的地址(即下一条指令有一个标签)。这个结点当作向下直通下一个结点的结点看待，因此只有一个出边。

在控制流向图中，不同类型的基本块在它对应的结点旁边标出它的类型名称，如图 3-37 所示。在一个图中，如果某个结点没有标出类型名称，则说明该基本块的类型与主题无关，或者可以从上下文明显地看出来(在图中明确地标示了出边的准确数目)。

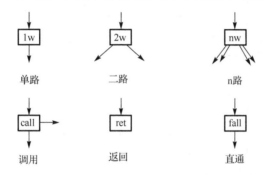

图 3-37　不同类型基本块的结点表示法

例 3.6　考虑下面的代码片断：

```
0    push    ebp
1    mov     ebp,esp
2    sub     esp,8
3    mov     eax,0Ah
4    mov     [bp-4],eax
5    mov     [bp-8],eax
6    lea     eax,[ebp-4]
7    push    eax
8    call    prtproc_1
9    pop     ecx
10   L1:mov  eax,[bp-8]
11   cmp     eax,[bp-4]
12   jne     L2
13   push    Word prt[ebp-8]
14   mov     eax,0AAh
15   push    eax
16   call    printf
17   pop     ecx
```

```
18  pop      ecx
19  mov      esp,ebp
20  pop      ebp
21  ret
22  L2:mov   eax,[ebp-8]
23  cmp      eax,[ebp-4]
24  jge      L1
25  lea      eax,[ebp-2]
26  push     eax
27  call     proc_1
28  pop      ecx
29  jmp      L1
```

这个代码有以下基本块：

基本块类型	指令范围
call	0~8
fall	9
2w	10~12
call	13~16
ret	17~21
2w	22~24
call	25~27
1w	28,29

表现这些指令的控制流图如图 3-38 所示。

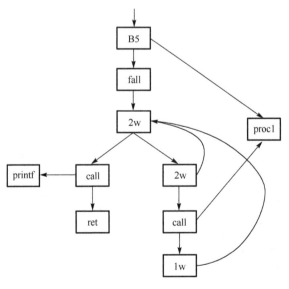

图 3-38 控制流图示例

下面介绍控制流图中的一些相关概念，在后续讨论的数据流分析和控制流分析中会用到。

定义 3.15 必经结点和必经结点集。

在控制流图中，对于任意结点 v_i 和 v_j，如果从流图的首结点出发，到达 v_j 的任一路径都必须经过 v_i，则称 v_i 是 v_j 的必经结点，记为 v_i DOM v_j。流图中结点 v 的所有必经结点构成的集合称为结点 v 的必经结点集，记为 DOM(v)。DOM 是结点间的一种关系，它具有自反性、传递性和反对称性，是一种偏序关系。

定义 3.16 在控制流图中，对于结点 v_i，如果从 v_i 到出口结点的任意路径都包含结点 v_j，则称 v_j 是 v_i 的向后必经结点，记为 v_j PDOM v_i（即 v_j Post Dominate v_i）。

定义 3.17 回边：流图中的有向边 a→b，如果 b DOM a，则称 a→b 是流图的一条回边。

定义 3.18 可归约控制流图：一个流图称为可归约的当且仅当流图中除去回边外，其余的边构成一个无环路流图。

按结构化程序设计原则设计的程序，其控制流图总是可归约的；用高级语言写出的程序，其控制流图常常也是可归约的。

3.4.4 控制流图的生成

1. 数据结构定义

控制流图是一个有向图，流图的结点为基本块。控制流图中平均每个结点有两个出边，因此使用矩阵表示法(关联矩阵或邻接矩阵)将会是非常稀疏的，空间利用率很低(矩阵大部分用零填充)。因此用前驱后继表来存储控制流图会更好，因为在前驱后继表中只存储图中存在的边。注意，后继是完整地表现一个图所必需的；前趋是为了便于在图的不同遍历当中存取图中结点。

如果图的大小是未知的(即结点数目不固定)，需要动态地构造和更新图，基本块带有一组指向前趋的指针和一组指向后继的指针。这样，对于一个基本块只需存储一次。任何一个允许动态内存分配的高级语言都可以实现这种表示法。图 3-39 给出了基本块存储结构的 C 语言定义。BB 定义为结构类型，存储一个基本块结点信息。其中，numInEdges 和 numOutEdges 分别用于保存该结点的前驱结点数和后继结点数，**inEdges 是前驱指针数组，其中存储该结点的所有前驱结点，**outEdges 是后继指针数组，其中存储该结点的所有后继结点，而 nodeType 指出基本块的结点。当然该结构中还可以存储有关基本块的其他信息，包括数据流分析和控制流分析过程中所获得的相关信息。在这个表示法中，控制流图是用一个指向头基本块的指针(即，一个 PBB)来表示。

```
typedef struct _BB{
    byte nodeType;              /* 基本块的结点类型 */
    int numInEdges;             /* 基本块的前驱结点数 */
    struct _BB **inEdges;       /* 前驱指针数组 */
    int numOutEdges;            /* 基本块的后继结点数 */
    struct _BB **outEdges;      /* 后继指针数组 */
    /* 其他数据域 */
}BB;
Typedef BB *PBB;                /* 指向基本块的指针 */
```

图 3-39 基本块存储结构的 C 语言定义

2. 控制流图生成算法

控制流图生成包括两部分的工作：一是基本块划分，这一步确定流图的结点；二是寻找划分好的基本块的前驱和后继，这一步确定流图的有向边。

算法 3.1 基本块划分算法。

输入：子程序中间代码指令序列。

输出：该指令序列对应的一个基本块列表，其中每个指令恰好分配到一个基本块。

方法：

(1) 确定指令序列中哪些指令是首指令，即基本块的第一条指令。

选择首指令的规则如下。

① 指令是输入的指令序列的第一条指令时，则其是一条首指令。

② 指令是直接跳转语句时，若能得到该跳转指令的跳转地址，则跳转地址所在的指令是一条首指令，同时紧跟在该跳转指令之后的指令也是一条首指令。

③ 指令是间接跳转语句时，同规则，此时也能得到两条首指令。

④ 指令是某个函数体的入口语句时，则其是一条首指令。

(2) 确定输入的指令序列的所有首指令后，每条首指令对应的基本块即为从该首指令自身开始，直到下一条首指令(不包含)或者指令序列结尾指令之间的所有指令。

当将指令序列划分为基本块之后，也就得到了控制流图的结点，而要得到控制流图，还需要得到流图的边。在流图中，从基本块 B 到基本块 C 之间有一条有向边当且仅当基本块 C 的第一条指令有可能紧跟在基本块 B 的最后一条指令之后执行，存在这样一条边的原因有以下两种。

(1) 基本块 B 的末尾指令为跳转指令，且跳转指令的目的地址属于基本块 C。

(2) 按照输入的指令序列的线性顺序，基本块 C 紧跟在基本块 B 后面，且基本块 B 的末尾指令不是直接跳转指令。在这里，基本块 B 是基本块 C 的前驱，基本块 C 是基本块 B 的后继。

由此，可以得到控制流图的生成算法。

算法 3.2 控制流图的生成算法。

输入：子程序中间代码指令序列。

输出：子程序控制流图。

方法：

(1) 基本块划分。

(2) 对划分好的每一个基本块，获得该基本块(设为 A)的末尾指令，有以下 4 种情况。

① 末尾指令是间接跳转指令：此时基本块 A 有两个后继，一个是跳转目的地址指令所属的基本块，另一个是紧跟在基本块 A 后面的基本块。

② 末尾指令是直接跳转指令：此时基本块 A 有一个后继，为跳转目的地址指令所属的基本块。

③ 末尾指令是 RET 类型指令：此时基本块 A 无后继。

④ 其他情况：此时基本块 A 只有一个后继，该后继为紧跟在基本块 A 后面的基本块。

3. 调用图

调用图是用数学方法来表现一个程序的子程序间的调用关系。每个结点代表一个子程序，每个边代表对另一个子程序的一个调用。更正式的定义如下。

定义 3.19　令 $P=\{p_1,p_2,\cdots\}$ 是一个程序的子程序的有限集合。调用图 C 是一个 (N,E,h) 元组。其中，N 是子程序的集合，$n_i\in N$ 代表一个且只有一个 $p_i\in P$；E 是边的集合，$(n_i,n_j)\in E$ 代表现 p_i 对 p_j 的一个或多个引用；h 是 main() 子程序。

如果被调用的子程序静态绑定子程序参数，也就是说，在程序中不使用子程序参数或子程序变量来调用子程序，那么构造一个调用图会很简单。递归调用在调用图中表现为环。

调用图和控制流图一起表示了程序的控制流转移关系，而子程序间的具体调用在控制流图中也有体现，所以在反编译过程中更关注的是子程序的控制流图。

3.5　本 章 小 结

反编译器设计分为前端、中端和后端三大模块，将同机器结构和机器语言密切相关的处理划分为前端模块。本章主要介绍前端的处理过程及技术，经过指令解码、语义分析，将机器指令转变为机器无关的中间表示形式，生成表示程序控制转移关系的控制流图。

第 4 章　中间代码优化和提升

反编译过程首先将二进制代码通过指令解码变换为低级中间表示形式，这是一种与机器指令相对应的汇编层次的代码形式，其中仍然保留了寄存器和条件码，是二元操作数指令形式，要生成高级语言程序需要进行中间代码的优化和提升，将其转换为不使用这些低级概念的高级中间表示形式，最终对应到高级语言的表达式形式，这是反编译的核心内容之一，称为优化和提升。中间代码优化和提升主要采用数据流分析技术，通过采集在不同程序点的变量信息，去除低级语言成分，恢复数据变量，构建表达式，恢复高级语言程序要素。

数据流分析起源于编译优化过程，是现代编译器最重要的部分之一，是各种编译优化的基础。数据流分析是否全面和充分对编译优化的效果起着极其重要的作用。在编译领域中，数据流分析问题是一大类问题，包括到达一定值，活跃变量，可用表达式、常数传播，公共子表达式删除，复写传播等诸多程序分析和程序优化问题。数据流分析是一种程序静态分析技术，通过数据流分析，可以从程序代码中收集程序中的变量使用方式信息，不必实际运行程序就能够发现程序运行行为方面的特性，这样可以帮助人们分析程序和理解程序。数据流分析技术广泛用于解决编译优化、程序验证、程序理解、调试、测试以及并行化等问题。数据流分析的实质是一个信息收集的过程。

反编译过程则利用数据流分析进行中间代码的优化和提升，改善中间代码的质量，将低级中间表示形式的代码转换为高级中间表示形式的代码。利用数据流分析技术进行的代码优化包括无用指令的清除、条件码的清除、寄存器参数和函数返回寄存器或寄存器组的确定、通过再生表达式来清除寄存器和中间指令、实际参数的确定，以及在跨子程序调用之间传播数据类型等。这些优化的目的一是对低级中间代码进行抽象和提升，二是重建一些在编译过程中丢失的源程序信息。

本章首先分析中间代码优化和提升的目标与内容，然后介绍数据流分析的基本方法，最后讨论基于数据流分析技术实现代码优化的基本方法。

4.1　基　本　方　法

同编译器的优化一致，反编译优化也需要在程序分析的基础上进行程序变换，因此，基于数据流分析的优化和提升也要遵循以下三个原则。

(1)等价原则：要保证程序变换的等价性，不改变程序的执行语义。

(2)有效原则：所做的优化要有明显的效果。

(3)合算原则：应该以较低的代价取得较好的优化效果。

为了说明反编译所要完成的优化和提升，本章以图 4-1 所表示的程序段作为实例。图 4-1 是程序段的控制流图，该程序段中包含两个子程序，在控制流图生成中划为 7 个基本块，其中基本块 B1～B4 属于主程序 main，而 B5～B7 属于子程序 _aNlshl，每个基本块中给出了其中指令的中间代码。在主程序中，寄存器 si 和 di 被识别出作为寄存器变量，而且已经由语法分析器做了标志，在符号表中进行了记录。

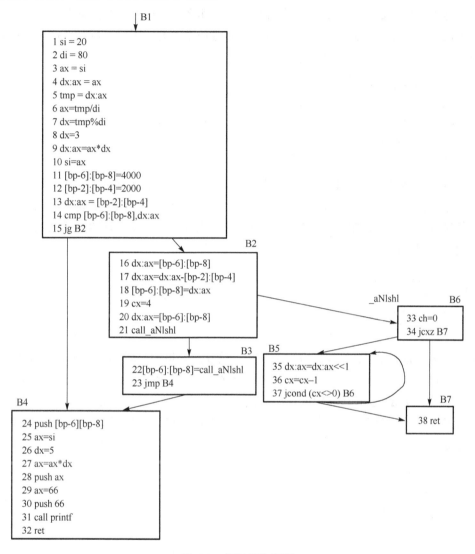

图 4-1　代码优化用例

中间代码优化和提升的目标主要是消除与机器语言相关的低级语言概念，如条件码、寄存器和中间过渡的指令，并引入高级语言的表达式概念。这些优化主要需要考虑数据的使用情况，由于在程序中存在子程序调用，需要考虑数据信息在多个子程序间传递的问题。

在子程序调用过程中 push 和 pop 指令发挥着重要作用，在反编译过程中需要特别注意。按照系统子程序间的调用规则和现代编译器的编译约定，push 和 pop 指令有多种用法，包括用于参数传递、在子程序调用之前按照语言的调用约定所规定的次序把参数入栈、建立子程序调用的栈帧和恢复系统调用栈、跨子程序调用保存寄存器内容，以及用于把数值复制到寄存器等。

下面先通过例子直观地了解中间代码优化的基本方法。

1. 无用寄存器及无用指令清除

如果一个变量的数值在定义之后没有被使用，那么在程序中该变量就是无用的，而且可以进一步认为，定义一个无用标识符的指令也必然是无用的，因此可以从代码中清除掉。考虑下面来自图 4-1 中基本块 B1 的代码：

```
6    ax=tmp/di
7    dx=tmp%di
8    dx=3
9    dx:ax=ax*dx
10   si=ax
```

指令 6 定义寄存器 ax，指令 7 定义寄存器 dx，而指令 8 重新定义寄存器 dx。在指令 7 定义和指令 8 定义之间没有使用寄存器 dx，因此指令 7 对寄存器 dx 的定义是无用的，而且由于这条指令的功能只是定义寄存器 dx，所以这条指令是无用的。所以，前面的代码可以被下面的代码所代替：

```
6    ax=tmp/di
8    dx=3
9    dx:ax=ax*dx
10   si=ax
```

在指令 8 上寄存器 dx 的定义被指令 9 的乘法使用，其中把该寄存器 dx 和寄存器 ax 重新定义。指令 10 使用寄存器 ax，而在指令 13 对寄存器 dx 重新定义之前没有再使用寄存器 dx，因此，最后的这个 dx 定义是无用的，必须清除掉。因为指令 9 不仅定义 dx，也定义 ax，而 ax 不是无用的，所以这条指令不是无用的，因为它还定义了一个有用的寄存器 ax；因此，可以对该指令做些修改，使之反映只有寄存器 ax 被定义这个事实，如下：

```
6    ax=tmp/di
8    dx=3
9    ax=ax*dx
10   si=ax
```

2. 无用条件码清除

每一条机器指令都会影响几个条件码。与无用寄存器清除类似，如果一个条件码的值在重新定义之前没有被使用，那么此时在程序中这个条件码是无用的。在这种情况下，该条件码的定义是无用的、不需要的，但是，如果该指令定义的标识符不是无用的，那么定义这个条件码的指令还是有用的，因此，指令本身不一定要清除掉。考虑下面来自图 4-1 中基本块 B1 的代码：

```
14   cmp [bp-6]:[bp-8],dx:ax         /*cc-def=ZF,CF,SF*/
15   jg B2                           /*cc-use=SF*/
```

指令 14 定义条件码为零(ZF)、进位(CF)和符号(SF)。指令 15 使用符号条件码。在进位条件码以及零条件码被重新定义之前，后面两个基本块都没有使用这些条件码，因此，在指令 14 中对这些条件码的定义是无用的，可以清除掉。优化后将指令 14 所持有的信息替换如下：

```
14  cmp [bp-6]:[bp-8],dx:ax            /*cc-def=SF*/
```

3. 条件码传播

条件码是一些标志，它们被机器用来指明一个条件的具体值。一般来说，有一些机器指令设置这些标志，一条指令通常会设置 1～3 个不同的标志，但是只有很少的指令使用那些标志，而且往往只使用 1 个或 2 个标志。在无用条件码清除之后，条件码的多余定义被去掉了，因此，所有剩余的标志被后续指令使用。考虑基本块 B1 的代码经过无用条件码清除以后情况如下：

```
14  cmp [bp-6]:[bp-8],dx:ax            /*cc-def=SF*/
15  jg B2                              /*cc-use=SF*/
```

指令 14 通过比较两个操作数定义符号标志，指令 15 使用这个标志确定前面指令的第一个操作数是不是比第二个操作数更大。这两条指令在功能上等价于一条高级条件跳转指令——检查一个操作数是否大于另一个操作数。所以，该指令可以被替换为

```
15  jcond ([bp-6]:[bp-8]>dx:ax)B2
```

如此，清除掉指令 14 以及对条件码的所有使用，指令 14 和 15 合并为一条高级中间表示的条件转移语句。

4. 寄存器参数识别

子程序使用寄存器参数来加速对那些参数的存取，而且免除在子程序调用之前将参数入栈带来的系统开销。许多运行时支持例程以及使用寄存器调用约定(在有些编译器中可用)编译生成的用户例程使用寄存器参数。考虑下面在图 4-1 中基本块 B2 的代码：

```
19  cx=4                               /*def={cx}*/
20  dx:ax=[bp-6]:[bp-8]                /*def={dx,ax}*/
21  call_aNlshl
```

指令 19 定义寄存器 cx，指令 20 定义寄存器 dx:ax，指令 21 调用子程序_aNlshl。在图 4-1 中，子程序_aNlshl 的第一个基本块 B5，在定义寄存器 cx 的高字节部分(即寄存器 ch)之后使用这个寄存器。因此，这个寄存器的低字节部分(即寄存器 cl)的值是在子程序调用之前被赋值的。类似地，基本块 B6 在寄存器 dx:ax 被子程序定义之前使用了它们，因此，被使用的是这些寄存器在子程序调用之前的值。cl、dx、ax 这三个寄存器在子程序中被定义之前被使用，它们是由调用者定义的，因此，可以确定它们是被传给这个_aNlshl 子程序的寄存器参数。因此，可以修改这个子程序的形式参数列表来反映这个事实：

```
formal_arguments(_aNlshl)={arg1=dx:ax,arg2=cl}
```

在子程序里面，这些寄存器将被它们的形式参数名称所代替。

5. 函数返回寄存器(组)

返回一个数值的子程序称为函数。函数通常在寄存器中返回数值,然后调用者子程序使用这些寄存器。考虑下面来自图 4-1 中基本块 B2 和 B3 的代码:

```
20   dx:ax=[bp-6]:[bp-8]               /*def={dx,ax}use={}*/
21   call_aNlshl                       /*def={}use={dx,ax,cl}*/
22   [bp-6]:[bp-8]=dx:ax               /*def={}use={dx,ax}*/
```

指令 21 调用子程序_aNlshl。在子程序返回之后,指令 22 使用寄存器 dx:ax。这些寄存器已经被前面基本块的指令 20 定义,但是因为在这两条指令之间有一个子程序调用,所以需要检查该子程序有没有对寄存器 dx:ax 做过任何修改。考虑基本块 B5 的代码经过无用寄存器清除以后如下:

```
35   dx:ax=dx:ax<<1
36   cx=cx-1
37   jcond (cx<>0) B6
```

前面讨论过 dx:ax 是寄存器参数。在子程序中这些寄存器在指令 35 中左移 1 位而被修改了。实际上它们属于一个循环的部分,即如果寄存器 cx 不等于零,则指令 37 跳回到最初的指令 35。在循环结束之后,控制流被传给基本块 B7——从这个子程序返回。在调用子程序中,在指令 22 上对寄存器 dx:ax 的引用是在这些寄存器经过修改以后的。所以,可以认为子程序_aNlshl 是一个返回这些寄存器的函数,因此在指令 21 中对函数_aNlshl 的调用被替换为

```
21   dx:ax=call_aNlshl                 /*def={dx,ax}use={dx,ax,cl}*/
```

指令 22 使用在指令 21 中定义的两个寄存器,因此继续应用寄存器复制传播优化,得到以下代码:

```
22   [bp-6]:[bp-8]=call_aNlshl
```

同时,函数_aNlshl 的返回指令(指令 38)被修改为返回寄存器 dx:ax,成为以下代码:

```
38   ret dx:ax
```

6. 寄存器复制传播

如果一条指令定义一个寄存器数值只被它的后续指令唯一地使用,那么这条指令是中间过渡的。在机器语言中,中间过渡的指令用来将操作数的内容移入寄存器内,即将一条指令的操作数移入被某个特定指令使用的寄存器之内,以及将放在寄存器里的计算结果储存到一个局部变量。考虑下面图 4-1 中基本块 B2 的代码:

```
16   dx:ax=[bp-6]:[bp-8]               /*def={dx,ax}use={}*/
17   dx:ax=dx:ax-[bp-2]:[bp-4]         /*def={dx,ax}use={dx,ax}*/
18   [bp-6]:[bp-8]=dx:ax               /*def={}use={dx,ax}*/
```

其中,指令 16 通过复制在 bp-6 处的长整型局部变量来定义长整型寄存器 dx:ax。然后这

个长整型寄存器在指令 17 当作一个减法操作数使用。结果放在相同的长整型寄存器，然后这个长整型寄存器在指令 18 被复制到在 bp-6 处的长整型局部变量。如上所见，指令 16 定义临时的长整型寄存器 dx:ax 在指令 17 使用，而这条指令又重新定义寄存器，然后在指令 18 被复制到最后的局部变量。这些中间过渡的寄存器可以通过用局部变量代替它们而清除掉，因此，在指令 17 中寄存器 dx:ax 被 bp-6 处的长整型局部变量替换——前面那条指令使用该变量定义这些寄存器：

```
17   dx:ax=[bp-6]:[bp-8]-[bp-2]:[bp-4]
```

于是，指令 16 可以清除掉。类似地，用指令 17 得到的结果代替在指令 18 中的长整型寄存器 dx:ax，变成如下代码：

```
18   [bp-6]:[bp-8]=[bp-6]:[bp-8]-[bp-2]:[bp-4]
```

于是指令 17 被清除。最后的指令 18 是原来高级表达式的一个重建。

高级语言表达式表现为由一个或多个操作数组成的语法分析树，而机器语言表达式只允许最多两个操作数。在大多数情况下，这些操作数中必须有一个是寄存器或寄存器组，而结果也放在一个寄存器或寄存器组中。然后，最后的结果被复制到适当的标识符(如局部变量、参数、全局变量)。考虑对下面基本块 B1 的代码进行无用寄存器清除的过程。

```
3    ax=si            /*def={ax}use={}*/
4    dx:ax=ax         /*def={dx,ax}use={ax}*/
5    tmp=dx:ax         /*def={tmp}use={dx,ax}*/
6    ax=tmp/di         /*def={ax}use={tmp}*/
8    dx=3             /*def={dx}use={}*/
9    ax=ax*dx          /*def={ax}use={ax,dx}*/
10   si=ax            /*def={}use={ax}*/
```

指令 3 通过复制整数寄存器变量 si 的内容来定义寄存器 ax。在这个上下文中，寄存器变量当作局部变量，而不是看成寄存器。指令 4 通过寄存器 ax 的符号扩展来用寄存器 ax 定义寄存器 dx。然后指令 5 使用这些符号扩展的寄存器，把它们复制给寄存器 tmp——在指令 6 中当作除法指令的被除数使用。局部的整数寄存器变量 di 作为除数使用，而结果放在寄存器 ax 上。在指令 9 中用这个结果和寄存器 dx 相乘，并重新定义寄存器 ax。最后，结果放在局部的寄存器变量 si 上。如上所见，这些指令能够在大部分折叠入一个后续指令之后清除，具体如下。

指令 3 被代入指令 4，得到

```
4    dx:ax=si
```

于是指令 3 被去掉了。指令 4 被代入指令 5，得到

```
5    tmp=si
```

于是指令 4 被去掉了。指令 5 被代入指令 6，得到

```
6    ax=si/di
```

于是指令 5 被去掉了。指令 6 被代入指令 9，得到

```
9   ax=(si/di)*dx
```

于是指令 6 被去掉了。指令 7 被代入指令 9，得到

```
9   ax=(si/di)*3
```

于是指令 7 被去掉了。最后，指令 9 被代入指令 10，得到如下最后的代码：

```
10  si=(si/di)*3
```

最后这条指令 10 代替前面的指令 3～10 全部。

7. 确定实际参数

在子程序调用时，需要确定本次调用的实际参数。根据编译器的参数传递规则，在子程序调用之前，调用者传递给被调用者的实际参数或者被入栈，或者放到寄存器上(作为寄存器参数)。这些参数能与子程序的形式参数列表相对应，可以把它们放在调用指令的实际参数列表中。考虑图 4-1 中基本块 B4 中的代码经过寄存器复制传播以后如下：

```
24  push [bp-6]:[bp-8]
28  push (si*5)
30  push 66
31  call printf
```

经过语法分析之后，printf 的形式参数列表有一个尺寸为 2 字节的固定参数和个数可变的其他参数。这个子程序使用的是 C 语言调用约定。指令 31 还保存了关于在子程序调用后出栈字节数目的信息：在这个例子里是 8 字节，因此，这个子程序的实际参数有 8 字节；开头 2 字节是固定参数的。指令 24 把 4 字节入栈，指令 28 把 2 字节入栈，指令 30 把另外 2 字节入栈，在这个实例中 printf 要求的参数字节总数为 8 字节。根据 C 语言调用约定(即最后一个入栈指令推入的是在参数列表中的第一个参数)，可以按照反向次序把这些标识符代入指令 31 的 printf 的实际参数列表。修改后得到以下代码：

```
31  call printf(66,si*5,[bp-6]:[bp-8])
```

于是指令 24、28 和 30 被去掉了。

类似地，可以把寄存器参数放到被调用子程序的实际参数列表上。考虑下面基本块 B2 的代码经过寄存器参数及函数返回寄存器检测和无用寄存器清除之后如下：

```
19  cl=4                        /*def={cl}*/
20  dx:ax=[bp-6]:[bp-8]         /*def={dx,ax}*/
22  [bp-6]:[bp-8]=call_aNlshl   /*use={dx,ax,cl}*/
```

指令 19 和 20 定义了给函数 _aNlshl 使用的寄存器参数，有关的寄存器定义放在该函数的实际参数列表，得到如下代码：

```
22  [bp-6]:[bp-8]=call_aNlshl([bp-6]:[bp-8],4)
```

其中，去掉了指令 19 和 20，以及中间过渡的寄存器 dx、ax 和 cl。

8. 跨子过程调用的数据类型传播

子程序实际参数的类型必须与形式参数(形参)的类型相同。对于库子程序的情况，形式参数的类型是确定知道的，因而要求实际参数的类型匹配这些形参类型。如果有任何的不同，则要把形参的类型传播给实参，将实参类型转换为形参类型。考虑下面图 4-1 中基本块 B4 中的代码在寄存器复制传播和实际参数的检测之后如下：

```
31  call printf(66,si*5,[bp-6]:[bp-8])
```

printf 的第一个形式参数类型是一个字符串(即 C 语言里的一个 char *)。在机器语言中，字符串作为数据常量储存在数据段或代码段中。对这些字符串的引用是通过它们所在的段和该段中的一个偏移地址。在这个例子中，66 是一个常数，而且因为它是给 printf 的第一个参数，所以它确实是指向位于数据段中的字符串的一个偏移地址。把字符串类型传播给此第一个参数，在内存中找到该字符串，然后把它代入实际参数列表中，得到以下代码：

```
31  call printf("c*5=%d,a=%ld"n,si*5,[bp-6]:[bp-8])
```

给 printf 的所有其他参数的类型不能从形式参数列表中得到确定，所以只能信赖实际参数的类型(即在调用者中使用的类型)，不做修改。

9. 寄存器变量清除

寄存器复制传播优化发现高级表达式并且通过清除在表达式计算中使用的大部分中间过渡寄存器而去掉中间过渡的指令。在应用这个优化以后，在中间代码中只剩下为数不多的几个寄存器(如果还有)。这些残余的寄存器表现为寄存器变量或者共同的子表达式——编译器或优化器用它们来加速存取时间。这些寄存器等价于高级程序中的局部变量，因此在使用它们的相应子程序中可以使用新的局部变量代替。下面是图 4-1 中基本块 B1 的代码经过寄存器复制传播以后的结果：

```
1   si=20
2   di=80
10  si=si/di*3
```

在这个子过程中，寄存器 si 和 di 当作寄存器变量使用。这些寄存器在指令 1 和 2 中初始化，而且稍后在指令 10 的表达式中使用。可以重新命名寄存器 si 为 loc1，寄存器 di 为 loc2，这样先前的代码就变成

```
1   loc1=20
2   loc2=80
10  loc1=loc1/loc2*3
```

这样，所有对寄存器的引用被去掉了，中间代码看起来已经接近于高级语言的代码表示。

在本章后面的内容中，将讨论如何利用数据流分析技术实现上述优化，首先介绍数据流分析的相关定义、理论和方法，然后讨论这些方法在反编译中间代码优化中的实际应用。

4.2　反编译所需的数据流信息

为了在中间代码上进行代码提升，需要在整个程序中收集关于寄存器和条件码的信息，并且在程序范围内传播这些信息。这些数据流信息的收集的过程就是一个数据流分析过程，为实现 4.1 节所讨论的中间代码优化，下面给出数据流信息的相关定义。

定义 4.1　定义 Def。

数据定义 Def：对一个寄存器、内存单元或条件码的内容的修改操作。

定义 4.2　使用 Use。

数据使用 Use：对一个寄存器、内存单元或条件码的内容的使用操作。

定义 4.3　局部可用 Useable。

局部可用的定义 d：在基本块 B_i 中局部可用的定义 d 就是在 B_i 中的上一个 d 的定义。

定义 4.4　到达 Reach。

在基本块 B_i 中一个定义 d 到达基本块 B_j，只要满足以下三个条件：

(1) d 是来自 B_i 的一个局部可用的定义。

(2) $\exists B_i \rightarrow B_j$，即存在 B_i 到 B_j 的路径。

(3) $\exists B_i \rightarrow B_j$，使得 $\forall B_k \in (B_i \rightarrow B_j)$，$k \neq i \wedge k \neq j$，$B_k$ 不重新定义 d。

显然，在基本块 B_i 中一个寄存器/标志的任何定义被认为终止所有延伸到 B_i 的该寄存器/标志的定义。

定义 4.5　保留 Reserved。

如果 d 没有在基本块 B_i 中重新定义，那么 d 定义在 B_i 中被保持。

定义 4.6　可用 Available。

在基本块 B_i 的出口上可用的定义是以下二者之一：

(1) 寄存器/标志的局部可用定义。

(2) 延伸到 B_i 的寄存器/标志定义。

定义 4.7　向后影响 Upwards Exposed。

寄存器/标志的一个使用 u 在基本块 B_i 中是向后影响的，只要满足以下二者之一：

(1) u 是从 B_i 局部地向后影响的。

(2) $\exists B_i \rightarrow B_k$，使得 u 是从 B_k 局部地向后影响的且不存在包含一个 u 定义的 $B_j (i \leq j < k)$。

定义 4.8　活跃 live。

定义 d 在基本块 B_i 中是活跃的(Live)或活动的(Active)只要满足：

(1) d 延伸到 B_i。

(2) 在 B_i 中 d 有一个向后影响的使用。

一个寄存器/内存单元/条件码中存放的数据是活跃的，就是它在重新赋值之前当前的值还将被引用，从全局数据流分析的角度来看，则是如果存在一条路径使得它在重新定义之前它的当前值还要被引用。

定义 4.9　忙的 Busy。

如果在沿着从 B_i 出发的所有路径上，d 在重新定义之前被使用，那么在基本块 B_i 中的定义 d 是忙的。

定义 4.10　无用的 Dead。

如果在沿着从 B$_i$ 出发所有路径上，d 在重新定义之前没有被使用，那么在基本块 B$_i$ 中的定义 d 是无用的。

定义 4.11　定义-使用链 Du-chain。

对于在指令 i 上的一个定义 d，其定义-使用链 Du-chain 是所有使用 d 的指令的集合。通过定义-使用链 Du-chain 可以找到所有使用定义 d 的中间代码。

定义 4.12　使用-定义链 Ud-chain。

对于在指令 j 上的一个使用 u，其使用-定义链 Ud-chain 是所有包含 i 的定义的指令的集合。

利用使用-定义链 Ud-chain 可以找到所有定义 u 的中间代码。

定义 4.13　路径干净 d-clear。

如果沿着某一个路径没有 d 的定义，那么这个路径是 d-clear 的。

4.3　数据流分析的理论基础

数据流分析是一种程序静态分析技术，它通过静态分析程序的结构和静态收集变量的引用情况来建立各种数据流方程，并通过求解数据流方程计算出相关信息的数据集合。正因为是静态分析，其结果不可避免地会受到程序中不确定因素的影响。任何情况下，数据流分析都要保证分析给出的信息没有曲解被分析子程序的行为，同时又要追求尽可能地积极，即尽可能地排除不确定因素，使得反编译过程能够依据这些分析结果进行代码的优化和提升。数据流分析往往要在积极和保守之间进行权衡，这也成为了数据流分析问题研究中的难点。这里假设在已正确完成指令解码(即不存在分析路径不确定的情况)的前提下进行数据流分析，实现中间代码的优化提升。

数据流分析通常基于控制流图进行，普遍采用的方法是首先用一个模型来描述所要解决的数据流问题，这个模型包括流值、流函数、控制流图和流图结点与流函数之间的映射等要素，然后根据问题的描述，用迭代法或消去法等方法来进行求解。

4.3.1　数据流分析框架

可以从格的角度描述数据流分析框架，并分为基于半格的数据流分析框架和基于全格的数据流分析框架。通常半格数据流分析框架用于形式化顺序程序的数据流问题，全格数据流分析框架用于并发程序的数据流问题。本节仅讨论顺序程序的数据流问题的半格框架。

定义 4.14　汇合半格。

汇合半格是一个三元组 L=<V, ⊆, ∩>，这里 V 是一个集合，⊆ 是在 V 上的一个偏序定义，∩ 是定义在 V 上的一个二元操作，由此下面的半格属性成立：

(1) x∩y⊆y。

(2) x∩y=x⟺x⊆y。

(3) x∩x=x。

(4) x∩y=y∩x。

(5) (x∩y)∩z=x∩(y∩z)。

(6) ⊥∈∃V: ∈∀xVx:⊥⊆。

(7)∃⊤∈V: ∀xVx:⊆⊤。

其中，V 可以是感兴趣的程序相关信息的集合，如果把⊆解释为小于，则⊥表示格值上的最小值，⊤表示格值上的最大值，在有些情况下，⊤可能不存在，但总能人工地加上，这样的⊤可能不是 V 中的元素，但有助于执行数据流分析。一般地说，半格包括一组元素以及最小上界操作和最大下界操作，这两个操作都符合闭包性质、交换性质和结合性质。在描述数据流问题时用格的元素表示变量、表达式或其他程序结构的语法抽象性质，最小上界操作和最大下界操作对应于数据流问题中的分支和合并操作。

定义 4.15 函数空间。

函数空间 F 是定义在格的值域 V 上函数(f|V→V)的集合。这些函数称为转换函数，用来计算部分的程序行为对局部产生的影响。F 满足下面三个属性：

(1)F 包含一个恒等函数 f_{ident}，$\forall v\in V:f_{ident}(v)=v$。

(2)$\forall v\in V: \exists f_v\in F:f_v(\perp)=v$。

(3)F 对复合操作是闭包的，$\forall f_1,f_2\in F:f_1\circ f_2\in F$。

其中，"∘"表示两个函数的复合操作，$f\circ g(x)=f(g(x))$。

下面两个函数空间属性可以从格的角度把函数空间分为单调函数空间和分布函数空间。

(1)$\forall f\in F, \forall x,y\in V:f(x\cap y)\subseteq f(x)\cap f(y)$。

这等同于 $x\subseteq y\Rightarrow f(x)\subseteq f(y)$。

(2)$\forall f\in F, \forall x,y\in V:f(x\cap y)=f(x)\cap f(y)$。

定义 4.16 半格数据流分析框架。

半格数据流分析框架是一个二元组，D=<L,F>，这里 L 是一个汇合半格，L 中的 V 中的元素代表和一个基本块的入口/出口相关联的信息，∩是集合的并或交操作，这种并或交操作决定了全局信息到达一个基本块时结合的方式。F 是一个在格上的函数空间，一个函数 $f_i\in F$ 代表当信息流过基本块 i 时对信息的影响。

定义 4.17 半格数据流分析框架的实例。

半格数据流分析框架 D 的实例，I=<G,M>，是一个转换函数到流图结点的绑定。这个绑定通过定义一个函数映射来完成：M|N→F。

M 的定义可以扩展到路径 Path 上：设 $p=(n_0,n_1,\cdots,n_i)$ 是 G 中的一条路径，则

$$M(p)=M(n_{i-1})\circ\cdots\circ M(n_1)\circ M(n_0)$$

如果 p 为空，则 M(p)是一个恒等函数(满足定义 4.15 中的(1))。

解决数据流分析问题就是对流图中每个结点的相关信息进行估计。数据流分析问题能直接公式化为等式。根据结点的前趋和能够反映结点局部影响的函数，这些等式能给出一个结点信息：

$$X[n]=f_n(X[n_{pred1}],\cdots,X[n_{predk}])$$

这里 X[n]为结点 n 的信息。数据流分析框架是描述一类数据流分析问题的公式，它为变量 X[]和函数 f 提供类型。框架的实例能够提供一些信息，这些信息告诉人们哪些变量和函数可视为等价的，这样，就提供了一个相关的等式系统。对于半格框架来说，其导出的等式系统为

$$X[n_0]= \perp$$

$$\forall n \in N - \{n_0\} : X[n] = \bigcap_{i \in pred(n)} f_i(X[i])$$

通过计算等式系统的固定点去解决数据流分析问题。这种方法把代表问题信息的格的值与每个流图结点相联系。对于可以公式化为单调数据流分析框架实例的问题，最大固定点(MFP)是唯一的并且可以求解。如果框架是分布的，那么 MFP 解决方法需要一些相关问题信息。对每个结点而言，在计算这些信息时，要考虑所有从开始点到该点的路径，这称为满足所有路径的解决方案(MOP)。用 paths(i)表示所有从 n_0 到 i 的路径的集合，那么有

$$\forall i \in N : MOP(i) = \bigcap_{p \in paths(i)} M(P)(X[n_0])$$

4.3.2　数据流分析模型

数据流分析问题首先要用一个的模型来描述所要解决的数据流问题，这个模型有以下几个方面。

(1)流值：根据现有的数据流问题的模型，流值是半格中的元素。也就是说，数据流问题操作在半格的元素上。一般地说，半格包括一组元素和最小上界操作和最大下界操作，这两个操作都符合闭包性质、交换性质和结合性质。在描述数据流问题时用格的元素表示变量、表达式或其他程序结构的语法抽象性质，最小上界操作和最大下界操作分别对应于数据流问题中的分支和合并操作。

(2)流函数：反映各个结点对该数据流问题的影响的函数。它是一个从流值到流值的映射，在描述数据流问题时，每个或每类结点都应有对应的流函数。

(3)控制流图(带流值)：这里的控制流图的概念和前面讲到的概念是一样的，它是一个由结点和有向边组成的有向图。一般每个结点都带有两个流值 IN(n_i)和 OUT(n_i)，分别表示进入该结点的流值和从该结点出来的流值。

(4)从控制流图到流函数的映射：一般情况下，分别指明每个结点的流函数是不可能的，所以要用一个映射决定什么样的结点对应什么样的流函数。

(5)数据流方程：流方程反映各结点流值之间的关系。数据流方程根据问题定义和分析方法确定，将在 4.3.3 节进一步讨论。

4.3.3　基本数据流方程

常见的数据流分析问题大都可以抽象为基本数据流方程的求解。数据流分析常用到基本块 B 的如下数据流集合，它们通常都是程序中某个全集的子集，至于集合中元素的具体含义和表达方式是由具体的数据流问题决定的。

IN(B)：表示 B 入口处的数据流信息。

OUT(B)：表示 B 出口处的数据流信息。

GEN(B)：表示基本块 B 中生成的数据流信息，也就是在 B 中新定值并能到达 B 的出口处的所有定值点集合。

KILL(B)：表示在 B 中失效的数据流信息，也就是在 B 外的定值点集中的变量在 B 中被重新定值。

DEF(B)：表示 B 中定值的且定值前未被 B 引用的数据流值。

USE(B)：表示 B 中引用的且不在 B 中定值的数据流值。

根据数据流分析沿控制流进行的方向，数据流分析可分为两类：正向数据流分析和反向数据流分析。正向数据流分析沿着控制流前进的方向传播值，反向数据流分析沿着控制流相反的方向传播。双向数据流分析也存在，但因为开销太大而较少使用。

控制流图中的每一个结点有一个传递函数，对于正向数据流分析，传递函数的输入值是在结点之前程序点的现行值，输出值是在结点之后程序点的新值。这些值从每一个结点的前驱结点之后流向后继结点之前。在多个结点的汇合处，各个结点的值通过一个汇合函数组合到一起。这里的汇合函数即格值上的并或交运算。正向数据流分析典型的例子是到达(Reach)分析。

对于正向数据流问题，OUT()集合是根据在相同基本块里的 IN()集合计算的，而 IN()集合是从前导基本块(该基本块结点的前驱结点)的 OUT()集合计算的，而 IN()的具体计算方法要由具体的问题决定，即 Merge 可以是所有前驱结点满足条件，也可以是任意前驱满足条件。所以，正向数据流分析的基本方程为

$$\begin{cases} \text{OUT(B)} = (\text{IN(B)} - \text{KILL(B)}) \bigcup \text{GEN(B)} \\ \text{IN(B)} = \underset{p \in pred(B)}{\text{Merge}}(\text{OUT(p)}) \end{cases}$$

这个数据流方程的含义是，当控制流通过流图的一个结点时，在结点末尾得到的信息或者在该结点中产生的信息，或者是进入结点开始点时携带的并且没有被这个结点中的语句注销的那些信息。统计信息 IN()是从流图的前驱结点收集的。

对于反向数据流分析，传递函数的输入值是结点之后程序点的值，输出值是在结点之前程序点的新值。这些值从每一个结点的后继结点之前流向前驱结点之后。在结点的分叉处，通过一个汇合函数将值分派到各个结点。反向数据流分析的起点是程序的结束点(过程间数据流分析)或子程序的结束点(过程内数据流分析)。反向数据流分析典型的例子是活跃变量分析。

对于反向数据流分析，IN()集合是根据在同一基本块的 OUT()集合计算的，OUT()集合是从前导基本块结点(控制流图中该基本块结点的后继结点)的 IN()集合来计算的。反向数据流分析的基本方程为

$$\begin{cases} \text{IN(B)} = (\text{OUT(B)} - \text{DEF(B)}) \bigcup \text{USE(B)} \\ \text{OUT(B)} = \underset{p \in succ(B)}{\text{Merge}}(\text{IN(s)}) \end{cases}$$

这个数据流方程的含义是，当控制流通过流图的一个结点时，在结点开始得到的信息或者在该结点中语句使用的信息，或者是在结点出口的信息减去在结点中的语句定义的信息。统计信息 OUT()从该图的后继结点收集。

无论正向数据流分析还是反向数据流分析，入口结点的输入值通过汇合函数(Merge)从前导结点的输出值获得，数据流值的汇合方式有集合交和集合并两种，即 Merge 表示∩和∪之一，具体是哪一种，则依据要分析的数据流信息来定义。在正向数据流分析中，基本块的入

口处的数据流值可以从其所有前驱基本块出口处的数据流值汇合而得，而反向数据流分析中基本块的出口处的数据流值可以从其所有后继基本块入口处的数据流值汇合而得。根据汇合方式不同，数据流分析分为全路径数据流分析和任意路径数据流分析。

全路径（All-paths）问题要求收集在所有前导结点出口都可用的信息，通过所有前驱数据值的∩来实现，即必须在所有到达该结点的路径上都满足。所有路径问题是用一个方程给予说明的数据流问题，这个方程在所有的路径中收集可用的信息，具体信息内容取决于问题的类型。

任意路径（Any-path）问题收集在任意前导结点的出口处可用的信息（即并非所有的路径需要有相同的信息），通过前驱数据值的∪来实现，即只要在到达该结点的某一路径上满足即可。任意路径问题是在某些路径中收集可用信息的数据流问题，具体信息内容取决于问题本身。

归纳起来，数据流问题的分类可由表 4-1 分类法导出，可分为正向任意路径分析、正向全路径分析、反向任意路径分析、反向全路径分析四类问题，对应的数据流方程如表 4-1 所示。

表 4-1　数据流方程

分析方向／考虑路径	正向数据流	反向数据流
任意路径	$OUT(B_i)=GEN(B_i)\bigcup(IN(B_i)-KILL(B_i))$ $IN(B_i)=\bigcup p\in PRED(B_i)\,OUT(p)$	$IN(B_i)=GEN(B_i)\bigcup(OUT(B_i)-KILL(B_i))$ $OUT(B_i)=\bigcup s\in SUCC(B_i)\,IN(s)$
全路径	$OUT(B_i)=GEN(B_i)\bigcup(IN(B_i)-KILL(B_i))$ $IN(B_i)=\cap p\in PRED(B_i)\,OUT(p)$	$IN(B_i)=GEN(B_i)\bigcup(OUT(B_i)-KILL(B_i))$ $OUT(B_i)=\cap s\in SUCC(B_i)\,IN(s)$

从程序分析的范围来讲，数据流分析可以分为局部数据流分析和全局数据流分析。局部数据流分析是指在基本块内的分析；而全局数据流分析是在整个控制流图进行的，它又分为过程内（Intra Procedural）的数据流分析和过程间（Inter Procedural）的数据流分析。在一个子程序的控制流向图里面传播的信息叫作子过程内的数据流分析，而跨子程序调用传播的信息叫作子过程间的数据流分析。这些分析技术可以应用在许多方面，如编译优化、程序验证和测试等。本章讨论将数据流分析技术应用于反编译，利用这种技术，提供中间代码优化和提升所需的有关的程序信息，通过活跃变量分析来消除无用代码，确定被调用子程序的参数和返回值等，通过到达-定值分析，进行表达式传播和表达式组合等，从机器指令的操作码、库函数的签名和常数的值等多处获取基本类型信息，然后利用类型推导规则推导其他变量的基本类型，从而使得生成的高级代码的可读性更强。

4.3.4　数据流分析方法

数据流分析是基于控制流图的，控制流图的结点可以是语句、基本块，甚至结构化的区域或过程。如果数据流分析所作用的范围仅局限于单个基本块之内，则称为局部数据流分析，此时仅在单个基本块范围内考察语句或指令的执行效果。如果数据流分析跨基本块传播信息，则称为全局数据流分析。全局数据流分析在局部数据流分析的基础上，以程序控制流图结点为单位来传播数据流信息，最常使用的控制流图结点是基本块。以基本块为单位可以比较方便快捷地收集程序的全局信息，但是一般应用程序的基本块数量都非常多，因此数据流分析需要求解的数据流方程也很多。为了提高数据流分析的效率，人们也发明了其他一些有代表性的方法。下面介绍迭代法、消去法和 SSA 等几种常用分析方法。

1. 迭代法

迭代数据流分析是最容易实现的，也是使用最频繁的方法。

迭代法是利用流函数的单调性质，通过初始化结点变量为一些可靠的值，重复计算每个结点对应的流值，到达稳定点后，可得到该问题的解。迭代算法的基本思想如下：

```
Iterate(){
    Init();
    Change=true;
    While(change){
        Change=false;
        For all node n∈N{
          IN(n)=···
          ON(n)=···
          If any change happened change=true
        }
    }
}
```

在用迭代法求解数据流问题时，需要根据具体问题设定初始值。凡需要利用其所有前驱结点(或后继结点)信息进行∪运算以取得其本身相应信息的方程，其迭代初始值都取最小值⊥；凡需要利用其所有前驱(或后继)信息进行∩运算以取得其本身相应信息的方程，其迭代初始值都取最大值⊤。

迭代法的优点除容易实现外，还有它适用于所有流图，是一种普适的方法。但它的缺点是时间复杂度高。如果 n 是流图中的结点数，那么，该算法的时间复杂度是 $O(n^2)$。

传统的数据流分析方法大多基于程序控制流图的迭代法。对于正向数据流方程，采取以深度为主的顺序遍历进行计算，如定值-引用链分析；对于反向数据流方程，则采取以深度为主的逆序遍历进行计算，如引用-定值链分析。

2. 消去法

消去法通过利用流图的结构属性减少解决数据流问题所需要的大量工作。通过连续的应用图的转换使流图归约到一个点，图的转换就是使用图的分析或图的分裂去确定区间以获得一个派生图。属于这类的方法有很多，如区间分析、结构分析、T1-T2 分析等，这些方法之间存在着时间复杂度、实现难易及适用范围等方面的差别，但总体上讲，消去法有两个优点：一是它的时间复杂度比迭代法好；二是由于它能揭示程序的结构特点，所以它可以为检测循环等操作提供有用信息。它的缺点也是很明显的：实现复杂，且只能作用于可归约流图。有人试图用结点分裂的方法把不可归约流图先转变成可归约流图，然后在可归约流图上进行消去，但大多数情况下还是把不可归约流图和可归约流图分开处理。

一般来说，消去法分为两个阶段：归约阶段和传播阶段。

第一阶段是归约阶段。在这个阶段，算法针对流图的各种特定结构进行相应的归约，并改写其对应的流方程，以此达到减少流方程组中方程数目的目的。

下面以结构分析为例简单介绍消去法的实现过程。

首先给出几个流函数符号定义：

(1)　"∘"表示两个函数的复合(Composition)操作，$f \circ g(x) = f(g(x))$。

(2)　"+"表示两个函数的合并(Meet)操作，$f + g(x) = f(x) + g(x)$。

(3)　"*"表示函数的闭包操作，$f^*(x) = x + f(x) + f(f(x) + \cdots$。

程序中典型的结构有顺序结构、单分支结构、双分支结构和循环结构。下面通过几个这些结构的例子，说明它们的归约方法和相应的流函数改写方法。

1) 顺序结构

顺序结构及其归约形式如图 4-2 所示。顺序结构归约后的流函数改写方法是：

$$F(B) = F(B1) \circ F(B2)$$

2) 双分支结构

双分支结构及其归约形式如图 4-3 所示。双分支结构归约后的流函数改写方法是：

$$F(B) = F(B1) \circ (F(B2) + F(B3))。$$

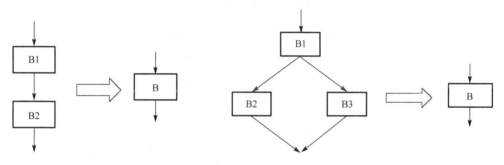

图 4-2　顺序结构及其归约形式　　　　　　图 4-3　双分支结构及其归约形式

3) 循环结构

循环结构可分为先测试循环和后测试循环，下面以先测试循环为例来进行说明。先测试循环结构及其归约形式如图 4-4 所示。先测试循环结构归约后的流函数改写方法是：

$$F(B) = F^*(F(B2) \circ F(B1))$$

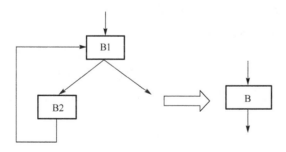

图 4-4　先测试循环结构及其归约形式

这样，如图 4-5 所示的某程序段控制流图可按图 4-6 所示的归约过程进行分析，可得到以下的在归约过程中出现的点的流方程。这里以求解到达定值为例。

$$F_{B3a}(x) = F_{B3} \circ (F_{B4} \circ F_{B3})^*(x) = x \bigcup \{d2\}$$

$$F_{B1a}(x) = F_{B1} \circ (F_{B2} + F_{B3a})^*(x) = x \bigcup \{d0, d1, d2\}$$

$$F_{entrya}(x) = (F_{entry} \circ F_{B1a} \circ F_{B5} \circ F_{exit})^*(x) = x \bigcup \{d0, d1, d2\}$$

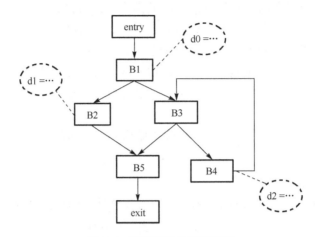

图 4-5　某程序段的控制流图

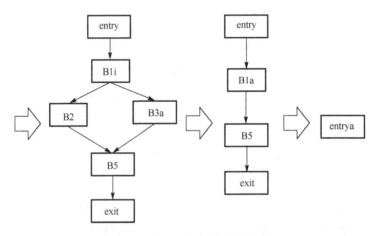

图 4-6　图 4-5 的归约过程及结果

　　当归约到只剩一个结点或整个流图中无环的时候，停止归约。根据这时的流图和流方程，很容易得到当前流图的流方程的解。

　　消去法的第二阶段是传播阶段。这个阶段是上一个阶段的逆过程，即根据当前得到的解再传播到每个初始的流图结点处，得到最初流方程的解。可以根据归约的方式知道新产生的点和被归约的点之间解的关系。有了这些解的关系和初始值关系，就可以根据以上的流函数求解了。

　　上例中，首先知道：

$$IN(entry) = init = \varnothing$$

$$IN(B1a) = F_{entry}(IN(entry)) = \varnothing$$

$$IN(B5) = F_{B1a}(IN(B1a)) = \{d0, d1, d2\}$$

$$IN(exit) = F_{B5}(IN(B5)) = \{d0, d1, d2\}$$

接下来看到 B1a 是归约生成的点，所以继续传播，得到

$$IN(B1) = IN(B1a) = \varnothing$$

$$IN(B2) = F_{B1}(IN(B1)) = \{d0\}$$

$$IN(B3a) = F_{B1}(IN(B1)) = \{d0\}$$

结点仍然是归约生成的结点，继续传播，得到

$$IN(B3) = IN(B3a) \bigcup F_{B3} \circ F_{B4}(IN(B3a)) = \{d0, d2\}$$

$$IN(B4) = F_{B3}(IN(B3)) = \{d0, d2\}$$

传播到这一步，所有结点的到达定值都得到了。

3. SSA

迭代法的时间复杂度大，而消去法的实现复杂，之所以会出现这些复杂度是因为它们要进行的是流敏感的数据流分析，即它们在分析过程中考虑了控制流图中的控制结构。流敏感的分析比较复杂，但结果精确；相反，流不敏感的分析实现十分简单，只要扫描一遍程序即可，但这样精确度比较差。为解决这个问题，静态单赋值(Static Single Assignment，SSA)表示被提出来。静态单赋值表示的目的就是使程序流分析使用流不敏感的方法，而得到流敏感的精确度。

静态单赋值表示是一种中间表示形式，它能有效地将程序中用到的值和它的存储位置分开。一个程序是 SSA 形式的当且仅当对每个变量的赋值仅出现在一个赋值表达式的左端。将程序变成静态单赋值的形式，可以简化程序的分析和优化过程。一般来讲，SSA 具有两个特点：一是每个变量只有一次定值；二是每个引用只有一个定值到达。这两个特点的实现主要是依靠引入 $\varnothing$ 结点和换名技术来实现的。$\varnothing$ 结点是一种虚拟的操作，它将多个对同一变量的定值合并成一个定值。而用换名技术则可以把多次引用和多次定值分离开。

将一个普通程序改写成 SSA 的形式，有以下几步。

(1)计算所有结点的控制边界。把对同一变量定值的点所在的结点收集起来，组成一个集合，对这个集合求控制边界闭包，就得到应当插入 $\varnothing$ 结点的位置。因为一般来说，程序的定值点是遍布整个程序的，所以统一地求出整个控制流图的控制边界闭包比单独处理每个变量的定值集要经济得多。

(2)在每个控制边界处插入有关变量的 $\varnothing$ 结点。为了减少插入 $\varnothing$ 结点的数量，一般情况下采用的策略是：当且仅当需要 $\varnothing$ 结点时才插入，即当的确有两个不同的定值能到达该点时才插入 $\varnothing$ 结点。因为多余的 $\varnothing$ 结点会造成优化机会的丢失，而且会增加优化中不必要的开销。

(3)进行变量换名。这一步是给每个定值一个单独的名字，并把它到达的引用也换成这个名字，这样，定值和它所到达的引用的关系就一目了然了。

图 4-7 给出了将程序段变换为 SSA 表示的一个例子。

SSA 表示也有它的缺点。首先，在分析和优化之前要将程序变成 SSA 形式，并且由于只是一种理论上的工具，实际的硬件结构是不支持的，所以进行完分析和优化，又得把程序恢复成非 SSA 形式。这前后两次变换无疑是一个额外的负担。其次，在程序进行优化后，程序的变换会导致放置 $\varnothing$ 结点的位置的变化，所以优化程序的同时还得兼顾维护 $\varnothing$ 结点，这样使

优化程序变得复杂，可移植性差。再者，可以看到，∅结点的处理方式显然只考虑了由控制结构引起的对同一变量的多次赋值，而忽视了由可能定值引起的对同一变量的多次赋值，所以在可能定值大量存在时，SSA 形式并不十分有效。可能定值是由数组或指针等因素引起的，而这种因素在现代编程语言中十分常见，这就影响了 SSA 的有效性。所以在采用 SSA 表示时，要分析清楚它的利弊。

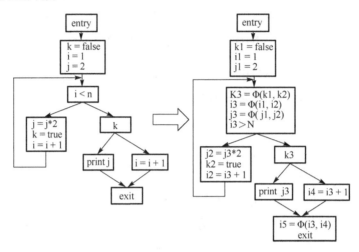

图 4-7　程序段的 SSA 变换

4.4　反编译的数据流问题

为了在中间代码上进行改善代码的转换，反编译器需要在整个程序中收集关于寄存器和条件码的信息，并且跨不同的基本块来传播这些信息。信息的收集通过一个数据流分析过程实现，关键是建立和求解数据流方程。

一般来说，数据流方程没有唯一解；但是在数据流问题中，关心的解是满足方程的最小或最大的固定点的解。对于正向数据流问题，这个解是通过把头基本块的 IN(B) 集合的初始值设定为一个边界条件找到的，而对于反向数据流问题，这个解是通过把出口基本块的 OUT(B) 集合的值设定为一个边界条件找到的。根据该问题的说明，这些边界条件集合初始化为空集或全集(即所有可能的值)。

过程内的数据流问题只求解与一个子程序有关的方程，而不考虑被其他子程序使用或定义的值。由于这些问题是流不敏感的(Flow Insensitive)，因此为所有子程序的入口结点(对于正向数据流问题)或所有子程序的出口结点(对于反向数据流问题)独立设定边界条件。子过程间的数据流问题则求解与一个程序的子程序有关的方程，它考虑到由被调用子程序引用或定义的值，因此信息要在调用图的所有子程序之间流动，称其为流敏感的(Flow Sensitive)数据流问题，这类问题只为程序调用图的 main 子程序设定边界条件，而所有其他子程序都从调用图中所有的前驱结点(对于正向数据流问题)或所有的后继结点(对于反向数据流问题)统计信息。

本节讨论中间代码优化所需的、寄存器和条件码的被操作的状态信息的数据流分析问题，主要包括到达寄存器/条件码、活跃寄存器/条件码、可用寄存器/条件码和忙寄存器/条件码的数据流方程的定义及求解。

4.4.1　到达寄存器/条件码

到达寄存器/条件码问题要分析确定哪些寄存器/条件码沿着一些控制路径到达程序的某个结点，见定义 4.4。根据定义，该问题需要从流图的起点开始分析，是一个正向数据流分析问题；而在基本块 Bi 中，一个寄存器/条件码的任何定义都将使 Bi 前的到达定值无效。因此，该问题是一个正向任意路径数据流分析问题。

到达寄存器/条件码的数据流方程为

$$\mathrm{ReachIn}(Bi) = \bigcup p \in \mathrm{Pred}(Bi)\, \mathrm{ReachOut}(p)$$

$$\mathrm{ReachOut}(Bi) = \mathrm{Def}(Bi) \cup (\mathrm{ReachIn}(Bi) - \mathrm{Kill}(Bi))$$

式中，Bi 为一个基本块；ReachIn(Bi) 为到达 Bi 入口的寄存器的集合；ReachOut(Bi) 为到达 Bi 出口的寄存器的集合；Kill(Bi) 为在 Bi 中终止的寄存器的集合；Def(Bi) 为在 Bi 中定义的寄存器的集合。

流图开始结点的 ReachIn(B0) 设为 ∅。

如果是过程内数据流分析，流图的开始结点为子程序的第一个基本块；如果是过程间数据流分析，流图的开始阶段为 main() 函数的第一个基本块。

4.4.2　活跃寄存器/条件码

活跃寄存器/条件码问题确定一个寄存器/条件码在被定义后是否在一些路径上被使用，见定义 4.8。一个寄存器/条件码中存放的数据是活跃的，就是它当前的值在重新赋值之前还将被使用，从全局数据流分析的角度来看，则如果存在一条路径使得它在重新定义之前的当前值还要被使用，即这是一个反向任意路径数据流分析问题。

活跃寄存器/条件码的数据流方程为

$$\mathrm{LiveOut}(Bi) = \bigcup s \in \mathrm{Succ}(Bi)\, \mathrm{LiveIn}(s)$$

$$\mathrm{LiveIn}(Bi) = \mathrm{Use}(Bi) \cup (\mathrm{LiveOut}(Bi) - \mathrm{Def}(Bi))$$

式中，Bi 为一个基本块；LiveIn(Bi) 为在 Bi 入口上活跃寄存器的集合；LiveOut(Bi) 为在 Bi 出口上活跃寄存器的集合；Use(Bi) 为在 Bi 中使用的寄存器的集合；Def(Bi) 为在 Bi 中定义的寄存器的集合。

初始化流图结束结点的 LiveOut(Bn) 为全集。

4.4.3　可用寄存器/条件码

可用寄存器/条件码问题确定哪些寄存器/条件码在流图的某个点上是可用的，见定义4.6。而在某个点上可用必须保证在流图上到达这个点的所有路径上该寄存器/条件码都是可用的。显然，这是一个正向全路径数据流问题。

可用寄存器/条件码的数据流方程为

$$\mathrm{AvailIn}(Bi) = \bigcap p \in \mathrm{Pred}(Bi)\, \mathrm{AvailOut}(p)$$

$$\mathrm{AvailOut}(Bi) = \mathrm{Compute}(Bi) \cup (\mathrm{AvailIn}(Bi) - \mathrm{Kill}(Bi))$$

式中，Bi 为一个基本块；AvailIn(Bi) 为在 Bi 入口上可用的寄存器的集合；AvailOut(Bi) 为在

Bi 出口上可用的寄存器的集合；Compute(Bi)为在 Bi 中计算而且没有终止的寄存器的集合；Kill(Bi)为在 Bi 中因一个赋值指令而终止的寄存器的集合。

流图开始结点的 AvailIn(B0) 设为 $\varnothing$。

4.4.4 忙寄存器/条件码

忙寄存器/条件码问题是确定哪些寄存器在沿着流图的所有路径上是忙的，见定义 4.9。忙寄存器/条件码在之后所有的路径上都被应用，显然这是一个反向全路径数据流问题。

忙寄存器/条件码的数据流方程为

$$BusyOut(Bi) = \cap s \in Succ(Bi) \, BusyIn(s)$$

$$BusyIn(Bi) = Use(Bi) \cup (BusyOut(Bi) - Kill(Bi))$$

Bi 为一个基本块；BusyIn(Bi)为在 Bi 入口上忙的寄存器的集合；BusyOut(Bi)为在 Bi 出口上忙的寄存器的集合；Use(Bi)为在 Bi 中终止之前使用的寄存器的集合；Kill(Bi)为在 Bi 中使用之前终止的寄存器的集合。

在流图的结束结点 BusyOut(Bn) 设为全集。

前面讨论的数据流信息都可以用数据流分析方法来求解。例如，寻找一个寄存器定义的使用的问题，即 Du-chain 问题，是一个反向任意数据流分析问题；寻找一个寄存器的一个使用的所有定义的问题，即 Ud-chain 问题，是求解正向任意数据流分析问题。数据流问题的求解可以概括为表 4-2。

表 4-2　反编译数据流问题求解概括

分析方向 考虑路径	正向数据流	反向数据流
任意路径	Reach Ud-chains	Live Du-chains
所有路径	Available Copypropagation	Busy Dead

4.5　中间代码优化算法

前面讨论了基于具体求解的问题进行数据流分析的方法，本节介绍如何将数据流信息应用于反编译器进行代码改善的优化。这些最优化的目标是清除掉所有对寄存器及条件码的引用，因为在高级语言中不存在这些概念，另外就是在反编译产生的程序中重新生成可用的高级表达式。

4.5.1 无用寄存器清除

如果一个寄存器被一条指令定义了，而且在它被后来的指令重新定义之前没有被使用，那么显然这个寄存器是无用的。如果定义这个寄存器的那条指令只定义了这一个寄存器，则认为该指令是无用的，因而可以把它清除掉。另外，如果该指令还定义了其他寄存器或寄存器组，那么该指令仍然是有用的，但是不应该再让它定义无用寄存器了。在这种情况下，可以把该指令修改成只定义有用的指令。无用寄存器分析可以利用数据流信息——寄存器的定义-使用链

(Du-chain)来求解，前面介绍了定义-使用链说明了哪些指令使用了该定义的寄存器，是使用被定义寄存器的指令的集合；如果没有指令使用这个寄存器，则定义-使用链为空，那么该寄存器就是无用的。考虑下面来自在图 4-1 中基本块 B1 的代码，以及关于所有被定义的寄存器的定义-使用链。注意，内存变量没有 Du-chain，因为它表示局部变量而非临时寄存器。

```
6    ax=tmp/di              /*du(ax)={9}*/
7    dx=tmp%di              /*du(dx)={}*/
8    dx=3                   /*du(dx)={9}*/
9    dx:ax=ax*dx            /*du(ax)={10}du(dx)={}*/
10   si=ax
```

从上面的代码可以看出，寄存器 dx 在指令 7 和指令 9 上被定义了，但是都没有在重新定义之前被使用，因此可以确定 dx 在这两条指令中是无用的。指令 7 只定义这一个寄存器 dx，所以指令 7 是多余的，可以清除掉。而指令 9 还定义了寄存器 ax，所以指令 9 被修改以反映事实——在该指令中不再定义 dx。结果代码如下：

```
6    ax=tmp/di              /*du(ax)={9}*/
8    dx=3                   /*du(dx)={9}*/
9    ax=ax*dx               /*du(ax)={10}*/
10   si=ax
```

图 4-8 给出了无用寄存器清除算法，寻找所有的无用寄存器并且把它们从代码中去掉。

```
DeadRegElim()
/*Pre: 已计算出所有指令定义的寄存器的 Du-chain*/
/*Post: 清除无用寄存器和指令 */
{   for(each basic block b)
      for(each instruction i in b)
        for(each register defined in i)
        {
            if(du(r)={})
              if(i defines only register r)
                eliminate instruction i;
            else{
                modify instruction i not to define register r;
                def(i)=def(i)-{r};
            }
        }
}
```

图 4-8　无用寄存器清除算法

在整个反编译优化过程中稍后还会用到 Du-chains，因此 Du-chains 必须更新以反映有些指令已清除：如果某一条指令 i 之所以被清除是由于无用寄存器定义 r——这个 r 是用其他寄存器定义的(即 $r=f(r_1,\cdots,r_n)$ $(n\geq 1)$)，那么这些寄存器在指令 i 中的使用不再存在，因而，与定义这些寄存器(在指令 i 上使用的)的指令相对应的 Du-chains 将修改成不再包括指令 i。这个问题的求解开始于检查指令 i 的 Ud-chain——说明哪一条指令 j 定义了在指令 i

中所使用的寄存器。再考虑来自基本块 B1 的代码片断以及与那些寄存器有关的 Du-chain 和 Ud-chain：

```
5   tmp=dx:ax      ;du(tmp)={6,7}     /*ud(dx)={4}ud(ax)={4}*/
6   ax=tmp/di      ;du(ax)={9}        /*ud(tmp)={5}*/
7   dx=tmp%di      ;du(dx)={}         /*ud(tmp)={5}*/
8   dx=3           ;du(dx)={9}
9   dx:ax=ax*dx    ;du(ax)={10}du(dx)={}  /*ud(ax)={6}ud(dx)={8}*/
10  si=ax    ;     ;ud(ax)={9}
```

当指令 7 被发现是多余的时候，检查它的 Ud-chain，观察是哪些指令定义了与无用寄存器 dx 计算有关的寄存器(组)。从上面看出，寄存器 tmp 在指令 7 中使用，而且它是在指令 5 中定义的(ud(tmp)={5})，指令 5 的 Du-chain 里面有指令 6 和指令 7。因为指令 7 要清除，所以指令 5 的 Du-chain 必须更新以使之只延伸到指令 6，在无用寄存器清除和 Du-chain 更新之后得到以下代码：

```
5   tmp=dx:ax      ;du(tmp)={6}       /*ud(dx)={4}ud(ax)={4}*/
6   ax=tmp/di      ;du(ax)={9}        /*ud(tmp)={5}*/
8   dx=3           ;du(dx)={9}
9   ax=ax*dx       ;du(ax)={10}       /*ud(ax)={6}ud(dx)={8}*/
10  si=ax    ;     ;ud(ax)={9}
```

图 4-9 中的 Du-chains 更新算法在进行无用寄存器清除的时候解决 Du-chain 的更新问题，因为清除无用寄存器将会影响定义这个寄存器(组)所使用寄存器的 Du-chain，所以一旦发现某一条指令是多余的，在它清除之前，应该由 deadRegElim 调用这个算法，对受影响的寄存器的 Du-chain 进行更新。需要注意的是，一个特定寄存器的 Du-chain 可能变成空的，这将导致更多的无用寄存器递归地从代码中清除，因此，这个过程要递归调用，直到代码段中的 Du-chain 不再发生变化。

4.5.2 无用条件码清除

一条机器指令通常会影响几个标志位，即定义几个条件码。如果一个条件码(或标志)位用一条指令定义了而且在重新定义之前没有被使用，那么它是无用的。因为一个条件码的定义也是某一条指令的基本功能，所以清除无用标志不会造成某一条指令的无用，因此指令不会因为无用标志而清除。在这个分析中，一旦确定某一个条件码是无用的，就不再需要让那一条指令来定义它了，因此，可以把这个信息从那条指令中去掉。关于条件码的信息以集合的形式保持在一条指令中：包含一个被定义的条件码的集合和一个被使用的条件码的集合。用来寻找无用条件码的分析类似于无用寄存器的分析，使用 Du-chains 来进行优化。但是无用条件码的清除不需要更新 Ud-chains，因为没有指令被清除，不会影响其他指令条件码的 Ud-chains。考虑下面来自图 4-1 中的基本块 B1 的代码以及与条件码有关的 Du-chains：

```
14  cmp[bp-6]:[bp-8],dx:ax ;def={ZF,CF,SF} /*du(SF)={15}du(CF,ZF)={}*/
15  jg B2                                   /*use={SF}*/
```

```
UpdateDuChain (i:instructionNumber)
/*Pre：已计算出所有指令中所有寄存器的 du-chain 和 ud-chain*/
/*Post：没有 du-chain 引用将删除的无用指令*/
{   for (each register used ininstruction i)
        for (each instruction j in ud (r))
    {   if (i in du (r) at instruction j)
            du (r) = du (r) - {i};
        if (du (r) = {})
                if (j defines only register r)
                {   UpdateDuChain (j);
                    eliminate instruction j;
                }
            else   def (j) = def (j) - {r};
    }
}
```

图 4-9　Du-chains 更新算法

指令 14 定义条件码 ZF (零标志)、CF (进位标志) 和 SF (符号标志)。通过检查这些条件的 Du-chains，可以发现以后只有 SF 标志被使用，因此，在这个定义之后其他标志没有被使用，也就是无用的。可以把这些标志的定义从与指令 14 关联的条件码中去掉，得到以下代码：

```
14  cmp[bp-6]:[bp-8],dx:ax ;def={SF}              /*du(SF)={15}*/
15  jgB2                    ;use={SF}
```

图 4-10 给出了无用条件码清除算法，寻找所有的无用条件码并且清除它们。

```
DeadCCElim ()
/*Pre：所有指令条件码的 du-chain 已计算出 */
/*Post：无用条件码全部清除*/
{
for (each basic block b)
  for (each instruction i in b)
    for (each condition code c in def (i))
        if (du (c) = {})
            def (i) = def (i) - {c}
}
```

图 4-10　无用条件码清除算法

4.5.3　条件码的传播

无用条件码优化清除了所有在程序中没有使用的条件码的定义，剩下的所有条件码定义在其定义后面的指令中有 1 个使用，而且将在弄懂这些条件的本质以后把它们清除。该问题能够用条件码的 Du-chains 或者 Ud-chains 解决；不论使用此二者中哪一个方法都得到相等的解。考虑下面来自图 4-1 中的基本块 B1 的代码以及条件码的 Ud-chains：

```
14  cmp[bp-6]:[bp-8],dx:ax ;def={SF}
15  jgB2                    ;use={SF}              /*ud(SF)={14}*/
```

对于一个特定的标志(或一组标志)使用，寻找定义该标志(组)的指令，而且根据在使用该标志的指令中隐含的布尔条件合并这两条指令。本例中指令 15 使用了标志 SF，而且隐含检查布尔条件——大于。指令 14 定义了在指令 15 中使用的标志，而且比较第一个标识符 ([bp-6]:[bp-8]) 和第二个标识符 (dx:ax)。如果第一个标识符比第二个标识符更大，则把 SF 置位。原来由这条指令设置的其他标志已经通过无用条件码清除了，所以不做考虑。从这两条指令的功能明显地看出，该条件码的传播——给使用这个条件的指令设置 SF(即比较两个标识符)——将清除掉定义该条件的指令，而且将为使用该条件码的指令生成一个布尔条件式。在本章的例子中，SF 的传播产生以下代码：

```
15  jcond ([bp-6]:[bp-8]>dx:ax) B2
```

如此，清除掉指令 14 以及对条件码的所有使用。

在一些情况下，条件码的传播会跨越基本块的边界，为此可通过定义扩展基本块实现。

定义 4.18　扩展基本块。

一个扩展的基本块是一个基本块序列 $B_1 \cdots B_n$，如此，对于 $1 \leqslant i \leqslant n$，$B_i$ 是基本块 B_{i+1} 的唯一前导，而对于 $1 < i \leqslant n$，B_i 只是一个条件跳转指令。

在大多数程序中，条件码的定义和使用出现在相同基本块中。在一些标准的情况中，条件码的定义不与对它的使用在相同基本块里面，而在相同的扩展基本块里面，正如下面的代码：

```
1   cmp ax,dx      ;def={SF,ZF}      /*du(SF)={2}du(ZF)={3}*/
2   jg Bx          ;use={SF}         /*ud(SF)={1}*/
3   je By          ;use={ZF}         /*ud(ZF)={1}*/
```

在这个例子中，指令 1 定义两个条件码：SF 和 ZF。符号条件码被指令 2(在相同基本块里面)使用，而零条件码则被指令 3(在一个不同基本块中但是在相同的扩展基本块里面)使用。来自指令 1 的符号条件码被传播给指令 2，指令 2 检查大于布尔条件，所以指令 2 替换成

```
1   cmp ax,dx      ;def={ZF}         /*du(ZF)={3}*/
2   jcond (ax>dx) Bx
3   je By          ;use={ZF}         /*ud(ZF)={1}*/
```

因为指令 1 还定义了零条件码，该条件码在指令 3 中使用，所以还不能把指令 1 去掉，因为需要知道组成布尔条件这部分的标识符。接着分析，当指令 3 被分析的时候，指令 1 中的零条件码定义传播到在指令 3 中使用，然后生成一个检查两个寄存器相等的布尔条件。因为在指令 1 中没有其他条件码定义，所以这条指令现在安全地清除了，得到以下代码：

```
2   jcond (ax>dx) Bx
3   jcond (ax=dx) By
```

该算法可以推广为传播在两个或更多基本块中定义的条件码(可以通过布尔条件的与运算)，但是实践上还没有这个需要，因为对于优化良好的编译器，试图跨基本块边界跟踪标志定义几乎是空白的。图 4-11 给出了支持扩展基本块条件码传播算法。

```
CondCodeProp ()
/*Pre: 已执行无用条件码清除, 所以指令条件码的定义和使用集合已计算, 所
有指令的条件码的 ud-chain 已计算 */
/*Post: 清除了对所有指令的条件码的使用*/
{  for (all basic blocks b in postorder)
   for (all instructions i in b in last to first order)
      if (use (i) <>{})                      /*检查所有使用的条件码*/
         for (all flags f in use (i)) {
             j=ud (f);
             def (j)=def (j)-{f};             /*从定义集合中清除 f*/
             将 f 从指令 j 传播至布尔条件中 i;
             if(def (j)={})
                清除指令 j;
         }
}
```

图 4-11　条件码传播算法

从这个分析得到的布尔条件表达式生成用图 4-12 中 BNF(巴克斯范式, Backus Normal Form)描述的表达式。这些表达式保存为中间高级表示法的语法分析树。

Cond	::=(Cond∧RelTerm)|(Cond|RelTerm)|RelTerm
RelTerm	::=FactoropFactor
Factor	::=register|localVar|literal|parameter|global
op	::=≤|<|=|>|≥|<>

图 4-12　条件表达式的 BNF

4.5.4　确定寄存器参数

寄存器调用约定被编译器用来加速子程序调用。在大多数现代编译器中这是一个可用的选项,而且也在编译器运行时支持例程中所使用。给定一个子程序,寄存器参数转化成在子程序中需要使用的寄存器,即要在该子程序中定义这些寄存器之前使用;也就是说,是在整个子程序中向上影响(Upwards Exposed)寄存器的使用。考虑来自图 4-1 中子程序_aNlshl 的基本块 B5 和 B6 的代码经过条件码清除以后如下:

```
33  ch=0
34  jcond (cx=0) B7            /*ud(ch)={33}ud(cl)={}*/
35  dx:ax=dx:ax<<1             /*ud(dx:ax)={}*/
```

指令 34 使用寄存器 cx,在这个子程序中它没有完整地定义:高字节部分,寄存器 ch 在指令 33 中定义,但是低字节部分根本没有定义过。在指令 35 中也有类似状况:寄存器 dx:ax 在使用之前没有在该子程序中定义过。寄存器在定义之前被使用的有关信息可以由子过程内的活跃寄存器分析做出统计,即一个寄存器在使用它的基本块的入口上是活跃的。这个分析是通过求解子过程内的活跃寄存器方程求得的。在子程序_aNlshl 上进行活跃寄存器分析得到以下 LiveIn 集合和 LiveOut 集合:

基本块	LiveIn	LiveOut
B5	{dx,ax,cl}	{dx,ax}
B6	{dx,ax}	{}
B7	{}	{}

子程序参数可以通过数据流分析求解子程序头结点入口处的活跃变量集合得到。子程序 _aNlshl 的头基本块 B5 的 LiveIn 寄存器集合的统计是被该子程序使用的寄存器参数的集合，即这些寄存器的值来自调用子程序；在这个例子中就是 dx、ax 和 cl。通过更新这个子程序的形式参数列表可以反映这两个参数：

```
formal_arguments(_aNlshl)=(arg1=dx:ax,arg2=cl)
```

不妨认为 _aNlshl 子程序使用这些寄存器，即可以认为这些寄存器是子程序的寄存器参数，因此，对其中某一个子程序的调用（即一条 call 指令）标注使用那些寄存器，正如下面的指令：

```
21  call_aNlshl                    ;use={dx,ax,cl}
```

图 4-13 中的算法求出了一个子程序的寄存器参数（如果有的话）的集合。

```
FindRegArgs(s:subroutineRecord)
/*Pre: 已通过过程内数据流分析求得子程序基本块入口处的活跃变量集合*/
/*Post: 子程序头结点的使用变量集合 uses(s) 即为子程序参数*/
{
if (LiveIn(headerNode(s))<>{})
    uses(s)=LiveIn(headerNode(s));
else
    uses(s)={}
}
```

图 4-13   确定寄存器参数算法

4.5.5   确定函数返回寄存器（组）

编译器约定函数可以通过寄存器返回结果，约定了可以作为返回值的寄存器，在具体编译实现的二进制可执行程序中却没有机器指令表明哪些寄存器被函数返回，反编译可以通过数据流分析计算在子程序边界的寄存器的使用情况，确定函数的返回寄存器或寄存器组。

通过分析可知，函数返回寄存器具有如下性质：在函数返回之后，调用者会在重新定义它们之前使用函数返回的寄存器（即这些寄存器在函数调用后跟着的基本块入口上是活跃的）。所以，可以跨子程序边界传播这些寄存器信息，并且用一个到达的活跃的寄存器分析求解来确定函数的返回寄存器。考虑下面来自图 4-1 中基本块 B2 和 B3 的代码：

```
20  dx:ax=[bp-6]:[bp-8]            /*def={dx,ax} use={}*/
21  call_aNlshl                    /*def={} use={dx,ax,cl}*/
22  [bp-6]:[bp-8]=dx:ax            /*def={} use={dx,ax}*/
```

指令 22 使用寄存器 dx:ax，这些寄存器在指令 20 中定义，但是在定义和使用之间出现一个子程序调用。因为不知道这个子程序是一个子过程还是一个函数，所以假定在指令 20 中的定义延伸到指令 22 的使用是不安全的。需要根据数据流分析来确定哪些定义延伸到指令 22。在子程序 _aNlshl 上执行一个子过程内的延伸寄存器分析，得到以下 ReachIn 和 ReachOut 集合：

基本块	ReachIn	ReachOut
B5	{}	{ch}
B6	{ch}	{cx,dx,ax}
B7	{cx,dx,ax}	{cx,dx,ax}

这个分析表明寄存器 cx、dx 和 ax 的最后一个定义到达到子程序结束(即基本块 B7 的 ReachOut 集合)。调用者子程序只使用其中一些到达寄存器，因此有必要确定哪些寄存器向后影响到子程序调用的后继基本块。例如，4.3 节的讨论，通过求解过程间的活跃寄存器方程或者通过精确的子过程间的活跃寄存器分析，可以计算出这个信息。因为信息必须是准确的，活跃寄存器方程以优化方式求解；也就是说，如果一个寄存器的使用在一个后继结点中出现，那么该寄存器是活跃的。以下 LiveIn 和 LiveOut 集合是从图 4-1 的例子计算而来的：

基本块	LiveIn	LiveOut
B1	{}	{}
B2	{}	{dx,ax}
B3	{dx,ax}	{}
B4	{}	{}
B5	{dx,ax,cl}	{dx,ax}
B6	{dx,ax}	{dx,ax}
B7	{dx,ax}	{dx,ax}

在到达基本块 B3 的这三个寄存器当中，只有两个寄存器被使用(即属于 B3 的 LiveIn={dx,ax}，因此一旦调用的子程序已经完成，这两个寄存器就是该函数返回的寄存器，也是唯一关心的寄存器。检查返回的寄存器的条件是

$$\text{ReachOut}(B7) \cap \text{LiveIn}(B3) = \{dx,ax\}$$

一般来说，一个子程序可以有一个或多个返回结点，因此该子程序的 ReachOut 集合必须包含有全部到达到每一个出口的寄存器。所以，以下面方程统计某个子程序 s 的 ReachOut 信息：

$$\text{ReachOut}(s) = \cap_{B_i=\text{return}} \text{ReachOut}(B_i)$$

一旦某一个子程序已经确定是一个函数，而且该函数返回的寄存器(组)也已经确定，需要把这个信息传播到两个地方：在该函数里的返回指令(组)和调用这个函数的指令。对于前者，所有的返回基本块有一条 ret 指令；于是把这条指令修改成返回寄存器(函数返回的那些)。在本章的例子中，图 4-1 中的基本块 B7 的指令 38 被修改成以下代码：

```
38  ret dx:ax
```

对于后者，任何函数调用指令(即 call 指令)用一条 asgn 赋值指令替换——把定义的寄存器(组)作为该指令左部，而把函数调用作为右部，代码如下：

```
21  dx:ax=call_aNlshl                    /*def={dx,ax}use={dx,ax,cl}*/
```

该指令转换成一条 asgn 指令,而且在指令左部(lhs)定义该寄存器。

图 4-14 的算法确定哪些子程序是函数(即在一个寄存器(组)中返回数值)。而对于返回寄存器(组)没有被使用的库函数来说,该调用不转换成一条 asgn 指令,而是保持作为一条 call 指令。

```
FindRetRegs()
/*Pre:过程间活跃寄存器分析已完成,过程内活跃寄存器分析已完成 */
/*Post:def(f)为函数的返回寄存器或寄存器组,call 指令被修改为赋值指令,ret 指令修改为返回
寄存器的 return 指令*/
  {
    for (all subroutines s)
      for (all basic blocks b in postorder)
        for (all instructions i in b)
          if (i is a call instruction to subroutine f)
        {   if (function(f)==False) {              /*f 不是函数*/
                def(i)=LiveIn(succ(b)) intersect ReachOut(f);
              if (def(i)<>{})                       /*f 是函数*/
            {   def(f)=def(i);
                function(f)=True;
                rhs(i)=i;
                lhs(i)=def(f);
                opcode(i)=asgn;                     /*转换成一条赋值指令*/
                  for (all ret instructions j of function f)
                    exp(j)=def(f);                  /*将返回值传递到函数 f 的所有 ret 指令*/
            }
          }
          else {                                    /*f 是函数*/
              rhs(i)=I;                              /*将 call 指令转换为赋值语句*/
              lhs(i)=def(f);
              opcode(i)=asgn;
              def(i)=def(f);                         /*i 定义的寄存器*/
          }
        }
      }
  }
```

图 4-14　确定函数返回寄存器(组)算法

4.5.6　寄存器复制传播

寄存器复制传播方法就是对于一个在一条赋值指令中定义的寄存器(以 ax=cx 为例),在引用或使用它的后继指令(组)中,如果在这条赋值指令之后的两个寄存器都没有被修改(即重新定义),也就是说,ax 和 cx 都没有被修改,那么就把它(ax)用 cx 代换。就这个例子来讲,对寄存器 ax 的使用被替换成对寄存器 cx 的使用,而且,如果 ax 的所有使用被 cx 代替,那么 ax 变成无用的并且该赋值指令被清除。如果 ax=cx 是到达那个 ax 使用的唯一的 ax 定义,而且在指令 ax=cx 之后没有给 cx 赋值,那么一个 ax 使用可以用一个 cx 使用代入。前一条件可以用寄存器的 ud-chains 来检查。后一条件是用一个 r-clear 条件来检查(正

向全路径数据流分析问题）。考虑下面来自图 4-1 中基本块 B2 的代码以及 ud-chains 和
du-chains：

```
16   dx:ax=[bp-6]:[bp-8]                 /*du(dx:ax)={17}*/
17   dx:ax=dx:ax-[bp-2]:[bp-4]           /*ud(dx:ax)={16}du(dx:ax)={18}*/
18   [bp-6]:[bp-8]=dx:ax                 /*ud(dx:ax)={17}*/
```

从这些指令的 ud-chains 可以得出，指令 17 使用了在指令 16 中所定义的寄存器 dx:ax。
因为在指令 16 和指令 17 之间这些寄存器还没有重新定义，所以在指令 17 的右部中这些寄存
器的使用可以替换为指令 16 的右部：

```
17   dx:ax=[bp-6]:[bp-8]-[bp-2]:[bp-4]        /*du(dx:ax)={18}*/
```

因为在指令 16 上只有这些寄存器的一个使用（即 du(dx:ax)=17），所以这些寄存器现在
是无用的并且该指令可以清除。类似地，指令 18 使用在指令 17 中定义的寄存器 dx:ax。因为
在这两条指令之间这些寄存器还没有重新定义，所以把指令 17 的右部代入指令 18 的寄存器
使用，得到

```
18   [bp-6]:[bp-8]=[bp-6]:[bp-8]-[bp-2]:[bp-4]
```

因为在指令上只有这些寄存器定义的一个使用，所以这些寄存器变成无用的，而且该指
令被清除。在这个例子可以看到，指令 i 右部可以代替后来的指令 i 左部的使用，在一个赋
值指令的右部建立表达式。

考虑来自图 4-1 中基本块 B1 的另一个例子，下面是在无用寄存器清除之后的代码，同
时列出了计算出寄存器的 Ud-chains 和 Du-chains：

```
3    ax=si    ;        ;du(ax)={4}
4    dx:ax=ax          ;ud(ax)={3}            /*du(dx:ax)={5}*/
5    tmp=dx:ax         ;ud(dx:ax)={4}         /*du(tmp)={6}*/
6    ax=tmp/di         ;ud(tmp)={5}           /*du(ax)={9}*/
8    dx=3     ;        ;du(dx)={8}
9    ax=ax*dx          ;ud(ax)={6}ud(dx)={8}  /*du(ax)={10}*/
10   si=ax             ;ud(ax)={9}
```

在指令 4 中寄存器 ax 的使用被一个寄存器变量 si 的使用代替，造成在指令 3 中的 ax 定
义是无用的。在指令 5 中 dx:ax 的使用被（来自指令 4）一个 si 的使用代替，造成 dx:ax 定义是
无用的。在指令 6 中 tmp 的使用被（来自指令 5）一个 si 的使用代替，造成在指令 5 中 tmp 定
义是无用的。在指令 9 中 ax 的使用被来自指令 6 的一个 si/di 使用代替，造成 ax 定义是无用
的。在相同的指令中 dx 的使用被来自指令 8 的一个常数 3 的使用代替，造成在指令 8 中 dx
定义是无用的。最后，在指令 10 中 ax 的使用被来自指令 9 的一个(si/di)*3 的使用代替，造
成在指令 9 中 ax 定义是无用的。因为在指令 3～9 中定义的寄存器(组)只使用一次，而所有
这些寄存器都变成无用的，所以这些指令被清除，得到最后的代码：

```
10   si=(si/di)*3
```

在向所有赋值指令传播寄存器的时候，寄存器必然被定义成一个使用其他寄存器、局部

变量、参数和常数的表达式。因为这些标识符中任何一个(除了常数之外)都能够重新定义，所以有必要在沿着从定义该寄存器的指令到使用它的指令的路径上检查这些标识符都没有重新定义。因此，检查寄存器复制传播要满足下列必要条件。

(1)对于一个寄存器使用而言的寄存器定义唯一性：在重新定义之前使用的寄存器转化成临时寄存器，用于为该机器保存一个中间结果。这个条件是通过在一条指令中使用的寄存器的 ud-chains 来检查的。

(2)rhs-clear 路径：在一个定义寄存器 r 的表达式(r 为指令的右部)中，这个 r 满足条件(1)，检查表达式中那些标识符 x，必须有一个 x-clear 路径到使用寄存器 r 的指令。寄存器 r 唯一地在指令 i 中定义，使用 r 的指令 j 的 rhs-clear 条件正式定义如下：

$$\text{rhs-clear}_{i \to j} = \bigcap_{x \in \text{rhs}(i)} \text{x-clear}_{i \to j}$$

式中，rhs(i)为指令 i 的右部；x 为一个属于 rhs(i)的标识符；如果在沿着路径 i→j 上没有 x 的定义，x-clear$_{i \to j}$= 为真，否则为假。

图 4-15 给出了寄存器复制传播算法，该算法在赋值指令上执行寄存器复制传播。对于这个分析，那些既能作为字寄存器使用的又能作为字节寄存器使用的寄存器(如 ax、ah、al)在活跃寄存器分析中看作不同的寄存器。只要寄存器 ax 被定义，它也定义了寄存器 ah 和 al，但是，如果寄存器 al 被定义，它仅仅定义了寄存器 al 和 ax，而没有定义寄存器 ah。必须如此，以便能够发现寄存器的部分使用(如高部或低部)，并且把它当成一个字节操作数而非一个整数操作数看待。

除了上面讨论的赋值指令外，还有一些非赋值指令也会使用寄存器，所以上述算法可以进一步推广到非赋值引用寄存器的指令。

对于在非赋值指令(如 push、call、jcond 指令)中使用的寄存器的复制传播来说，图 4-15 给出的算法基本上可以满足要求。考虑来自图 4-1 中基本块 B1 的代码经过条件码传播以后如下：

```
13  dx:ax=[bp-2]:[bp-4]                    /*du(dx:ax)={15}*/
15  jcond ([bp-6]:[bp-8]>dx:ax) B2         /*ud(dx:ax)={13}*/
```

指令 15 使用寄存器 dx:ax，它们唯一地在指令 13 中定义。指令 13 的右部被传播到这些寄存器的使用，导致指令 13 的清除。最后的代码如下：

```
15  jcond([bp-6]:[bp-8]>[bp-2]:[bp-4])B2
```

类似地，在一个 push 指令中的一个寄存器使用被替换成定义该寄存器的指令的一个右部使用，正如下面来自图 4-1 中基本块 B4 的代码经过无用寄存器清除以后：

```
25  ax=si                /*du(ax)={27}*/
26  dx=5                 /*du(dx)={27}*/
27  ax=ax*dx             /*ud(dx)={26}du(ax)={28}*/
28  push ax              /*ud(ax)={27}*/
```

应用寄存器复制传播算法得到以下代码：

```
28  push (si*5)
```

而且指令 25、26 和 27 被清除。

```
RegCopyProp()
/*Pre：已完成无用寄存器清除工作，计算出所有指令的 ud-chain 和 du-chain*/
/*Post：多数对寄存器的引用已清除，生成高级语言的表达式*/
{
    for (all basic blocks b in postorder)
        for (all instructions j in basic block b)
            for (all registers r used by instruction j)
            {
                if(ud(r)={i})                        /*r 由指令 i 唯一定义*/
                {
                prop=True;
                for (all identifiers x in rhs(i))     /*判断 i 指令由右部标识符的 rhs-clear*/
                    if (notx-clear(i,j))
                        prop=False;
                if(prop==True) {                      /*传播 rhs(i)*/
                    replace the use of r in instruction j with rhs(i);
                du(r)=du(r)-{j};                      /*修改指令 i 的 du-chain*/
                    if(du(r)={})
                        if (i defines only register r)
                        eliminate i;
                    else{
                        modify instruction i not to define register r;
                        def(i)=def(i)-{r};
                        }
                    }                                 /*结束复制传播*/
                }
            }
        }
}
```

图 4-15   寄存器复制传播算法

当一个 call 指令调用函数而非调用子过程时，该指令被修改成一个 asgn 指令，也有可能要对它做寄存器复制传播。考虑下列在函数返回寄存器确定之后的代码：

```
21  dx:ax=call_aNlshl    ;ud(dx:ax)={20}ud(cl)={19}   /*du(dx:ax)={22}*/
22  [bp-6]:[bp-8]=dx:ax ;ud(dx:ax)={21}
```

函数_aNlshl 在寄存器 dx:ax 中返回一个值。这些寄存器在当前基本块后面的基本块的第一条指令中使用，而且最后复制到在偏移-6 上的局部长整型变量。执行复制传播得到以下代码：

```
22  [bp-6]:[bp-8]=call_aNlshl
```

当 dx:ax 变成无用的时候清除指令 21。

4.5.7　确定函数实际参数

传给一个子程序的实际参数通常是在对子程序调用之前入栈。因为大多数语言允许嵌套的子程序调用，压入栈中的参数可以是两个或多个子程序的参数，因此，有必要确定哪些参数属于哪一个子程序。为了搞清楚，可以使用一个表达式栈来储存与 push 指令关联的表达式。每当遇到一个 call 指令时，所需要的参数个数从栈中弹出。考虑来自图 4-1 中基本块 B4 的代码，经过无用寄存器清除和寄存器复制传播以后如下：

```
24  push [bp-6]:[bp-8]
28  push (si*5)
30  push 66
31  call printf
```

指令 24、28 和 30 把与之关联的表达式压入栈中，如图 4-16 所示。在到达 printf 调用的时候，检查这个函数的有关信息以确定该函数调用需要多少字节参数。在本章的例子中，是 8 字节。从栈中弹出表达式，检查表达式的类型以确定每个表达式要多少字节。第一个表达式是一个用 2 字节的整型常数，第二个表达式是一个用 2 字节的整型表达式，而第三个表达式是一个用 4 字节的长整型变量；这个函数调用总共需要 8 字节。从栈中弹出表达式并且依照子程序所使用的调用约定把它们放在被调用子程序的实际参数列表上。在本章的例子中，库函数 printf 使用 C 语言调用约定，所以得到如下代码：

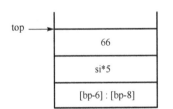

```
31  call printf(66,si*5,[bp-6]:[bp-8])
```

当它们放在栈上的时候，指令 24、28 和 30 从中间代码中清除。

寄存器参数不入栈，但是已经定义在使用它们的子程序的 use 集合中。这种情况，把一个子程序的实际参数放到其实际

图 4-16　表达式栈

参数列表中，是对寄存器复制传播算法的一个扩展应用。考虑来自图 4-1 中基本块 B2 和 B3 的代码，经过无用寄存器清除和寄存器参数检测之后如下：

```
19  cl=4                          /*du(cl)={21}*/
20  dx:ax=[bp-6]:[bp-8]           /*du(dx:ax)={21}*/
21  dx:ax=call_aNlshl             /*ud(dx:ax)={20}ud(cl)={19}*/
```

指令 21 使用在指令 20 中定义的寄存器 dx:ax，也使用在指令 19 中定义的寄存器 cl。这些使用被相应指令的右部代替，按照_aNlshl 的形式参数列表之次序放在它的实际参数列表上，得到以下代码：

```
21  dx:ax=call_aNlshl([bp-6]:[bp-8],4)
```

指令 19 和指令 20 被清除，因为现在它们定义的是无用寄存器。

4.5.8　跨子程序调用的数据类型传播

在用实际参数实例化形式参数的过程中，需要验证实参的数据类型是否与形参相匹配，

如果两个参数的数据类型不匹配，形参将强制转换为实参的类型。考虑图 4-1 中基本块 B4 中的代码，经过前面所有的优化以后得到如下代码：

```
31  call printf(66,si*5,[bp-6]:[bp-8])
```

其中，实际参数列表的三个参数的数据类型为整型常数、整型变量和长整型变量。而函数被识别出为库函数 printf，其形式参数为可变长参数，其中第一个参数是一个指向一个字符串的指针。因为只有关于第一个参数的信息，所以第一个实际参数被检查，而且发现它的数据类型与对应的形参不同。这里可以假定库子程序使用的数据类型一定是正确可信赖的，那么可以安全地认为实际的整型常数必须是一个在内存里面的偏移量，其中存放一个打印格式字符串，这个内存地址就是指向字符串的指针。通过检查内存，发现在单元 DS:0066 上有一个字符串；因此，整型常数用字符串本身代替。后两个参数的形参类型未知，所以由调用者给予的类型被信赖，得到以下代码：

```
31  call printf("c*5=%d,a=%ld\n",si*5,[bp-6]:[bp-8])
```

类型传播的其他情况还包括：把两个整数转换成一个长整型变量，即被调用者通过数据流分析和代码优化已经确定其参数之一是一个长整型变量，但是调用者到目前为止还把该实际参数作为两个独立的整数，可以通过跨子程序调用将数据类型传递给实参，进而在调用子程序中传播。

4.5.9　扩展的寄存器复制传播算法

对于寄存器复制传播、实际参数检测和跨子程序调用的数据类型传播，在它们把寄存器信息传播到其他指令(包括子程序参数)期间可以做一些相应的优化。图 4-17 列出定义和使用寄存器的各种不同的中间表示指令。

中间表示中只有 3 条指令能定义寄存器：

(1)赋值指令 asgn，可以通过寄存器复制传播而清除。

(2)函数调用指令 call，转化成一条等价的 asgn 指令并且通过寄存器复制传播方法清除。

(3)pop 指令，前面尚未讨论。

其中，pop 指令用栈顶的值定义关联的寄存

定义	使用
asgn(lhs)	asgn(rhs)
call(function)	call(registerarguments)
pop	jcond
	ret(functionreturnregisters)
	push

图 4-17　定义和使用寄存器的中间表示指令

器。假设在一个子程序调用之后或者在子程序返回期间用于恢复栈的 pop 指令已经在指令习语分析期间从中间代码中清除。唯一剩下的 pop 指令使用是从栈中把前面用 push 指令推入的最后一个数值(从寄存器泄露出的数值)取出。因为在实际参数的检测过程中，与 push 指令关联的表达式是被推入栈中，只要遇到一个 pop 指令，在栈顶的就是与该 pop 指令的寄存器相关联的表达式，就可以把它转换成一个 asgn 指令。考虑下面的矩阵加法子程序的代码，如图 4-18 所示，其中指令 27 和指令 38 把部分计算的结果压入堆栈，代码经过无用寄存器清除以后如下。在这个例子中，三个数组已经作为参数传给子过程：由 bp+4 和 bp+6 指向的数组是两个整数数组操作数，由 bp+8 指向的数组是结果数组。

在从指令 18 到指令 27 上寄存器复制传播之后，指令 27 保存由相对 si 和 di(行偏移和

18	ax=si	/*ud(ax)={20}*/
19	dx=14h	/*ud(dx)={20}*/
20	ax=ax*dx	/*ud(ax)={21}*/
21	bx=ax	/*ud(bx)={22}*/
22	bx=bx+[bp+4]	/*ud(bx)={25}*/
23	ax=di	/*ud(ax)={24}*/
24	ax=ax<<1	/*ud(ax)={25}*/
25	bx=bx+ax	/*ud(bx)={26}*/
26	ax=[bx]	/*ud(ax)={27}*/
27	push ax	/*spillax*/
28	ax=si	/*ud(ax)={30}*/
29	dx=14h	/*ud(dx)={30}*/
30	ax=ax*dx	/*ud(ax)={31}*/
31	bx=ax	/*ud(bx)={32}*/
32	bx=bx+[bp+6]	/*ud(bx)={35}*/
33	ax=di	/*ud(ax)={34}*/
34	ax=ax<<1	/*ud(ax)={35}*/
35	bx=bx+ax	/*ud(bx)={37}*/
36	pop ax	/*ud(ax)={37}*/
37	ax=ax+[bx]	/*ud(ax)={38}*/
38	push ax	/*spillax*/
39	ax=si	/*ud(ax)={41}*/
40	dx=14h	/*ud(dx)={41}*/
41	ax=ax*dx	/*ud(ax)={42}*/
42	bx=ax	/*ud(bx)={43}*/
43	bx=bx+[bp+8]	/*ud(bx)={46}*/
44	ax=di	/*ud(ax)={45}*/
45	ax=ax<<1	/*ud(ax)={46}*/
46	bx=bx+ax	/*ud(bx)={48}*/
47	pop ax	/*ud(ax)={48}*/
48	[bx]=ax	

图4-18 矩阵加法子程序代码

列偏移)的 bp+4 偏移指向的数组内容，用下面的表达式表示：

```
27  push [(si*20)+[bp+4]+(di*2)]
```

这个表达式被压入栈，寄存器 ax 在下一条指令中重新定义。随着扩展的寄存器复制传播，指令 36 弹出栈上的表达式，把它修改成下面的赋值指令：

```
36  ax=[(si*20)+[bp+4]+(di*2)]
    /*ud(ax)={37}*/
```

这条指令代入指令 37，而且在指令 38 上寄存器 ax 压入栈，此时寄存器 ax 的值正是在偏移 si 和 di 上两个数组内容之和，用表达式表示如下：

```
38  push [(si*20) + [bp + 4] + (di*2)] +
[(si*20)+[bp+6]+(di*2)]
```

最后，这个表达式在指令 47 被弹出，用下面的赋值指令代替 pop 指令：

```
47  ax = [(si*20) + [bp + 4] + (di*2)] +
[(si*20)+[bp+6]+(di*2)]
```

寄存器 bx 持有相对结果数组在 si 和 di 上的偏移。指令 48 的寄存器用指令 46 和指令 47 计算的表达式替换，得到以下代码：

```
48  [(si*20) + [bp + 8] + (di*2)] = [(si*20)
+[bp+4]+(di*2)]+[(si*20)+[bp+6]+(di*2)]
```

注意：这条指令仅使用寄存器，而没有定义任何的寄存器，因此，不能将这条指令代入任何后来的指令，从这个意义上讲它是最后结果。从上面看出，右部和左部的表达式是计算一个数组的地址。这些表达式可以被进一步分析以确定它们计算的是一个数组偏移，因而传给这个子程序的参数是指向数组的指针；这个信息可以进一步传播给调用者子程序。

图 4-19 给出了扩展的寄存器复制传播算法描述。

一旦所有的程序表达式已经找到以后，就可以对数据类型做进一步的确定，因为数组之类的数据类型利用地址计算引用数组中的对象。这个地址计算表现为一个表达式，需要把它简化，以便得到一个高级语言表达式。

```
48  [(si*20)+[bp+8]+(di*2)]=[(si*20)+[bp+4]+(di*2)]+[(si*20)+[bp+6]+
(di*2)]
```

通过启发式方法能够确定：在 bp+8 处整数指针是一个用两个偏移量表达式计算地址的 2 维数组。偏移量 di*2 用数组元素类型的尺寸来调节索引器 di(在这里是整数型的尺寸 2)，而偏移量 si*20 用行的尺寸乘以数组元素的尺寸来调节索引器 si（即在一行中有 20/2=10（个）元素，或者说该数组的列数）；因此，该表达式可以修改成以下代码：

```
48   [bp+8][si][di]=[bp+4][si][di]+[bp+6][si][di]
```

```
ExtRegCopyProp (p:subroutineRecord)
/*Pre: 无用寄存器和条件码清除、寄存器参数识别、函数返回寄存器识别已完成*/
/*Post：中间代码中临时寄存器清除*/
{
    initExpStk();                                    /* 初始化表达式堆栈 */
    for (all basic blocks b of subroutine p in postorder)
      for (all instructions j in b)
      {
        for (all registersr used by instruction j)
          if (ud(r)={i})                             /*指令 i 唯一定义 r*/
            switch (opcode(i))
          case asgn: if(rhsClear(i,j))
                            switch (opcode(j))
                            case asgn:propagate (r,rhs(i),rhs(j)); break;
                            case jcond,push,ret:propagate (r,rhs(i),exp(j)); break;
                            case call:newRegArg (r,actArgList(j)); break;
                case pop:exp=popExpStk();
                            switch (opcode(j))
                            asgn:propagate (r,exp,rhs(j));break;
                            jcond,push,ret:propagate (r,exp,exp(j));break;
                            call:newRegArg (exp,actArgList(j));break;
                case call:switch (opcode(j))
                            case asgn:rhs(j)=i;break;
                            case push,ret,jcond:exp(j)=i;break;
                            case call:newRegArg (i,actArgList(j));break;
            if(opcode(i)==push)
              pushExpStk(exp(i));
            else if(opcode(i)==call)&&(调用子程序使用堆栈参数)
              {
              从堆栈传播参数；
              设置实参列表；
              传播参数类型；}
      }
}
```

图 4-19　扩展的寄存器复制传播算法

　　而且，参数的类型修改为数组（表示为指向整数数组的指针）。为了确定数组的上下限，需要更多的启发式介入。前面的启发式确定了在数组的一行中元素的数目，如果该数组在一个循环中或者在任何能够给出有关行数信息的其他结构中使用，那么数组的行数也能够确定。考虑在图 4-20 中的矩阵加法子程序。

　　这个子程序有两个循环，一个对于行，另一个对于列。通过检查所有引用索引 si 的条件跳转，可以确定行数的上限。在基本块 B2 中，si 与 5 做比较；如果 si 大于或等于 5，则循环不执行，因此能够假定这就是行数的上限。同样地，列数的检查可以通过找出那些使用寄存器 di 的条件跳转指令。在这个例子中，基本块 B5 把这个寄存器跟 10 做比较；如果寄存器大于或等于这个常数，内循环不执行，因此，这个常数能够用作列数的上限。注意，从确定一个数组地址计算的启发式已经了解到的数字跟这个数字是相同的，因此假定这个数目是正确的。于是得到以下形式参数声明：

```
formal_arguments(arg1:array[5][10]=[bp+4],
arg2:array[5][10]=[bp+6],
arg3:array[5][10]=[bp+8])
```

然后该信息传播到调用者子程序。

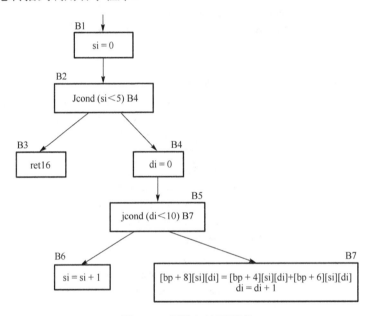

图 4-20　矩阵加法子程序

如果代码在编译过程中经过最优化，一般来讲很难确定数组的上下限。例如，如果已经对下标计算应用强度削弱(Strength Reduction)，或者代码移动(Code Motion)已经把部分下标计算移到该循环之外，或者如果归纳变量(Induction Variable)清除已经替换了循环索引，那么无法应用前面的启发式方法。在这种情况下，反编译器或者保留数组边界未知，或者通过交互式对话向使用者询问解决方案。

4.5.10　寄存器变量清除

经过上述的一系列优化，剩下的寄存器就是在子程序中使用的局部变量，可以将这些寄存器用新的局部变量名字替换。这个名字替换可以在数据流分析期间进行，或者由代码生成器完成。在本章的例子中，如果寄存器 si 和 di 用局部名字 loc1 和 loc2 替换，从图 4-1 中基本块 B1 某部将会得出以下代码片断：

```
1    loc1=20
```

```
2    loc2=80
9    loc1=(loc1/loc2)*3
```

4.6 本 章 小 结

中间代码优化和提升是反编译的核心，将与机器指令对应的低级中间代码转化为与高级语言对应的高级中间代码。代码优化和提升采用数据流分析技术，依据数据流分析收集的程序中数据被定义和使用的信息，进行代码变换，去除低级语言成分，恢复数据变量，构建表达式，恢复高级语言程序要素。

第5章 高级控制结构恢复

高级控制结构恢复是反编译的重要工作之一，通常是在通过数据流分析完成中间代码优化之后进行的，以保证输入的信息是正确且无冗余信息。由于前端构造的控制流图(CFG)是基于机器语言可执行程序的，没有关于高级控制结构的信息，如条件分支结构和循环结构等，所以需要依据控制流图发现和恢复其中蕴含的高级控制结构，这个过程通过控制流分析来完成，目标是实现控制流图的结构化。高级控制结构恢复就是根据一般化的控制结构集来分析控制流程图，把任意的非结构化控制流程图转换成功能和语义等价的结构化的高级语言流程图，为后期的代码生成奠定良好的基础。

在编译过程中，为了提高可执行代码的执行效率和减少生成的代码所占用的存储空间，编译器对程序进行了大量的优化，导致程序中的控制流转移错综复杂，对高级控制结构恢复造成了较大的影响。在前端重构生成的控制流图中，控制结构可以分为结构化子图和非结构化子图，高级控制结构恢复的主要工作是对控制流图进行分析，发现结构化子图，并进行标注，对可能的非结构化子图进行变换，将其转换为结构化形式。本章主要讨论高级控制结构的识别和恢复技术，重点是循环结构的识别及算法和条件分支结构的识别及算法，在图中检测和发现高级控制结构，并且在图中相应的子图上进行标注。

5.1 控制结构模式

反编译的高级控制结构恢复要基于一个预先定义的高级控制模式集合，以确定源控制流向图中所有潜在的控制结构。如果其中的某个控制结构子图不能用预先定义的结构模式集合来结构化，目标代码生成则使用 goto 语句来实现，以确保在原来的图与最后的图之间的功能等价和语义等价。

不同高级语言使用不同的控制结构，但是一般来说，没有高级语言使用所有可用的各种控制结构。

首先来总结高级语言程序中可能包含的控制结构模式。

5.1.1 控制结构分类

结构化程序设计语言支持的基本控制结构如图 5-1 所示，主要如下。

(1)简单结构。通常为一个基本块，其中的语句顺序执行，完成一定的动作。

(2)复合结构。由两个结构构成的顺序序列，结点可以是基本块，也可以是由多个结构构成的复合结构。

(3)单分支条件结构。if(p)s 形式的条件结构，其中 p 是一个条件表达式，而 s 是一个结构。

(4)双分支条件结构。if(p) s1 else s2 形式的结构，其中 p 是一个条件表达式，而 s1、s2 是结构结点。

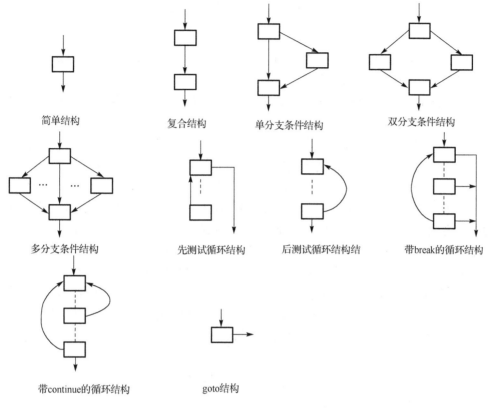

简单结构　　　复合结构　　　单分支条件结构　　　双分支条件结构

多分支条件结构　　　先测试循环结构　　　后测试循环结构结　　　带break的循环结构

带continue的循环结构　　　　　goto结构

图 5-1　基本控制结构

(5) 多分支条件结构。以下形式的条件结构

```
switch(p)
case v1: s1
case v2: s2
...
case vn:sn
```

其中，p 是条件表达式，v1, v2,···, vn 为表达式取值，而 s1, s2,···, sn 为结构。

(6) 先测试循环结构。while(p) s 形式的循环，其中 p 是一个条件表达式，而 s 是一个结构。

(7) 后测试循环结构。do s while p 形式的循环，其中 s 是一个结构，而 p 是一个条件表达式。

(8) 带 break 的循环结构。一个有以下形式的循环

```
while (p1)
{   s1;
    if (p2) break;
    s2;
    if (p3) break;
    ...
    if (pn) break;
```

```
        sn;
    }
```

其中，s1,…, sn 是结构，而 p1,…, pn 是条件表达式，每个 break 语句从循环分支转移到该循环之后的第一个语句或基本块。

(9) 带 continue 的循环结构。一个 continue 语句将使本次循环结束，开始下一次循环，但并不终止整个循环的执行。

(10) goto 结构。一个 goto 语句转移控制给任何其他基本块，不管唯一入口条件。

这些控制结构可以分为三大类典型的控制结构：顺序结构、循环结构和分支结构，而在不同的程序设计语言中会支持不同的实现模式，特别是当语言支持 goto 语句跳转时，在控制流图中会出现更多的控制结构类型，这些控制结构在控制流图中体现为的不同子图形式。在这些子图中按照所包含的结构化信息的特点可分为结构化子图和非结构化子图。

从控制结构的特点来看，结构化子图是带有一个入口和一个或多个出口的有向子图。其中结构化的循环是这样一个子图，它有一个入口、一个回边以及可能的一个或多个转移控制到相同结点的出口结点。结构化的循环包括所有自然循环(包括先测试循环和后测试循环)、无穷循环、带 break 的循环、带 continue 的循环和多级出口循环，其中多级出口循环由最内层循环直接跳出最外层嵌套循环。结构化循环如图 5-2 所示。

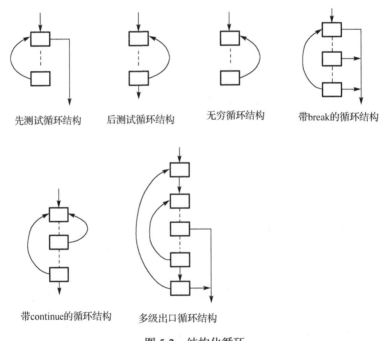

图 5-2　结构化循环

结构化的二路条件结构是一个有向子图——它有一个二路条件头结点、一个入口结点、两个分支结点和一个共同终结点(从两个分支结点最后都到达该结点)。一个结构化的 n 路条件结构是一个有向子图——它有一个 n 路出口头结点(该头结点有 n 个后继结点)、n 个分支结点和一个共同终结点(由 n 个后继结点都到达该结点)。结构化条件分支结构如图 5-3 所示。

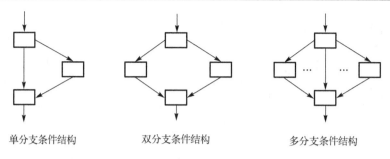

单分支条件结构　　　　　　双分支条件结构　　　　　　多分支条件结构

图 5-3　结构化条件分支结构

通常高级语言支持的控制结构为结构化子图。但是由于很多语言对 goto 语句的支持，在代码中也会出现非结构化的控制转移，打破结构化子图结构，也就是说，在结构化子图中的一个控制转移把先前的结构化子图打破成一个非结构化子图，主要表现为子图有多于一个入口。另外，在编译器优化过程中从代码的执行效率和空间利用率考虑所做的代码变换也会带来非结构化。

非结构化子图包括非结构化循环和非结构化条件。

非结构化的循环是这样一个子图，它有一个或多个回边、一个或多个入口结点以及一个或多个到不同结点的出口结点，如图 5-4 所示，主要如下。

(1) 多入口循环。一个循环有两个或多个入口。

(2) 并行循环。一个循环有两个或多个到相同头结点的回边。

(3) 交叠循环。两个循环在相同的强连通区域中重叠。

(4) 多出口循环。一个循环有两个或多个到不同结点的出口。

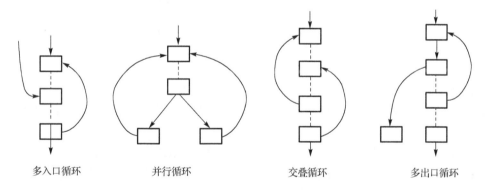

多入口循环　　　　　　并行循环　　　　　　　交叠循环　　　　　　多出口循环

图 5-4　非结构化循环

非结构化的二路条件结构是以二路结点为头结点的子图，其中有两个或多个入口进入子图，或者有两个或多个出口离开子图，这些子图表现为非正常选择路径子图。以图 5-5 为例，从子图的结构可知，可以分别从结点 1 和结点 2 开始一个 if…else 子图，从而产生图 5-5(b) 和 (c) 中的两个子图。图 5-5(b) 假定一个二路条件结构从结点 2 开始，在结点 5 上有一个非正常入口。图 5-5(c) 则假定一个二路条件结构从结点 1 开始，从结点 2 有一个非正常出口。后面将讨论的与和或逻辑表达式作为分支条件所形成的短路评估子图也是一种非结构化的二路条件结构。

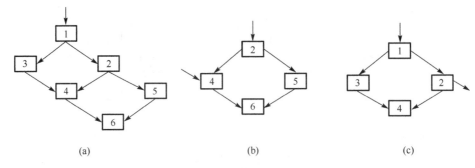

图 5-5　非结构化二路子图

非结构化的 n 路条件结构允许有两个或多个入口去往 n 路头结点的一个或多个分支，以及两个或多个出口来自 n 路头结点的一个或多个分支。如图 5-6 所示，非结构化的三路分支的四种不同情况：图 5-6(a)其中一个分支有一个非正常的向前出边，图 5-6(b)其中一个分支有一个非正常的向后出边，图 5-6(c)其中一个分支有一个非正常的向前入边，图(d)其中一个分支有一个非正常的向后入边。

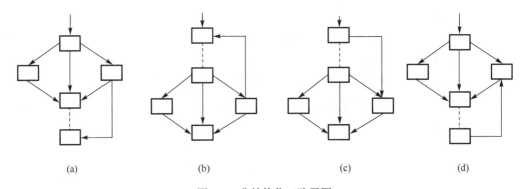

图 5-6　非结构化三路子图

结构化子图反编译生成的高级语言代码的可读性更好，非结构化子图可以在一定条件下进行结构化恢复转换为近似结构化形式，最终无法转换的子图在生成高级语言代码时可以用 goto 语句来实现。

不同高级语言使用不同的控制结构，但都会包含一些通用的控制结构。在反编译过程中通常选择一组一般化的结构作为结构化子图。本书以如图 5-7 所示的几种典型的结构作为高级语言所支持的目标结构化子图。非结构化子图也以转换为这些典型结构为目标。

5.1.2　可归约性

可归约性(Reducible)是流图的一个非常重要的性质，起源于对流图所做的若干种变换，这些变换可以将子图蜕化为单个结点，称为归约，由此可以连续地归约流图到更简单的若干子图。如果一系列的这种转换能够最终将流图归约为单个结点，则称这个流图是可归约的。在高级控制结构识别过程中，通常会利用图的可归约性实现对嵌套结构的识别与标注。

一个控制结构子图是可归约的，则其只有一个入口结点、一个或多个到一个共同终结点的出口结点。对于循环，是由子图中的回边刻画的自然循环，反之亦然，即可归约流图中没有转入循环体内的转移，循环只能通过它的首结点进入。同样，对于分支结构，也是只有一个入口结点，可以有一个或多个出口结点。

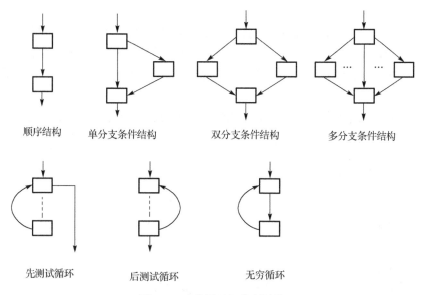

图 5-7　反编译目标控制结构

　　某些控制流模式会使得流图是非可归约的，这种模式称为非正常区域(Improper Region)，并且，一般是流图的多入口强连通分量。事实上，最简单的非正常区域如图 5-8(a) 所示，是有两个入口的一个循环，图 5-8(b) 是将它扩展得到的一个有三个入口循环的情况。容易看出，可以从这两个循环产生出多种不同非正常区域序列。

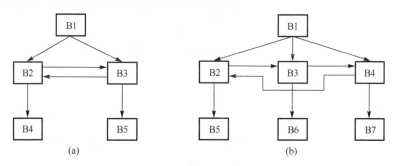

图 5-8　非正常区域示例

5.2　控制流分析的基本方法

　　高级控制结构恢复基于控制流分析技术。控制流分析就是用来获取程序控制结构信息的形式化分析技术。在编译器中，控制流分析和数据流分析一样主要用于程序优化。控制流分析是在由基本块构成的控制流图上进行的，分析过程关注控制流图的基本块和循环结构，目标在于实现程序源代码的优化。其中基本块是由中间代码来构造的。对于低级语言的控制流图很容易构造，因为程序中从一点到另一点的控制流信息是很明确的。但对于高级语言，在源程序中的控制流信息往往是不明确的,这是由于在高级语言中存在复杂的语句结构,并且函数可以像数据一样传递,可以在程序中的任意一点调用。所以需要控制流分析去求解高级语言中的控制流信息。

在反编译中,通过对程序的图进行控制流分析可以得到一个程序的控制结构有关信息。从图的各个不同结点收集信息——无论结点属于循环结构、条件结构,或者不属于任何结构,并进行图的标注和转换,最终在代码生成阶段恢复高级控制结构,转换为高级语言的控制语句。

控制流分析基于以基本块为单位的控制流图,本节首先介绍与控制流分析相关的基本概念和对控制流图进行访问的基本方法。

5.2.1　支配结点和支配树

定义 5.1　路径。

从 n_1 到 n_v 的路径:$n_1, n_v \in N$,用 $n_1 \rightarrow n_v$ 表示,是一个边的序列 $(n_1, n_2), (n_2, n_3), \cdots, (n_{v-1}, n_v)$ 满足 $(n_i, n_{i+1}) \in E$,$1 \leqslant i < v$,$v \geqslant 1$。

定义 5.2　闭合路径。

一个闭合路径或环是一个从 n_1 到 n_v 的路径,其中 $n_1 = n_v$。

定义 5.3　后继结点。

$n_i \in N$ 的后继结点是 $\{n_j \in N | n_i \rightarrow n_j\}$(即从 n_i 出发可到达的所有结点)。

$n_i \in N$ 的直接后继结点是 $\{n_j \in N | (n_i, n_j) \in E\}$。

定义 5.4　前导结点。

$n_j \in N$ 的前导结点是 $\{n_i \in N | n_i \rightarrow n_j\}$(即所有存在路径到达 n_j 的结点)。

$n_j \in N$ 的直接前导结点是 $\{n_i \in N | (n_i, n_j) \in E\}$。

定义 5.5　支配结点。

如果每一条从流图的入口结点 $h \in N$ 到结点 $n_k \in N$ 的路径都经过结点 $n_i \in N$,则结点 n_i 为结点 n_k 的**支配结点**,称 n_i 支配 n_k,记为 $n_i \ \mathrm{dom} \ n_k$。

利用一个结点支配另一个结点的概念可以定义自然循环和重要的可归约流图。根据这个定义,每个结点支配它自身,而循环的入口则支配循环中所有的结点。

例 5.1　分析图 5-9 中结点间的支配关系。

在图 5-9 的流图中,初始结点为 B1。根据支配结点的定义,初始结点支配流图中所有的结点。结点 B2 仅支配它自身。因为控制可以沿 B1→B3 开始的路径到达任何其他结点,除结点 B1 和结点 B2 以外,结点 B3 支配其他所有的结点。因为从结点 B1 出发的所有路径都必须由 B1→B2→B3→B4 或 B1→B3→B4 开始,除了结点 B1、B2 和 B3 以外,结点 B4 支配其他所有的结点。结点 B5 和结点 B6 只支配它们自身,因为控制流可以经过其中一个结点而跳过另一个结点。最后,结点 B7

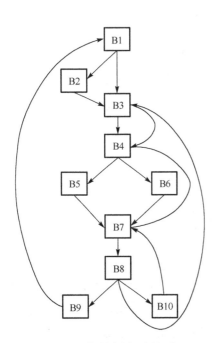

图 5-9　控制流图示例(一)

支配结点 B7、B8、B9、B10，结点 B8 支配结点 B8、B9、B10，而结点 B9 和结点 B10 只支配它们自身。

定义 5.6　回边。

若流图中的一条边 a→b，b 是弧头，a 是弧尾，而 b 支配 a，称该边为回边。

支配结点信息的一个重要应用是确定流图中的循环。这样的循环应具有以下两个基本性质。

(1)循环必须有唯一的入口结点，称为头结点(header)。这个入口结点支配循环中的所有结点，否则它不是该循环的唯一入口。

(2)循环至少迭代一次，也就是至少有一条返回头结点的路径。寻找流图中所有循环的一种好方法是找出流图的回边，即弧头支配弧尾的边。

在图 5-9 中，B4 dom B7，B7→B4 是回边。类似地，B7 dom B1，B10→B7 是回边。其他的回边有 B4→B3、B8→B3 和 B9→B1。注意，这些边正好是流图中有可能形成循环的那些边。

给定一条回边 n→d，定义该边的自然循环为 d 加上所有不经过 d 而能到达 n 的结点集合。d 是该循环的首结点。

在图 5-9 中边 B10→B7 的自然循环由结点 B7、B8 和 B10 组成，因为 B8 和 B10 是所有不经过 B7 而能到达 B10 的结点。回边 B9→B1 的自然循环是整个流图，当然不要忘记路径 B10→B7→B8→B9。

定义 5.7　直接支配结点。

在从入口结点 h∈N 到结点 n_k∈N 的任何路径上，n_k 的最后一个支配结点 m 称为结点 n_k 的直接支配结点。

结点 n_k 的直接支配结点 m 具有下列性质：如果 n_i∈N，n_i≠m 且 n_i dom n_k，那么 n_i dom m。

定义 5.8　支配树。

表示流图中结点间支配关系信息的一种有用形式是树，叫作支配树。其中，初始结点是树根，树中每个结点仅支配其子孙结点。图 5-10 给出了图 5-9 中流图的支配树。

支配树的存在依赖于支配结点的性质，每个结点 n 有唯一的直接支配结点 m，它在初始结点到 n 的任何路径上都是 n 的最后一个支配结点。

支配树是具有以下两个特性的树。

(1)树的根结点为控制流图的入口结点。

(2)树的任一结点具有孩子结点当且仅当该结点为孩子结点的直接支配结点。

可以证明下面定理。

定理 5.1　如果 $p_1,p_2,\cdots,p_k$ 是 n 的所有前驱并且 d≠n，那么 d dom n 当且仅当对于每个 i，d dom p_i。

根据上面所描述的定义和定理，有以下两个推论。

推论 5.1　控制流图的入口结点的直接支配结点是其自身。

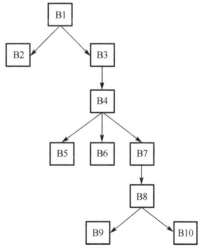

图 5-10　图 5-9 的支配树

推论 5.2　一个结点的支配结点集合包括两部分，一部分是该结点它本身，另一部分是它的所有前驱结点的支配结点集合的交集。

因此，计算流图中各个结点的所有支配结点这个问题可以利用正向数据流分析来解决，下面以图 5-11 示例流图为例来进行说明。

假定以 D(n) 表示结点 n 的支配结点集合。

根据推论 5.1，结点 B1 点为其自身，即 D(B1)={B1}。结点 B2 只有一个前驱结点，因此 D(B2)={B2}∪{B1}={B1,B2}。对于结点 B3，其在流图中有 3 个前驱结点，分别为结点 B1、结点 B2 和结点 B7，结点 B1 和结点 B2 的支配结点集合已计算，而对于结点 B7，由于其支配结点尚未计算，则其为初始化值{B1,B2,B3,B4,B5,B6,B7,B8}，因此有 D(B3)={B3}∪(D(B1)∩D(B7))={B3}∪({B1, B2}∩{B1, B2, B3, B4, B5, B6, B7, B8})={B1,B2,B3}。

类似地，得到图 5-11 各个结点的支配结点集合如表 5-1 所示。

表 5-1　图 5-11 示例中各个结点的支配结点集合

结点	支配结点
B1	B1
B2	B1,B2
B3	B1,B3
B4	B1,B3,B4
B5	B1,B3,B4,B5
B6	B1,B3,B4,B6
B7	B1,B3,B4,B7
B8	B1,B3,B4,B7,B8

由此，得到该流图所对应的支配树如图 5-12 所示。

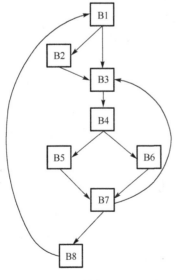 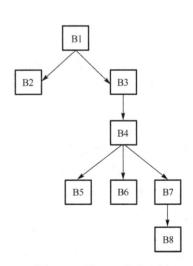

图 5-11　控制流图示例(二)　　　　　　　图 5-12　图 5-11 的支配树

定义 5.9　强连通区域。

强连通区域（SCR）是一个子图 $S=(N_S, E_S, h_S)$ 满足以下条件 $\forall n_i, n_j \in N_S$，$\exists n_i \rightarrow n_j \land n_j \rightarrow n_i$。

定义 5.10　强连通组成。

G 的强连通组成是一个满足以下条件的子图 $S=(N_S, E_S, h_S)$。

（1）S 是一个强连通的区域。

（2）在 G 中不存在包含 S 的强连通区域 S_2。

5.2.2　流图的访问方法

本节涉及四个图论的概念，这些概念对后面使用的若干算法十分重要。这四个概念也是对图的四种访问方法，即深度优先搜索、前序遍历、后序遍历和广度优先搜索，这些方法都适用于有根的有向图，因此也适用于控制流图。

1. 深度优先搜索及生成树

深度优先搜索（Depth-first Search）是图的一种重要的访问方法，其基本思想是从图的某一结点开始尽可能沿纵深方向去访问结点，即首先访问该结点，然后访问该结点的一个未访问的邻接点，在从这个邻接点开始继续进行深度优先搜索。这实际上是一种递归的思想，通过深度优先搜索可以得到流图中结点的深度优先序列，按访问结点的顺序依次给图中结点编号，称为结点的深度优先序号（Depth-first Number）。

通过深度优先搜索可以构造深度优先生成树（Depth-first Spanning Tree，DFST）：由图中结点和遍历经过的边构成。图 5-13（a）为一有根图，图 5-13（b）是它的一棵深度优先生成树，其中将遍历经过的边，即生成树的边，同图中其他的边区分开来，图中实线表示生成树的边。

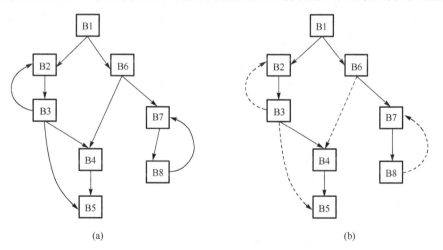

(a)　　　　　　　　　　(b)

图 5-13　控制流图及其深度优先生成树

流图 G 的一个深度优先生成树（DFST）是由一个 DFS 算法生成的，G 的一个有向的、有根的、有序的生成树。一个 DFST（用 T 表示）可以把在 G 中的边划分成四组。

（1）树边（Tree Edge）。属于深度优先生成树的边，$e \in \{(v,w): v \rightarrow w \in T\}$。

（2）回边（Back Edge）。从一个结点到树中它的祖先的边，用 B 标识，$e \in \{(v,w): w \rightarrow v \notin T$ 且 $w \rightarrow v \notin G\}$。

(3)向前边(Forward Edge)。从一个结点到其后继结点并且不是树边的边，用 F 标识，e∈{(v,w):w→v∉G 且 w→v∉T}。

(4)交叉边(cross Edge)。连接两个在树中相互不是祖先的结点的边，用 C 标识，e∈{(v,w):v→w∈G 且 v→w∉T, ∄(v→w 或 v→w)而且 w≤v 按先根次序}。

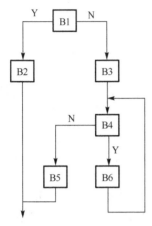

图 5-14　控制流图示例(三)

2. 前序遍历

若图 G=<N, E, r>是有根的有向图，令 E′⊆E 是 G 的深度优先生成树的边集，则图 G 的前序遍历(Preorder Traversal)是这样一种遍历，其中的每个结点的处理早于其后继结点，后继结点关系由 E′定义。由此可得到一个前序序列。如图 5-14 所示的控制流图，B1, B2, B3, B4, B5, B6 是它的一个前序序列，而 B1, B3, B2, B4, B5, B6 是另一个前序序列。一个图的前序序列不唯一。

3. 后序遍历

若图 G=<N, E, r>是有根的有向图，令 E′⊆E 是 G 的深度优先生成树的边集，则图 G 的后序遍历(Postorder Traversal)是这样一种遍历，其中的每个结点的处理晚于其后继结点，后继关系由 E′定义。由此可得到一个后序序列。如图 5-14 所示控制流图，B5, B5, B4, B3, B2, B1 是它的一个后序序列，而 B6, B5, B2, B4, B3, B1 是另一个后序序列。一个图的后序序列也是不唯一的。

依据前序序列或后序序列可以给出图中结点的前序编号和后序编号。

图 5-15 给出了一个扩展的深度优先搜索算法，通过深度优先搜索构建 G=<N, E, r>的深度优先生成树，对它进行前序遍历和后序遍历，在 Depth_First_Search 执行之后，从根结点开始，沿着 Etype(e)=tree 的边 e 而行，便得到深度优先生成树，指定给每个结点的前序编号和后序编号是正数，并分别存放在 Pre()和 Post()中。其中 Visit(x)表示结点 x 的访问标志，在算法调用前要将所有结点的 Visit(x)标志置为 false，搜索到 x 并访问后 Visit(x)置为 true。

```
N: set of Node
r, x: Node
i:=1, j:= 1: integer
Pre , Post: Node  →  integer
Visit: Node→boolean
EType: (Node×  Node )  →  enum{tree, forward, back, cross}
procedure Depth_First _Search _PP (N, Succ, x)
  N: in set of Node
  Succ: in Node→  set of Node
  x: in Node
begin
  y: in Node
  Visit (x): = true
  Pre (x): = j
  j += 1
  for each y∈e Succ(x) do
    if !Visit (y) then
```

```
          Depth_First_Search_PP (N ,Succ ,y)
          EType (x→y):= tree
       elif Pre (x)<Pre (y) then
          EType (x→y):= forward
       elif post (y) = 0 then
          EType (x→y):= back
       else
          EType (x→y):=cross
             post (x):= 1
             i+=1
    end
```

图 5-15　扩展的深度优先搜索算法

4. 广度优先搜索

广度优先搜索(Breadth-first Search)是图的另一种重要的访问方法,其基本思想是从图的某一结点开始横向访问结点,即首先访问该结点,然后访问该结点的所有未访问的邻接点,再依次访问邻接点的邻接点,通过广度优先搜索可以得到流图中结点的广度优先序列,给每个结点一个广度优先序号(Depth-first Number)。

图 5-14 的广度优先序列为 B1, B2, B3, B4, B5, B6。

图 5-16 给出了广度优先搜索算法,在遍历过程中给出了结点的广度优先搜索序列。

```
    i:=2:integer
    procedure Breadth_First (N, Succ, s) returns Node→integer
    N: in set of Node
    Succ: in Node→set of Node
    s: in Node
    begin
       t: Node
       T:=∅  : set of Node
       Order: Node→integer
       Order (r):= 1
       For each t∈Succ (s) do
          if Order (t) = nil then
             Order (t):=i
             i+=1
             T ⋃= {t}
       for each t∈T do
          Breadth_First (N, Succ,t )
    return Order
    end
```

图 5-16　广度优先搜索算法

5.3　高级控制结构分析与识别

在反编译生成控制流图的基础上进行高级控制结构恢复,主要完成两项工作:一是识别结构化子图,提取高级控制结构;二是对非结构化子图进行结构化变换,转化为等价的结构化子图。本节讨论结构化子图的分析和识别技术，5.4 节讨论常用的非结构化子图的结构化变换技术。

常用的结构化子图的分析和识别技术有支配树分析、区间分析和结构分析。

5.3.1　支配树分析

1. 条件分支语句结构

总结高级语言中常见的条件分支语句主要有以下四种类型，如表 5-2 所示。

表 5-2　常见的条件分支语句类型

类型 1	类型 2	类型 3	类型 4	
if(E)	if(E)	if(E)	if(E)	if(E)
s1:	s1:	s1:return	s1:return	s1:
s2:	else	else	else	else
	s2:	s2:return	s2:	s2:return
	s3:	s3:	s3:	s3:

先分析类型 1 和类型 2。这两种类型的条件分支语句的控制流图分别如图 5-17 和图 5-18 所示。

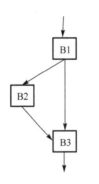
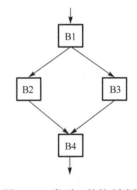

图 5-17　类型 1 的控制流图　　　　图 5-18　类型 2 的控制流图

从图 5-17 和图 5-18 所示的流图中可以看到，碰到条件分支语句块的时候，会在入口基本块处产生两条分支，并且最终这两条分支都交汇在出口块基本处。条件结构块中，类型 1 中的结点 B3 和类型 2 中的结点 B4 作为条件结构子图的终结点称为后随结点，条件结构的后随结点定义为条件结构结束后第一个到达的结点。

依据图 5-17 和图 5-18 可以画出它们的支配树，分别如图 5-19 和图 5-20 所示。

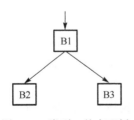
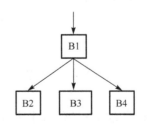

图 5-19　类型 1 的支配树　　　　图 5-20　类型 2 的支配树

设类型 1 和类型 2 的条件分支结构的起始基本块为 SB，结束基本块为 EB，对于这两种类型的简单条件分支语句结构，观察控制流图和支配树，可以得到以下两个特征。

(1)在支配树上，EB 为 SB 的孩子结点。

(2)在控制流图中，EB 作为 SB 的后随结点，具有两个或两个以上的前驱结点。

显然，在控制流图中，条件结构从 SB 开始出现两条分支，因此 SB 必定为 EB 的直接支配结点，表现为特征(1)。同时对于条件结构，从 SB 到 EB 存在着两条或两条以上的路径，并且这些路径的交汇点必定在 EB 处，即有特征(2)。

对于属于类型 3 的条件分支语句，条件结构的出口是函数返回，其控制流图和支配树相同，如图 5-21 所示。在流图中是找不到该条件结构的后随结点的，但是这种类型的条件分支语句有一个特征是，它的两个分支的最末是一个返回类型的基本块，因此可以通过这个特征来进行条件结构的识别。

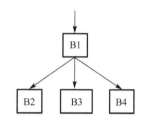

图 5-21　类型 3 的控制流图和支配树

类型 4 为两种对称的情况，其控制流图如图 5-22 所示，支配树如图 5-23 所示。其特征如下。

(1)在支配树上，EB 为 SB 的孩子结点。

(2)在控制流图中，EB 不是 SB 的后随结点，它只有一个前驱结点。

(3)两个分支之一的最后一个基本块为返回类型。

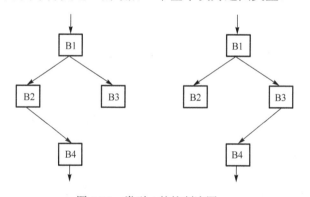

图 5-22　类型 4 的控制流图

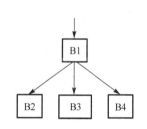

图 5-23　类型 4 的支配树

下面再来分析嵌套的条件语句在控制流图和支配树的特征。

一个嵌套的条件语句的控制流图和对应的支配树分别如图 5-24 和图 5-25 所示。

在这里，以结点 B2 为起始块的条件结构的后随结点为结点 B5，但其却没有出现在支配树中结点 B2 的孩子结点里面，归其原因在于该条件结构是嵌套在以结点 B1 为起始块的条件结构中的，这两个条件结构拥有共同的一个后随结点 B5。可以发现，结点 B5 出现在支配树中结点 B1 的孩子结点里面。

由此，为了识别嵌套的条件结构，首先应该按结点在支配树中的层次从高到低地进行层次遍历来寻找跳转块，这些跳转块要求既不属于多路分支语句结构也不属于循环结构。在这个例子里，将得到跳转块{B1,B2}。紧接着需要寻找的是条件结构的后随结点。根据上面所描述的特征，在支配树上，后随结点在跳转块的孩子结点里面，若不在，则该条件结构将嵌套在另一个条件结构里面。在这个例子里，对于跳转块 B2，其在支配树中有两个孩子结点，分别是 B3 和 B4，可以发现这两个结点的前驱结点个数都为 1，因此这两个结点都不是后随结点，这是一个嵌套的条件结构，将结点 B2 保存在一个 unsolved 集合里，然后分析下一个跳转块 B1，对于结点 B1，其在支配树中有两个孩子结点，分别为 B2 和 B5，而结点 B5 具有两个前驱结点，由此可知结点 B5 为后随结点，且其同时为结点 B1 和 unsolved 集合里的结点 B2 的后随结点，因此，可以得到两个条件结构。

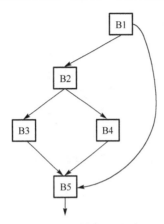 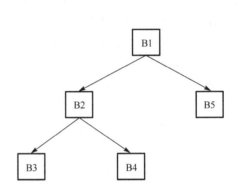

图 5-24　嵌套条件语句的控制流图　　　　　　　图 5-25　嵌套条件语句的支配树

2. 多路分支语句结构

高级语言支持多路分支语句，编译器对多路分支的处理主要有两种方式：二叉排序树实现和跳转表实现。

1）二叉排序树实现

当多路分支的分支数较少时，编译器通常采用二叉排序树方式实现。下面一段 C 语言 switch 语句用 VC6.0 编译生成的可执行代码如图 5-26 所示。

```
switch (E){
  case 30:      c= 120;      break;
  case 140:     c= 140;      break;
  case 500:     c= 500;      break;
  case 800:     c= 1001;     break;
  case 1200:    c= 1200;     break;
  case 2000:    c= 2000;     break;
  caue 2700:    c= 2700;     break;
  case 3400:    c= 3400;     break;
  case4100:     c= 4100;     breal;
}
```

其中，表达式的值的集合为{30,140,500,800,1200,2000,2700,3400,4100}。编译器按这些值将 switch 块表示成一个二叉排序树，编译器所生成代码在检测 switch 块表达式 E 的时候，通过检测 E 的值在二叉排序树的位置来确定其值，从而执行相对应的代码块 S_j。上面的例子中，若表达式 E 的值为 800，则其将经过与 1200 和 800 两个数值比较，从而快速确定其所应该执行的代码块（case 800）。

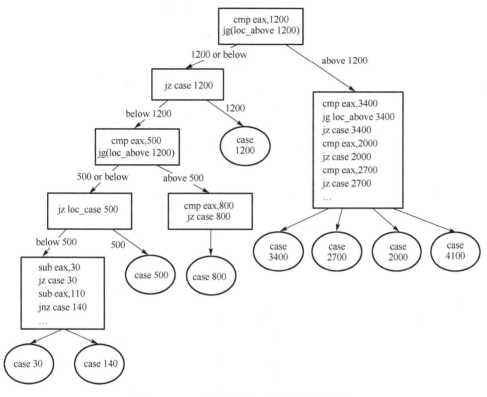

图 5-26　二叉排序树实现的多路分支结构

2）跳转表实现

编译器用跳转表实现多路分支语句的思路是将 switch 块的各个分支语句分别编译，并将各个分支的地址指针存放在一个指针表中，在 switch 块执行的时候，将表达式 E 的值作为指针表的索引，获得对应分支的地址，从而跳转到相对应的分支执行操作。要注意的是，这个过程并不是函数调用，而是一个经过指针表的无条件跳转。

例如，下面的 switch 语句：

```
switch(E){
  case 1: code…; break;
  case 3: code…; break;
  case 5: code…; break;
  case 7: code…; break;
}
```

经过 VC6.0 编译后，在汇编代码中具有如图 5-27 的表现形式：

跳转表往往保存在.text 段的代码空隙里，表中所保存的地址指针如图 5-28 所示。

3. 循环语句结构

高级语言中常见的几种循环语句经过编译后，生成控制流图和支配关系如图 5-29～图 5-31 所示。

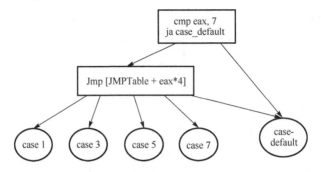

图 5-27　跳转表实现的多路分支结构

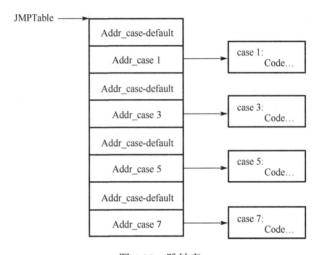

图 5-28　跳转表

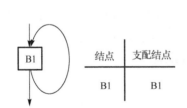

图 5-29　while、do...while 和 for 语句的
控制流图和支配关系

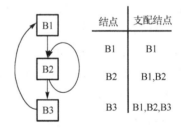

图 5-30　嵌套循环结构的控制流图和支配关系

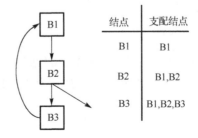

图 5-31　带 break 的循环语句的控制流图和支配关系

通过对循环语句编译后在汇编代码上特征的分析，可以发现循环结构绝大部分都满足自然循环的两个条件：

(1)有唯一的入口结点。

(2)存在一条返回循环头的回边。

根据回边的定义，通过支配树的辅助，可以很容易地找到流图的回边。得到了回边，也就确定了一个循环结构，并且得到了循环结构的起始结点和结束结点。紧接着所需要做的就是确定循环结构的其他结点。

循环结构的出口可能是不唯一的，但根据循环结构具有唯一入口这一性质，可以将循环的起始结点标志为 visited，以循环结构的结束结点作为开始，在流图上做反向深度遍历，这个遍历过程中遍历到的结点，也即是循环结构的其他结点。

如图 5-11 所示的 CFG，根据其图 5-12 的支配树可以发现存在两条回边，分别为 B7→B3 和 B8→B1。对于回边 B7→B3，将结点 B3 标志为 visited，从结点 B7 开始做流图的反向深度优先搜索遍历，依次遍历到的结点将是 B4, B6, B5, B7(或 B4, B5, B7, B6)，再加上结点 B3，从而得到了构成一个循环结构的所有结点(B3, B4, B5, B6, B7)。对于回边 B8→B1，相类似地也能得到一个循环结构。

但是，基于支配树的识别仅能识别简单的、结构清晰的高级控制结构，对复杂子图的处理能力有限。

5.3.2　区间分析

1. 区间定义

区间是 J.Cocke 定义的一个图构造理论，后来广泛用于编译和反编译的控制流分析和数据流分析过程。

区间分析(Interval Analysis)实质上是对控制流和数据流分析过程中使用的若干种方法的统一叫法。区间分析指的是将流图划分为各种类型的区域(类型取决于具体的方法)，即区间，对区间进行相应的分析处理，然后使每一个区间蜕化成一个新的结点(常称为抽象结点(Abstract Node)，因为它将区域的内部结构抽象化了)，并用进入或离开对应抽象结点的边替换进入或离开这个区间的边，得到一个新的图，并可以进一步重复这个过程，最终整个图抽象为一个结点，整个过程形成一个图的序列。由一次或多次这种转换而得到的流图称为抽象流图(Abstract Flow Graph)。因为这种转换每次施加于一个子图，或并行地施加于不相交的若干子图，故从每一个抽象结点对应于一个子图的意义上来说，所得到的区域是嵌套的。因此区间分析可以用于分析图的嵌套结构。

下面首先介绍区间理论的相关概念，然后讨论利用区间分析在反编译过程中实现结构化子图的分析和识别。

定义 5.11　给定一个结点 h，区间 I(h)是单一入口的极大子图，在其中 h 是唯一的入口结点，而且所有闭合的路径包含 h。这个唯一的区间结点 h 叫作区间头结点，或简称头结点。

通过选择正确的头结点集合，G 能够划分成唯一的不相交的区间集合 I={I(h₁), I(h₂), …, I(hₙ)}，这里 n≥1。图 5-32 给出了寻找一个图的唯一区间集合的算法描述。这个算法使用下列变量：H(头结点的集合)、I(i)(区间 i 的结点集合)和 I(图 G 的区间列表)，以及函数 immedPred()，它返回 n 的下一个立即前导结点。

```
procedure intervals(G=(N,E,h))
/*Pre:G is a graph.*/
/*Post:the intervals of G are contained in the list I.*/
  I:={};
  H:={h};
  for(all unprocessed n∈H) do
    I(n):={n};
    Repeat;
  I(n):=I(n)+{m∈N|∀p∈immedPred(m)·p∈I(n)};
    until no more nodes can be added to I(n);
    H:=H+{m∈N|m∉62H∧m∉I(n)∧(∃p∈immedPred(m)·p∈I(n))};
    I:=I+I(n);
  end for
end procedure
```

图 5-32 区间划分算法

图 5-33 给出了图 G 的区间表示，用点框表示它的区间。这个图有两个区间，即 I(1) 和 I(2)。区间 I(2) 包含一个循环，这个循环的范围由回边(4,2)决定。

定义 5.12 区间顺序定义为在一个区间列表中结点的顺序，这个区间列表由图 5-32 的区间算法给出。

区间具有以下性质。

(1)头结点向后支配区间里的每一个结点。

(2)在区间中每一个强连通的区域必须包含头结点。

(3)区间顺序满足，如果所有的结点以给定顺序进行处理，那么给定一个结点，从头结点沿着无循环路径可以到达的它所有的区间前导结点将在这个结点之前进行处理。

定义 5.13 一个关闭结点是在区间中任何一个以头结点为立即后继结点的结点。

定义 5.14 图的派生序列。

图的派生序列 $G^1,\cdots,G^n$，通过一个反复地把

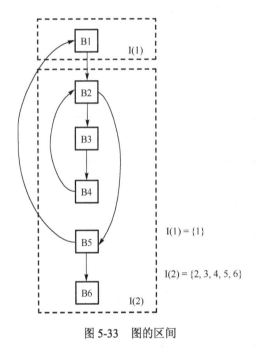

I(1) = {1}

I(2) = {2, 3, 4, 5, 6}

图 5-33 图的区间

区间折叠成结点的方法来构造这些图可以得到图的一个派生序列。G 是第一个原始图，用 G^1 表示。第二个顺序图 G^2，是通过把 G^1 中的每一个区间折叠成一个结点，从 G^1 派生的。折叠结点(将某个区间折叠而产生的结点)的立即前导结点是原来头结点的立即前导结点——不是该区间的组成部分。其立即后继结点是原来出口结点所有不属于该区间的立即后继结点。属于 G^2 的那些区间由区间算法计算出来，而且图构造过程重复进行直至得到一个极限的流向图 G^n。G^n 具有一个平凡图(即单一结点)或不可归约图的特性。

定义 5.15　图 G 的第 n 个顺序图或极限流向图 G^n，定义为派生序列中的图 G^{i-1}，$i \geqslant 1$，满足 $G^{i-1}=G^i$。

定义 5.16　如果图 G 的第 n 个顺序图 G^n 是平凡的，那么图 G 是可归约的。

图 5-34 举例说明了图的派生序列的构造过程。图 G^1 是最初的控制流向图 G。G^1 有两个区间，在图 5-33 已描述。图 G^2 把 G^1 的区间用结点表示。G^2 在它的唯一区间中有一个循环。这个循环表示那个由回边(B5,B1)决定范围的循环。最后，G^3 没有循环而且是一个平凡图。

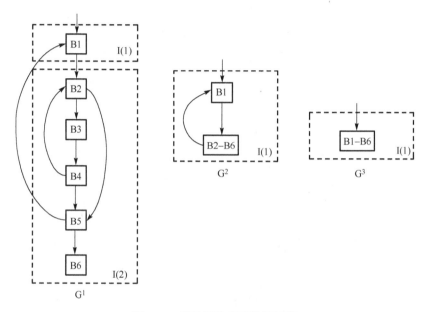

图 5-34　图的派生序列构造过程

下面以图 5-35 为例讨论利用区间分析实现结构化子图的分析和识别过程。

2. 循环结构识别

1) 实例分析

在流图中，循环是根据图中有回边的存在而被发现的；也就是说，在流图中存在一个边从一个下游的结点到一个上游的结点。这里的下游(Lower)和上游(Higher)的概念不是正式的定义，但是对于从顶端开始画的图，不妨就当作在图中较低和较高的结点。对于控制流图来说，程序是从上到下执行的。例如，在图 5-35 的图中，有两个回边：(B14,B13)和(B15,B6)。这些回边表示两个不同的循环的范围。

循环的类型检测是通过检查循环的头结点和最后一个结点来确定的。循环(B14,B13)在其头结点上没有条件检查，但是循环的最后一个结点测试该循环是否应该再次被执行；因此，这是一个后测试循环，在 C 语言里对应 do…while 循环。表现这个循环的子图能够在逻辑上转换成图 5-36 的循环子图，这个循环子图被用一个结点代替，该结点容纳它所有的中间代码指令和关于循环类型的信息。

而循环(B15, B6)有一个条件头结点决定该循环是否执行。这个循环的最后一个结点是一个单路结点把控制转移回到该循环的头。这个循环无疑是一个先测试的循环，如在很多种语言里的一个 while 循环。这个循环的子图能够在逻辑上转换成图 5-37 的子图，这个循环子图被一个结点代替，该结点容纳关于该循环的所有信息及其指令。

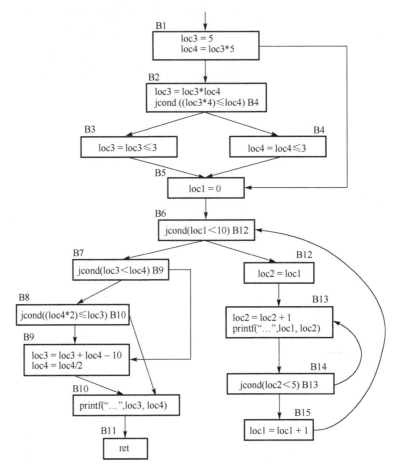

图 5-35　分析图例

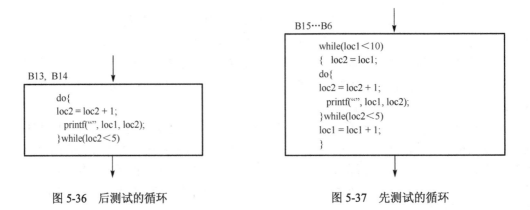

图 5-36　后测试的循环　　　　　　图 5-37　先测试的循环

2) 循环识别过程

基于图的区间法识别循环，在每个区间范围内去发现循环，而且由图的派生序列提供一个嵌套顺序。应用区间划分算法,图 5-35 的区间划分如图 5-38 所示。为了后续的分析,图 5-38 中给出了反向后序遍历的结点顺序序号。

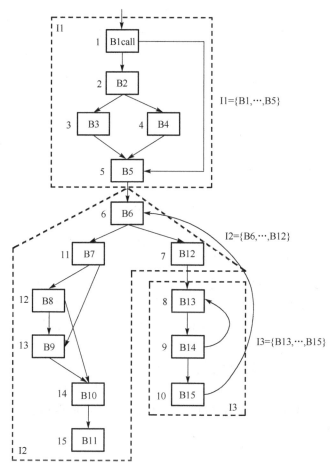

图 5-38　图 5-35 的区间划分

基于区间的循环识别过程如下

(1)确定循环。

给定一个头结点 h_j 的区间 $I(h_j)$,如果有一个从关闭结点 $n_k \in I(h_j)$ 到头结点 h_j 的回边,就视为有一个根为 h_j 的循环。考虑在图 5-38 中的图,该图与图 5-35 中的图是相同的——没有中间指令信息,且已进行了区间划分,用虚线来分隔区间。图中有 3 个区间:I1 根在基本块 B1,I2 根在结点 B6,以及 I3 根在结点 B13。

在这个图中,区间 I3 完全包含循环(B14,B13),区间 I2 包含循环(B15,B6)的头,而它的关闭结点在区间 I3 中。如果每个区间折叠成单独的结点,新图的区间被建立,那么现在区间 I3 和 I2 之间的循环一定属于相同的区间。首先在每个区间中检测是否存在循环并进行标注,然后将每个区间折叠为一个结点,生成派生图,再进行区间划分和循环检测,重复此过程生成图的派生序列,直到流图被折叠其一个结点。

考虑图 5-39 中图的派生序列 $G^2, \cdots, G^4$。在图 G^2 中,在结点 I3 和 I2 之间的循环完全在区间 I5 中。这个循环表示与原始图中结点(B15,B6)相对应的循环。注意,在这些图中没有更多的循环，而且因为从这个过程派生了平凡图 G^4，所以原始图是可归约的。派生序列的长度与原始图中循环的最大嵌套深度成比例。

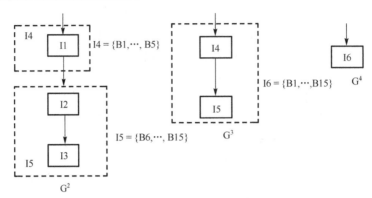

图 5-39　图的派生序列

一旦发现一个循环，接下来就要确定循环的类型，如先测试循环、后测试循环或无穷循环等，这需要根据头结点和关闭结点的类型来确定。而且，属于该循环的结点要打上循环标记，以防止出现一个结点属于两个不同循环的情况，如重叠的或多入口的循环。这里假定有决定循环类型的两个子过程，而且把属于该循环的结点做了循环标记。

给定一个带有区间信息的控制流 $G=G^1$、G 的派生序列 $G^1,\cdots,G^n$，以及这些图的区间集合 $I1,\cdots,In$，那么寻找循环的算法如下：首先检查 G^1 的一个区间的每一个头结点，观察有没有一个来自关闭结点（属于相同区间）的回边。如果有这个回边，就找到一个循环了，因此它的类型就被确定，而且属于它的结点都做上循环标记。下一步，检查 G^2 的区间 I2 有没有循环，而且重复这个过程直至检查了区间 In 以后。只要有一个潜在的循环（即一个区间的头结点有一个带有回边的前导结点），它的头结点或关闭结点已经被另一个循环做了循环标记，那么对该循环不予处理，因为它属于一个非结构化的循环。在代码生成期间，对于这些循环，它总是产生 goto 跳转。在这个算法中没有确定 goto 跳转和目标标签。在图 5-40 中给出完整的循环识别算法。这个算法按照恰当的嵌套层顺序——从最内层到最外层——建立循环。

(2) 寻找属于一个循环的结点。

给定一个由 $(y,x),y\in I(x)$ 导出的循环，满足以下条件：$\forall n\in loop(y,x)$，$n\in\{x,\cdots,y\}$ 的结点属于该循环，即该循环由 x 和 y 之间所有的结点按照结点编号组成。前面讨论的两个不同的循环是图 5-35 中的程序样例的一部分。

```
procedure loopStruct (G=(N, E, h))
/* Pre: G¹···Gⁿ has been constructed.
 * I¹···Iⁿ has been determined.
 * Post: all nodes of G that belong to a loop are marked.
 *    all loop header nodes have information on the type of loop and the latching node. */

    for (Gⁱ := G¹···Gⁿ)
      for (Iⁱ(hⱼ) := I¹(h₁) ···Iᵐ(hₘ))
        if ((∃x∈Nⁱ · (x, hⱼ)∈Eⁱ) ∧ (inLoop(x) ══ False))
          for (all n∈loop(x, hⱼ))
            inLoop(n) = True
```

```
                    end for
           loopType(h_j) = findLoopType((x, h_j)).
           loopFollow(h_j) = findLoopFollow((x, h_j)).
                end if
            end for
          end for
        end procedure
```

图 5-40　循环识别算法

可是，确定这些结点属于一个循环并不是简单的事。考虑图 5-41 中的多出口图，其中每个循环有一个非正常出口，而且每个不同的图有一个不同类型的边用于潜在的 DFST 中。带有向前边、回边或交叉边的循环满足上述条件。尽管带有树边的图包括更多的结点，但是，结点 B4 和结点 B5 并非循环的一部分，只不过它们的编号在结点 B2 和结点 B6(循环的上下限)之间。在这种情况下，需要满足一个额外条件，即那些结点应该属于相同的区间，因为区间头结点(即 x)支配该区间所有的结点，而在一个循环中，循环头结点支配循环的所有结点。如果一个结点属于另外一个不同的区间，它不被循环头结点支配，因此它不能属于这个循环。

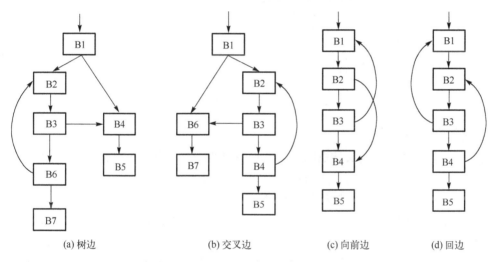

(a) 树边　　　　　　(b) 交叉边　　　　　　(c) 向前边　　　　(d) 回边

图 5-41　多出口循环的 4 种情况

换句话说，需要满足下列条件：

$$\forall n \in loop(y,x),\ n \in I(x)$$

给定一个区间 $I(x)$，它带有一个由 $(y,x)(y \in I(x))$ 导出的循环，属于这个循环的结点满足两个条件：换句话说，如果一个结点 n 属于相同区间(即它被 x 支配)，它的编号(反向后序编号)比头结点大而且比关闭结点小(即它是循环"中部的"一个结点)，那么它属于由 (y,x) 导出的循环。这些条件可以简化成下列表达式：

$$n \in loop(y,x) \Leftrightarrow n \in (I(x) \cap \{x, \cdots, y\})$$

图 5-38 的循环有下列结点：循环 $(9,8)(9,8$ 为反向后序遍历顺序编号)只有两个结点 B13、B14，而循环 $(10,6)$ 由结点 B6 和结点 B15 之间属于 G^2 的区间 12 的所有结点构成。这些结点如下：

$$\text{loop}(9, 8)=\{8,9\}$$

$$\text{loop}(10, 6)=\{6,\cdots,10\}$$

图 5-42 的算法寻找属于一个由一个回边导出的循环的所有结点。把这些结点的循环头 (Loop Head) 设置为循环的头结点，以此作为这些结点的记号，即该结点也属于一个嵌套的循环，因而它的 loopHead 字段不变。这样，属于一个循环(s)的所有结点用它们所属于的最内层嵌套循环的头结点做了循环标记。

```
procedure markNodesInLoop(G=(N,E,h),(y,x))
/*Pre:(y,x) is a back-edge.
*Post:the nodes that belong to the loop(y,x) are marked.*/

nodesInLoop={x}
loopHead(x)=x
for(all nodes n∈{x+1···y})
  if(n∈I(x))
  nodesInLoop=nodesInLoop ∪ {n}
  if(loopHead(n)==No_Node)
      loopHead(n)=x.
    end if
  end if
end for
end procedure
```

图 5-42　确定循环中结点的算法

(3)确定循环的类型。

循环的类型是由循环的头结点和关闭结点决定的。在一个先测试循环中，二路头结点决定该循环是否被执行，而单路关闭结点将控制转移回到头结点。一个后测试循环的特点是，有一个二路关闭结点决定分支转移是回到该循环的头结点还是转移到循环外面，还有一个任何类型的头结点。最后，一个无穷循环有一个单路关闭结点转移控制回到头结点，还有一个任何类型的头结点。

图 5-38 的两个循环的类型如下：循环(9,8)有一个二路关闭结点和一个调用头结点，因此该循环是一个后测试循环(do 循环)；循环(10,6)有一个单路关闭结点和一个二路头结点，因此该循环是一个先测试循环(while 循环)。

在这个例子中，do 循环有一个调用头结点，因此这个循环毫无疑问是一个后测试循环。当头结点和关闭结点二者都是二路条件结点的时候，就比较麻烦了，因为无法仅凭头结点确定二路结点分支转移是进入循环还是离开循环，即对于进入循环的情况，该循环将是一个非正常循环，而对于离开循环的情况，该循环则是一个后测试循环。因此有必要检查头结点分支的结点是否属于该循环，如果不是，那么该循环可以作为一个带有一个从关闭结点非正常出口的 while 循环来编写代码。图 5-43 给出一个算法，基于图 5-42 循环确定算法建立的 nodesInLoop 设置，确定循环的类型。

(4)寻找循环的后随结点。

循环的后随结点是在循环终止以后第一个被到达的结点。在自然循环的情况中，在循环终止以后只有一个结点被到达，但是在多出口循环和多级出口循环的情况中，能够有多于一个出口，因此，不止一个结点能够在循环之后被到达。因为结构化算法仅仅把自然循环结构化，所以把所有的多出口循环结构化成带有一个"真正的"出口和一个或多个非正常出口。在循环中间有出口的无穷循环的情况中，在不同的出口之后有几个结点能够被到达。

```
procedure loopType (G=(N,E,h) ,(y,x) ,nodesInLoop)
/*Pre: (y,x) induces a loop.
*nodes In Loop is the set of all nodes that belong to the loop (y,x).
*Post:loopType (x) has the type of loop induced by (y,x).*/
if(nodeType (y) ==2-way)
  if(nodeType (x) ==2w)
    if(outEdge (x,1) ∈nodesInLoop∧outEdge (x,2) ∈nodesInLoop)
      loopType (x) =Post_Tested.
    else
      loopType (x) =Pre_Tested.
    end if
  else
    loopType (x) =Post_Tested.
  end if
else/*1-way latching node*/
  if(nodeType (x) ==2-way)
    loopType (x) =Pre_Tested.
  else
    loopType (x) =Endless.
  end if
end if
end procedure
```

图 5-43　确定循环的类型的算法

在一个先测试循环中，后随结点是循环头结点的后继结点，它不属于该循环。类似地，后测试循环的后随结点是该循环关闭结点的后继结点，它也不属于该循环。在无穷循环中，最初并没有后随结点，因为头结点和关闭结点都不跳出循环。但是，由于一个无穷循环可以在该循环的中间有一个离开循环的跳转(如在 C 语言中的一个 break)，所以它也能有一个后随结点。因为后随结点是在循环结束之后被到达的第一个结点，所以要找的是在一个 exit 执行之后从该循环到达的最靠近的结点。最靠近的结点就是有最小的反向后序编号的那个结点，即在反向后序顺序上最靠近该循环的一个结点。从该循环到达的任何其他结点都可以从最靠近的结点到达(因为那些结点的反向后序编号一定更大)，因此，最靠近的结点认为是无穷循环的后随结点。

例 5.2　图 5-38 的循环有以下后随结点：

$$\text{follow}(\text{loop}(9,8))=10$$

$$\text{follow}(\text{loop}(10,6))=11$$

图 5-44 给出一个算法，基于在图 5-42 的算法中所确定的 nodesInLoop 设置，确定一个由 (y,x) 导出的循环的后随结点。

```
procedure loopFollow (G=(N,E,h) ,(y,x) ,nodesInLoop)
/*Pre: (y,x) induces a loop.*/
/*nodes In Loop is the set of all nodes that belong to the loop (y,x) */
/*Post:loopFollow (x) is the follow node to the loop induced by (y,x).*/

if(loopType (x) ==Pre_Tested)
  if(outEdges (x,1) ∈nodesInLoop)
    loopFollow (x) =outEdges (x,2).
  else
```

```
            loopFollow(x)=outEdges(x,1).
        end if
    else if(loopType(x)==Post_Tested)
        if(outEdges(y,1)∈nodesInLoop)
            loopFollow(x)=outEdges(y,2).
        else
            loopFollow(x)=outEdges(y,1).
        end if
    else/*endlessloop*/
        fol=Max/*a large constant*/
        for(all 2-way nodes n∈nodes In Loop)
            if((outEdges(x,1)∉nodesInLoop)∧(outEdges(x,1)<fol))
                fol=outEdges(x,1).
            else if((outEdges(x,2)∉nodesInLoop)∧(outEdges(x,2)<fol))
                fol=outEdges(x,2).
            end if
        end for
        if(fol≠Max)
            loopFollow(x)=fol.
        end if
    end if
end procedure
```

图 5-44　确定一个循环的后随结点的算法

3. 二路条件分支结构识别

（1）实例分析。

在图 5-35 的结点 B2 中，如果条件(loc3 * 4)<=loc4 为真，则二路条件结点 B2 分支转移控制到结点 B4，否则它分支转移到结点 B3。这两个结点的后面都是后随结点 B5，换句话说，开始于结点 B2 的条件分支在结点 B5 上结束。这个子图无疑是一个 if…else 结构，而且能够在逻辑上转换成图 5-45 的子图，其中结点包含基本块 B2、B3 和 B4 的语句。注意，在相同基本块中条件跳转之前的所有指令都不被修改。

在图 5-35 的结点 B1 中，如果条件 loc3>=loc4 为真，则二路条件结点 B1 转移控制到结点 B5，否则它转移控制到结点 B2。从前面的例子，结点 B2 已经与结点 B3、结点 B4 合并，而且转换成一个带有一个去往结点 B5 的出边的等价结点；因此从结点 B2 到 B5 有一个路径。因为 B5 是在结点 B1 上的条件的目标分支结点之一，而且它被该条件的其他分支到达，这个二路结点表示一个单分支条件结构(if 结构)。这个子图能够合并为图 5-46 的一个结点，其中在结点 B1 上的条件已经被求非，因为假分支是组成这个 if 的单一分支。

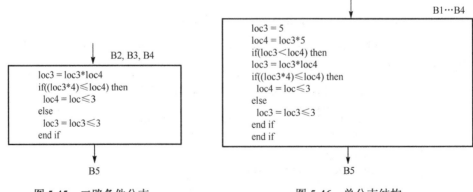

图 5-45　二路条件分支　　　　　　　　　　图 5-46　单分支结构

(2)识别过程。

单分支条件结构(if)的子图和双分支条件结构(if…else)的子图都有一个共同的终结点，将其称为后随结点(Follow Node)，它具有被二路头结点立即支配的特性。如果这些子图是嵌套的，它们可以有不同的后随结点或者共享相同的共同后随结点。考虑在图 5-35 省去中间指令信息后按照反向后序遍历次序编号得到的图 5-47，其中还增加了控制流分析获得的立即支配者信息。

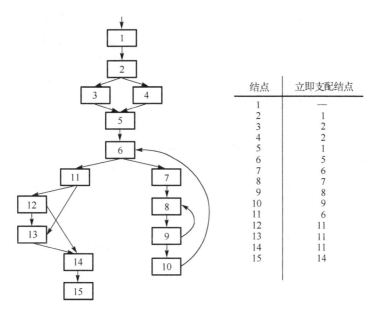

结点	立即支配结点
1	—
2	1
3	2
4	2
5	1
6	5
7	6
8	7
9	8
10	9
11	6
12	11
13	11
14	11
15	14

图 5-47　带有立即支配者信息的控制流向图

在图 5-47 中，有 6 个二路结点：结点 1、2、6、9、11 和 12。通过循环结构化分析，属于一个循环的头结点或关闭结点的二路结点做了循环标记，而且假如它已经属于另一个结构，那么一定不能在二路条件结构的结构化期间处理它。因此，图中的结点 6 和结点 9 在这个分析中不会被考虑。

根据区间分析的顺序，当有两个或多个条件结构嵌套的时候，首先要分析的总是最内层嵌套的条件结构，然后是较外的一层。就在结点 1 和结点 2 上的条件结构而言，结点 2 必须先于结点 1 被分析，因为它嵌套在以结点 1 为头结点的子图中；换句话说，具有更大的反向后序编号的结点需要先被分析，因为首先在深度优先搜索遍历中它是最后一个被访问的。在这个例子中，两个子图都共享共同的后随结点 5；因此，没有被结点 2(即内层的条件结构)立即支配的结点，但是结点 5 被结点 1(即外层的条件结构)立即支配，而且这个结点是两个条件结构一起的后随结点。一旦后随结点已经确定，通过检查二路头结点的分支之一是不是后随结点，就能够知道条件结构的类型，对于结点 1 情况，该子图是一个单分支条件结构，否则它是一个 if…else 结构。就结点 11 和结点 12 的情况而言，结点 12 先被分析，因为没有结点以它作为立即支配者，所以没有后随结点。这个结点被遗留在一个未解决结点列表中，因为它能在另一个条件结构中嵌套。在结点 11 分析的时候，结点 12、13 和 14 都可以作为后随结点，因为结点 12 和结点 13 到达结点 14，所以把结点 14 当作后随结点(即在一个子图中编号最靠近最大编号的结点，最大结点)。在未解决结点列表中的结点 12 也被打上有一个后随结点 14 这样的记号。这两个条件结构没有完全地嵌套，而且在代码生成期间会使用一个 goto 跳转。

　　将这个例子一般化，就得到条件结构的识别算法，也称为结构化算法。算法的要点是确定哪些结点是条件结构的头结点，以及哪些结点是这些条件结构的后随结点。在找到后随结点之后，通过检查头结点的分支之一是否等同于后随结点，条件结构的类型能够被确定。先检查内层条件结构，然后检查较外的一层，如此做一个降序的反向后序遍历(从编号较大的结点到较小的结点)。在整个处理过程中保持着一个未解决条件结构后随结点的列表。这个集合保存所有的没有后随结点的二路头结点。对于每一个不是循环的头结点或关闭结点的二路结点，其后随结点应该是把它作为一个立即支配者而且有两个或多个入边的结点，因为它必须从头结点通过至少两个不同路径到达。如果有多于一个这样的结点，就选择最靠近结点的最大编号的那一个结点(有最大编号的那个结点)。如果没有找到这样的一个结点，这个二路头结点就放在未解决结点列表。每当一个后随结点被发现，属于未解决结点列表的所有结点设置成有相同后随结点——刚刚找到的那个后随结点，它们是到达这个结点的嵌套的条件结构或者非结构化的条件结构。二路条件结构识别算法如图 5-48 所示。

```
procedure struct2Way (G=(N,E,h))
/*Pre:G is a control flow graph*/
/*Post:2-way conditionals are marked in G*/
/*the follow node for all 2-way conditionals is determined.*/


unresolved={}
for (all nodes m in descending order)
    if ((nodeType (m)==2-way) ∧ (inHeadLatch (m)==False))
        if (∃n·n=max {i|immedDom (i)=m∧#inEdges (i)≥2})
            follow (m)=n
            for (al lx∈unresolved)
                follow (x)=n
                unresolved=unresolved-{x}
            end for
        else
            unresolved=unresolved∪ {m}
        end if
    end if
end for
end procedure
```

图 5-48　二路条件结构的识别算法

4. 复合条件结构识别

1) 实例分析

　　在由 C 语言编写的程序中充斥着大量的逻辑分支语句(Logic Compound Sentences，LCS)，这些语句通过逻辑运算符"&&"和"‖"连接在一起，在控制流图中形成复合条件结构。例如，在图 5-35 中，二路条件结点 B7 和结点 B8 不是平凡结构化的，因为，如果把结点 B8 看作 if…else (结束于结点 B10) 的头，把结点 B7 看作是 if…then 的头，那么不是在入口结点进入以 B8 为头结点的子图，而是在条件分支的子句之一里面进入。如果先把结点 B7 结构化成一个 if…then，那么结点 B8 就要通过另一个不同于出口结点 B9 的结点从以 B7 为头结点的子图分支出去；这样，该图无法用 if…then 和 if…then…else 结构来结构化。但是因为 B7 和 B8 都只有一个条件分支指令，这两个条件能合并成一个组合条件如下：只要结点 B7 的条件为真的时候，或者 B7 的条件为假而且 B8 的条件也为假的时候，结点 B9 就被到达。结点 B10 总是被到达，每当结点 B7 的条件为假而且 B8 的条件为真的时候，或者是通过一个来自结点 B9 的路径。这就是说，只要当结点 B7 的条件为真或者结点 B8 的条件为假，结点 B9 就被到达，而且最后的结束结点是结点 B10。最后的组合条件以及转换后的子图如图 5-49 所示。

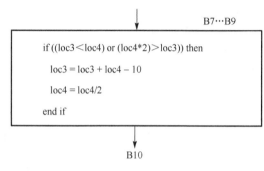

图 5-49　复合条件分支

2）识别过程

在反编译中把图结构化的时候，不仅要考虑潜在构造的结构，也要考虑潜在的中间指令信息。大多数高级语言允许复合布尔条件(在条件中含有逻辑与"&&"和逻辑或"||"运算)的短路评估(Short-circuit Evaluation)语句。在这些语言中，为这些条件表达式生成的控制流向图是非结构化的，因为只要检查足够的条件，能够确定该表达式作为一个整体为真或为假，就可以执行一个出口。例如，若表达式 x && y 是用短路评估策略来编译的，那么，若表达式 x 为假，整个表达式就成为假的，因而表达式 y 不会被计算。类似地，如果表达式 x 为真，那么一个 x || y 表达式也只有部分被测试。图 5-50 给出了复合条件结构形成的四个不同子图，图的左边是复合逻辑条件形式，右边是编译器从优化的角度出发生成的短路评估子图。

采用短路评估图形式实现的复合条件结构，具有以下特性。

（1）结点 x 和结点 y 是二路结点。

（2）结点 y 有一个入边。

（3）结点 y 有唯一条件跳转(jcond)高级指令。

（4）结点 x 和结点 y 必须分支转移到一个共同结点 t 或 e。

在反编译期间，对于具有短路评估图形式的子图，可以通过检查上述特性来判断是否为复合条件结构。图 5-50 中的子图结构，必须具有(1)、(2)和(4)的特性，而(3)特性用于确定该图表现为一个复合的条件结构，而不是一个非正常条件结构图。例如，在图 5-51 中，结点 B7 和结点 B8 是二路结点，结点 B8 有一个入边，有唯一的指令(一个 jcond)，而且结点 B7 的真分支和结点 B8 的假分支都到达结点 B9，即这个子图是图 5-50 中的¬x∧y 形式。

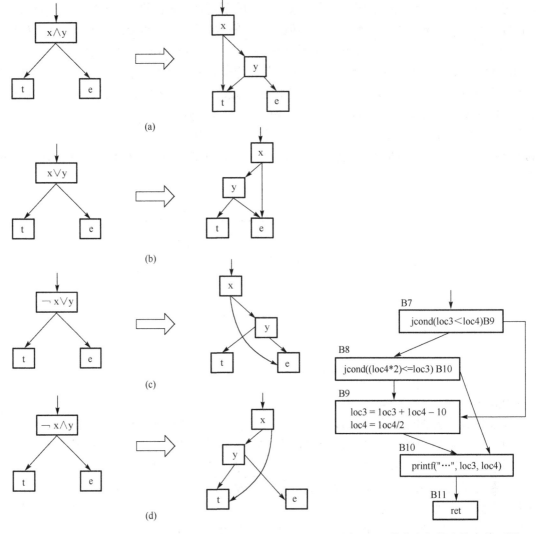

图 5-50　短路评估子图结构　　　　图 5-51　带有中间指令信息的子图

结构化复合条件结构的算法利用对该图从顶向下的一个遍历，因为在一个复合条件表达式中的第一个条件是该图中最先被测试的。对于所有的二路结点，为一个二路条件检查 then 结点和 else 结点。如果这两个结点中任何一个表现一个高级条件指令(jcond)，而且该结点没有其他入口(即这个结点的唯一入边来自头结点二路结点)，并且该结点形成在图 5-50 举例的四个子图之一，那么这两个结点合并成唯一的结点——与复合条件有等价的语义(即取决于该子图的结构)，而且该结点从图上被去掉。重复这个处理过程，直至再也找不到复合的条件结构(可能有 3 个或多个复合的与和或，因此用相同头结点重复这个处理过程直至再也没有复合条件结构)。复合条件结构的结构化算法如图 5-52 所示。

```
procedure structCompConds(G=(N,E,h))
/*Pre:G is a graph*/
/*2-way,n-way,and loops have been structured in G*/
/*Post:compound conditionals are structured in G.*/
change=True
```

```
while (change)
  change=False
  for (all nodes n in postorder)
  if (nodeType (n)=2-way)
    t=succ[n,1]
    e=succ[n,2]
    if ((nodeType (t)=2-way) ∧ (numInst (t)=1) ∧ (numInEdges (t)=1))
      if (succ[t,1]=e)
        modifyGraph (¬n∧t)
        change=True
      else if (succ[t,2]=e)
          modifyGraph (n∨t)
          change=True
      end if
      end if
    else if ((nodeType (e)=2-way) ∧ (numInst (e)=1) ∧ (numInEdges (e)=1))
        if (succ[e,1]=t)
            modifyGraph (n∧e)
            change=True
        else if (succ[e,2]=t)
              modifyGraph (¬n∨e)
              change=True
          endif
        endif
    end if
  end if
endfor
endwhile
  endprocedure
```

图 5-52　复合条件结构的结构化算法

5. 结构化的 n 路条件结构识别

n 路条件(n-way Conditional)结构的结构化跟二路条件结构的类似。为了先寻找内层嵌套的 n 路条件再寻找外层的，要从图的底部向上遍历结点。对于每一个 n 路结点，需要求其后随结点，理想的情况是这个后随结点来自 n 路头结点(n-way Header Node)的 n 个后继结点的 n 个入边，而且这个结点被这些头结点立即支配。

对于一个非结构化的 n 路条件子图，后随结点的确定基于上述后随结点特性并进行扩充。考虑在图 5-53 中的非结构化图，它有一个来自 n 路条件子图的非正常出口。所有以头结点 1 作为立即支配者，而且不是这个结点的后继结点的结点都是候选的后随结点，因此，结点 5 和结点 6 是候选的后随结点。结点 5 有三个来自从头结点开始路径的入边，结点 6 有两个来自从头结点开始路径的入边。因为结点 5 有更多从头结点而来的路径到达它，所以这个结点认为是完整子图的后随结点。

但是上述方法子考虑了非正常出口而没有考虑非正常入口问题。例如，在图 5-54 中，存在一个非正常入口——进入 n 路头结点的一个分支。由于这个非正常入口(1,2)的存在，结点

1 成为结点 6 的立即支配者，而不是结点 2 是结点 6 的立即支配者。也就是说，后随结点把结点 3 的所有入边的共同支配者作为立即支配者，即结点 1。在这个例子中，为了找到一个把结点 1 作为立即支配者的后随结点，需要确定那个实现该子图的一个非正常入口的结点。完整的算法如图 5-55 所示。

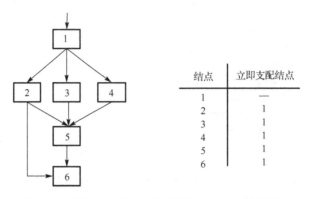

图 5-53　带有非正常出口的非结构化的 n 路条件子图

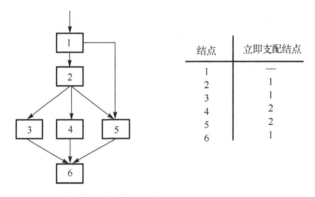

图 5-54　带有非正常入口的非结构化的 n 路子图

```
procedure structNWay (G=(N,E,h))
/*Pre:G is a graph*/
/*Post:n-way conditionals are structured in G*/
/*the follow node is determined for all n-way sub graphs.*/
unresolved={}
for (all nodes m∈N in postorder)
if (nodeType (m)==n-way)
if (∃s:succ (m) · immedDom (s) ≠m)
n=commonImmedDom ({s|s=succ (m) })
else
n=m
end if
if (∃j · #inEdges (j)=max {i|immedDom (i)=n∧#inEdges (i)≥2 · #inEdges (i) })
follow (m)=j
for (all i∈unresolved)
follow (i)=j
unresolved=unresolved-{i}
```

```
        end for
    else
        unresolved=unresolved ∪ {m}
    end if
    end if
    end for
end procedure
```

图 5-55　n 路条件结构的结构化算法

6. 控制结构识别顺序

在前面给出的控制结构识别算法中确定表现高级循环、n 路结构和二路结构的子图的入口结点与出口结点(即头结点和后随结点)。这些算法的应用是有顺序要求的,因为这些结构的判定都会涉及分支结点,在很多情况下分支结点的性质是相同的,所以需结合图的其他特性来考虑。例如,在图 5-56 中,它由于有非正常入口和非正常出口而有循环子图。图 5-56(a)中有一个来自 n 路子图的非正常出口,而且整个图属于一个循环。如果这个图应该首先被循环结构化,回边(5,1)会被发现,从而得到循环{1,2,5}。然后结构化 n 路条件,发现结点 2 是一个 n 路子图的头结点,但是因为这个以结点 2 为根结点的子图只有两个结点属于该循环,确定该子图无法结构化为一个 n 路子图,而是该循环有几个非正常出口。另外,如果该图应该先被 n 路子图结构化,那么子图{2,3,4,5,6}会结构化为一个带有后随结点 6 的 n 路子图。然后应用循环算法,回边(5,1)的结点被发现属于不同的结构(即结点 5 属于一个以结点 2 为头结点的结构,而结点 1 到目前为止不属于任何结构),因此,存在一个从一个结构到另一个结构的非正常出口,而且该循环同样不能结构化。在图 5-56(b)的情况下,这个图是一个不可归约图,通过首先进行循环结构化,将发现一个带有来自 n 路子图的结点的非正常出口的多出口循环 (由于非正常出口的存在,该循环没有结构化)。另外,如果这个图先结构化为一个n 路子图,循环不能结构化,而是成为一个 goto 跳转。

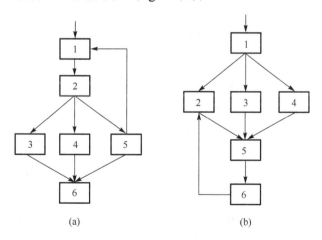

(a)　　　　　　　　　　　(b)

图 5-56　非结构化子图

所以,应用算法进行识别时按如下顺序:先识别 n 路条件结构,然后识别循环结构,最后识别二路条件结构。在二路条件结构之前识别循环结构,目的是确定形成先测试循环或后测试循环的布尔条件是该循环的一部分，而非一个二路条件子图的头结点。一旦一个二路条件已经标记为一个循环的头结点或关闭结点，就不需要对它进行判断了。

5.3.3　结构分析

结构分析也是编译领域经典的控制流分析算法，结构分析是一种更为精致的区间分析方法，与基本的区间分析不同，它能表示出比循环更多的控制结构类型，并使每一种类型的控制结构形成一个区域。

结构分析通过发现流图中的控制流结构，并提供一种处理非正常区域的途径，将这种方法扩充到可处理任意的流图。例如，结构分析可以接受由无条件跳转、条件分支和赋值形成的循环，并区别出它们是先测试还是后测试循环。

1.　目标结构定义

图 5-57 和图 5-58 分别给出了结构分析能够识别的典型的无环和有环结构的示意图。其中识别的 switch/case 结构支持从一个 case 顺序进入下一个 case，这是 C 语言支持的语法结构。自然循环表示的是只有一个入口，可以有多个出口的循环结构。

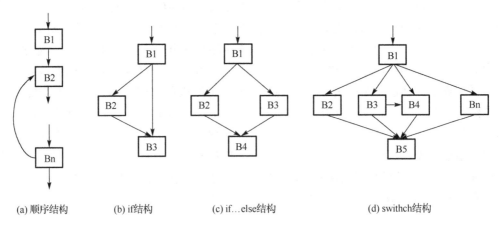

　(a) 顺序结构　　　　(b) if结构　　　　(c) if…else结构　　　　(d) swithch结构

图 5-57　结构分析识别的无环结构示意图

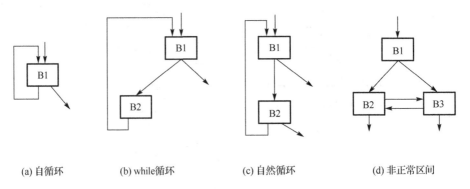

　　(a) 自循环　　　　(b) while循环　　　　(c) 自然循环　　　　(d) 非正常区间

图 5-58　结构分析识别的有环结构示意图

2. 非高级控制结构的处理

程序代码在编译优化后，很多相同的代码模块合并，造成程序的非结构化，为了在代码输出的时候，能够使用结构方法输出代码，需要将非结构模块转换成高级语言对应的结构模块。

1) 非结构分支

在正常的高级语言中，非结构分支不存在，但是由于在编译的过程中，为了提高程序的执行效率和节省内存空间，编译器对程序的完全相同的部分进行了优化，造成了一个基本块被多个二路分支使用，如图 5-59 所示是非结构二路分支的一个例子，其中 B2 的后继结点 B4 和 B3 的后继结点 B4 本来属于两个不同的结点，但是由于其内容相同，在编译时进行优化将两个结点合并为一个，以节省空间。为了在高级结构代码输出阶段能够表示成高级控制结构，需要识别这些结构并做相应处理。

对于上述不在循环中的分支结构，不能转换成 if 结构或 if…else 结构，在控制结构恢复时需要对其进行相应的处理，转化为高级结构形式。通常采用的方法有如下两种。

(1) 结点复制。

对图 5-59 的 B4 进行复制，可以形成如图 5-60 所示的结构化流图，该方法的缺点是新增结点可能会改变原来的控制流含义。

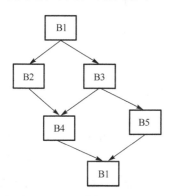

图 5-59　非结构二路分支示例

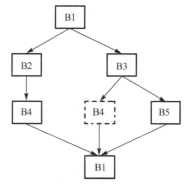

图 5-60　结点复制恢复控制结构

(2) 删除指向边。

采取删除流图中破坏高级结构的指向边，保留其跳转指令的方法进行处理。对于图 5-59 中结点 B4，满足 Pred(B4).size==2&&(Succ(Pred(B4)@1)>1)||Succ(Pred(B4)@2)>1)的情况，即 B4 有两个前驱结点，且其中一个前驱结点有两个以上的后继结点，这说明这个基本块被二路分支共有，满足此条件就可以删除到 B4 的一条连线，得到如图 5-61 所示的结构化图，这里删除的边用虚线表示，代表仍然保留 B3 中的条件跳转关系，在代码生成时会产生相应的条件跳转语句。

结构分析中的一个关键原则是它所标识的每一个区

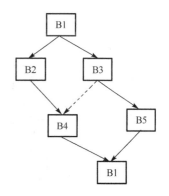

图 5-61　删除指向边恢复控制结构

域只有一个入口结点，因此，非可归约区域或非正常区域总是包含后面强连通分量入口结点集合的最低支配结点，这种强连通分量是该非正常区域内的多入口循环。结构分析中使用了一种更典型的区间，称为正常区间（Proper Interval），它是一种独特的无环结构：既没有包含环路，但也不能被任何简单的无环情形所归约的结构。图 5-59 所示结构就是正常区间的一个例子。

2) 非结构化循环

在高级语言的设计中，正常的循环模块都是单入口单出口结构，同样由编译器优化或者其他的原因造成了循环的非结构化，使得循环具有了多入口和多出口，给控制结构的恢复和识别带来了困难。

多入口循环情况如图 5-62(a)所示，其中存在由结点 B2 转入循环(B1, B3, B4)的边，破坏了循环(B1, B3, B4)的结构化特性，进行结构化循环恢复只需要去掉流图中 B2 指向循环内部结点 B3 的边即可，但要在转入循环基本块 B2 中保留其跳转语句，如图 5-62(b)所示。

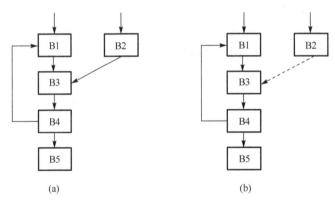

图 5-62　多入口循环的处理

多出口循环的情况如图 5-63(a)所示，其中存在循环(B1, B3, B4)中内部结点 B2 跳转到循环外部结点 B3，破坏了循环(B1, B3, B4)的结构化特性，恢复循环的结构化特性可以通过删除非结构化的出口边并做相应的处理，即删除内部结点到外部的连线，并且要计算多出口的后继结点。在图 5-63(a)中删除 B2 到 B3 边，计算 B5 与 B3 的最后的公共结点 B。在代码输出阶段，对此种记录的非正常循环结构需要做特殊处理，在 B 中增加对 B3 的条件跳转，先输出 B5 内容，然后 goto B，再输出 B3 内容，接着 goto B，如图 5-63(b)所示。

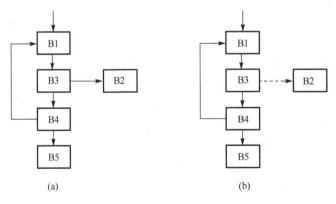

图 5-63　多出口循环的处理

3. 高级结构处理

结构分析的处理过程是首先构造待分析流图的深度优先生成树,再对各种区域类型的实例按后序次序依次考察流图中的结点,然后将它们归约为抽象结点,蜕化掉连接边,并构造对应的控制树。对各种类型的区域进行检查的顺序以及检查它们的方法很重要,例如,对于一个可以构成一个块的 n≥3 的区域序列,如果在形成该区域之前注视到这个序列的两端,便可以只用一步将它蜕化成一块;但如果每一步只检查第一块,然后检查它的前驱或后继,则为了将它蜕化到由 n-1 块组成的层次,需要用 n-1 步。显然,前一种方法更好。

1)无环结构识别

这里讨论的无环结构主要包括顺序结构、if 结构、if-else 结构和 switch 结构,采用从底向上的方式进行高级结构的识别。

(1)顺序结构。

顺序结构的特点是每个结点的入度和出度都为 1,即每个结点的前驱和后继满足:Pred(block).size==1&&Succ(block).size==1,对于顺序结构的归约过程如图 5-64 所示,n 个基本块的顺序结构可以归约为一个结点。

对于结点 B2 结点向上和向下搜索,合并 block 前驱和后继都为 1 的结点可以形成抽象后的 block 顺序基本块。

(2)if 结构。

if 结构的结点具有两个直接后继结点的结构特点,且一个后继结点的后继结点为另一个后继结点。如图 5-65 所示,其中结点 B2 为一个二路分支结点,当符合 if 结构的结点满足:Succ(B2).size==2,且 Succ(Succ(B2)@1).size==1 且 Succ(B2)@2.size==1 且 Succ(Succ(B2)@1) == Succ(B2)@2,其中 Succ(Succ(B2)@2) 表示后继结点中的第二个结点的后继结点,就可以用图中的规则进行归约,将 if 结构子图折叠为一个结点。

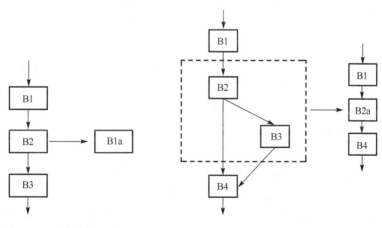

图 5-64　顺序结构的归约　　　　　图 5-65　if 结构识别

(3)if-else 结构。

if-else 结构和 if 结构的区别在于二路分支结点的后继结点的特点不同,如图 5-66 所示的 if-else 结构,B2 结点的两个后继是 B3 和 B4 结点,但是它们最终也汇合到结点 B5。if-else 结构满足条件:Succ(B2).size==2,且 Succ(Succ(B2)@1).size==1 且 Succ(Succ(B2)@2).

size==1 且 Succ(Succ(B2)@1)==Succ(Succ(B2)@1),其中 Succ(Succ(B2)@1)表示后继结点中的第一个结点的后继结点,就可以用图中的规则进行归约,将 if-else 结构子图折叠为一个结点。

(4)switch 结构。

switch 结构和的 if-else 结构的区别是每个头结点有 n 个后继结点并且所有后继结点都汇总到同一结点。对于分支间有再入边的情况,在识别之前进行预处理,和 if-else 的处理类似。switch 结构识别如图 5-67 所示。

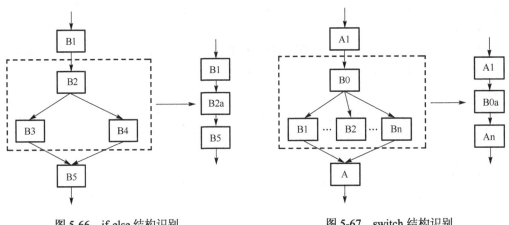

图 5-66　if-else 结构识别　　　　　　图 5-67　switch 结构识别

在无环结构处理的时候,因为已经对所有非结构化分支结构进行处理,使其能够按照规定定义的高级结构进行归约。使用以上无环的分支高级结构能够正确地处理程序中的控制流。

无环结构处理主要是提取出以上高级控制结构,识别出顺序结构、if 结构、if-else 结构以及 switch 结构,在识别的过程中,当识别到高级控制结构时,对结点类型进行标注,返回高级控制结构中的结点集,便于进行归约和抽象结点的建立。

2)有环结构的识别

有环结构主要是循环结构。循环结构主要有 while 结构、do…while 结构和自循环结构。循环结构的识别同区间分析类似,主要是通过子图中的回边来判断的。但是对于循环中具有关键字 continue 和关键字 break 的分支,为了让生成的代码具有更良好的数据结构,需要判定 continue 和 break 的条件,并改变相应指令的中间语言的翻译。

break 和 continue 使控制流图出现如图 5-68 所示的结构。对于循环中 break 和 continue 的情况,需要进行 break 和 continue 特殊处理,使其转化为结构化的循环结构子图。

对于循环中的 continue 语句可以通过查看二路分支的跳转的地址之一是不是循环的起始的结点来进行判断,删除到起始结点的连线关系,而保留在基本块中的相应指令,并进行相应的标注,break 形成的转出也做相应的删除连线关系和标注。通过以上方法进行删除连线关系和标注后,简化成如图 5-69 所示的结构化循环结构形式,再统一处理。

使用上面的处理方法进行处理 break 和 continue 后,程序代码具有良好的结构,而且减少了不必要的循环,更加便于阅读和理解。

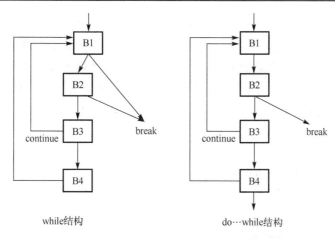

图 5-68 带有 break 和 continue 的循环结构

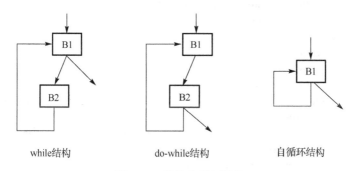

图 5-69 结构化循环结构

4. 结构分析算法实现

结构分析为高级控制结构的恢复提供了对流图进行访问和处理的基本方法。结构分析的处理过程是构造所考虑流图的深度优先生成树，然后对各种区域类型的实例按后序次序依次考察流图中的结点，由它们形成抽象结点，蜕化掉连接边，并构造对应的控制树。对各种类型的区域进行检查的顺序以及检查它们的方法很重要。

作为参考，下面介绍由 Sharir 提出的一种结构分析算法的实现。

1) 分析用数据结构

当分析一个流图时，为对图中对象特征进行描述，首先定义相应的数据结构。这里定义 StructOf(n)、StructType、Structures 和 StructNodes 的四种数据结构。

StructOf(n) 给出直接包含结点 n 的(抽象)区域结点。

StructType 给出每一个区域结点的类型。类型由定义的枚举类型 RegionType 给出，包括 {Block,IfThen,IfThenElse,Case,Proper,SelfLoop,WhileLoop,NaturalLoop,Improper}。

Structures 是所有区域结点组成的集合。

StructNodes 对于每一个区域，给出其内部结点的结点表。

另外，CTNodes 和 CTEdges 分别存储控制树中顶点集和边集。

2) 结构分析算法

结构分析算法首先初始化上面描述的数据结构，这些数据结构记录流图的层次结构和表示控制树的结构（CTNodes 和 CTEdges）。通过对流图进行深度优先搜索遍历构造深度优先生成树，再对图进行后序遍历标识出每一个区域，接着使其退化到单个抽象区域结点，用新抽象结点替代原区域，并用进入新抽象结点的边替代进入原区域的边，用离开这个新抽象结点的边替代离开原区域的边，然后迭代对流图进行处理，同时，该算法还构造出流图的控制树。结构分析算法如图 5-70 所示。

```
procedure Structural_Analysis(N ,E,entry)
    N:in set of Node
    E:in set of (Node x Node )
    entry:in Node
begin
    m,n,p:Node
    rtype: RegionType
    NodeSet,ReachUnder:set of Node
    StructOf:=StructType:= Structures:=StructNodes:=Φ
    CTNodes:=N; CTEdges:=Φ
repeat
    Post:=Φ; Visit:=Φ
    PostMax:=O; PostCtr:=1
    DFS_Postorder(N,E,entry)
    while |N|>1 &PostCtr≤PostMax do
        n:=Post(PostCtr)
        rtype:= Acyclic_Region_Type(N, E, n, NodeSet)        /*识别非循环区域*/
        if rtype≠null then
            p:= Reduce(N,E,rtype,NodeSet)
            if entry∈NodeSet then
                entry:=p
        else                                                  /*识别环形区域*/
            ReachUnder:= {n}
            for each m ∈ N do
              if Path_Back(m ,n) then
                    ReachUnderU={m}
            od
            rtype:=Cyclic_Region_Type(N ,E ,n ,ReachUnder)
            if rtype≠nullthen
                p:= Reduce(N ,E ,rtype ,ReachUnder)
                if  entry∈ReachUnder   then
                    entry := p
        else
            PostCtr += 1
        od
    until |N|= 1
end
```

图 5-70　结构分析算法

该算法经过多次对流图的迭代处理，在每次迭代过程中首先通过对流图进行深度优先后序遍历对结点编号（DFS_Postorder()），然后根据语言定义的区域类型识别流图中的结构区间，再进行归约和变换。当流图归约成只有一个结点且没有边的图后，该算法终止。

该算法中集合 ReachUnder 用来确定有环结构中包含的结点，如果 ReachUnder 只包含一个结点，并且存在一条从这个结点到自身的边，则这个有环结构是一个自循环。如果它包含多于一个的结点，则可能是一个 while 循环，也可能是自然循环，还可能是一个非正常区域。如果 ReachUnder 中的结点都是第一个放置进来的那个结点的后继，则这个循环是一个 while 循环或自然循环。如果它包含一个第一个放置进来的结点的非后继结点，则这个区域是一个非正常区域。注意，对于非正常区域，结果获得的这个区域的入口结点不是此有环结构的一部分，因为所有区域都只有一个入口结点。计算 ReachUnder 用到了函数 Path_Back(m, n)，如果存在这样的一个结点 k：有一条 从 m 到 k 且不经过 n 的路径（可能为空），并且有一条 k→n 的回边，则该函数返回 true；否则返回 false。

DFS_Postorder() 计算流图中结点的后序遍历，算法如图 5-71 所示。其中 PostMax 记录了后序遍历序号，Post 记录了后序序列。

```
procedure DFS_Postorder (N ,E ,x)
        N : in  set  of  Node
        E : in set  of  (Node  x  Node )
        x : in Node
begin
        y : Node
        Visit(x) := true
        for eachy∈Succ (x) (Visit (y) == false) do
            DFS_ Postorder (N ,E ,y)
        PostMax   += 1
        Post (PostMax ) := x
end
```

图 5-71　计算流图结点的后序遍历算法

Acyclic_Region_Type(N,E,node,nset) 确定 node 是否是一个无环结构的入口结点，并返回控制结构的类型或 nil（当结点不是无环结构的入口结点），算法如图 5-72 所示。该算法在 nset 中存储所标识的控制结构的结点集合。

```
Procedure Acyclic_Region_Type (N ,E,node ,nset ) returns RegionType
    N : in set of Node
    E : in set of (N  de x   Node )
    node :inout Node
    nset:  out set of Node
begin
    m, n:  Node
    p, s:  boolean
    nset:=Φ
    /* 识别顺序结构，顺序块合并 */
    n := node ;   p := true ;   s:= I Succ (n) I=1
    if p then
      nset U={n}
    n := node ;p=I Pred (n) I = 1; s= true
    while p & s do
        nsetU={n} ; n:=predi (n) ; p:= I Pred (n) I=1;   s := I Succ (n) I = 1
    if s then
      nset U={n}
      node=n
```

```
        if InsetI≥2 then
            return Block
    /* 识别双分支结构 */
    if|Succ (node )|=2 then
        m:=Succ (node ) ;   n :=(Succ (node )-{m})
        if Succ (m) = Succ (n) & I Succ (m) I = 1 &:IPred (m) I = 1 &: I Pred (n) I = 1 then
            nset := {node ,m ,n}
            return If Then Else
    /* 其他情况：单分支、多分支、正常区域的处理 */
        elif
        · .·
        else
            return nil
    end
```

图 5-72   无环结构类型判定算法

Cyclic_Region_Type（N,E,node,nset）判定一个结点 node 是否为一个有环结构的入口结点，并返回它的类型或 nil（当结点不是无环结构的入口结点）；它同样将所标识的控制结构的结点集合存储在 nset 中，算法如图 5-73 所示。

```
procedure Cyclic_Region_Type (N ,E ,node ,nset )      returns RegionType
    N : in set of Node
    E : in set of (Node x Node )
    node : in Node
    nset :inout set of Node
begin
    m : Node
    /* 识别自循环 */
    if |nset| = 1 then
        if node->node∈E then
            return Self Loop else
            else
            return nil
        if ∃ m∈nset ( !Path (node,m,N) then
    /* 识别非正常区域 */
            Nset:= Minimize_ Improper (N ,E ,node ,nset )
    /* 识别 while 循环 */
        m := ·(nset- {node})
    if |Succ (node ) | = 2   & |Succ (m) | = 1 & | Pred (node ) | = 2 & | Pred (m) | = 1 then
        return WhileLoop
    else
    /* 确定自然循环 */
        return NaturalLoop
    end
```

图 5-73   有环结构类型判定算法

其中的例程 Minimize_Improper（）确定构成非正常区域的结点集合，如图 5-74 所示。Minimize_Improper（）使用了两个函数，即 MEC_Entries（node,nset,E）和 NC_Domin（j,N,E）；MEC_Entries（n,nset,E）返回 n 是其入口之一的最小多入口环路的入口结点集合（nset 的所有成

员)，NC_Domin(j,N,E)返回 N 中结点的最近公共必经结点，NC_Domin()很容易从流图的必经结点树计算出来。如果存在一条从 n 到 m 的路径使得该路径上的所有结点都是 I 中的结点，函数 Path(n,m,I)返回 true；否则返回 false。

```
procedure Minimize_ Improper (N , E ,node ,nset )
N,nset : in set of Node
E : in set of (Node x Node )
node : in Node
begin
        ncd,m,n:Node
        I := MEC_ Entries (node ,nset ,E) : set of Node
        ncd:=NC_Domin ( I , N ,E)
        for each n∈N- {ncd} do
                if Path (ncd ,n , N) &∃m∈I (Path (n ,m ,N-{ncd})) then
                        I U= {n}
        return   I U{ncd}
end
```

图 5-74　确定构成非正常区域的结点集合算法

在结构分析算法中调用算法 Reduce(N,E,rtype,NodeSet)实现对所识别区域的归约和替换，如图 5-75 所示。它调用 Create_Node()来创建一个区域结点 node，并用它表示所识别的区域，同时相应地设置 StructType、Structures、StructOf 和 StructNodes 等数据结构，并将 node 作为其返回值。Reduce(N,E,rtype,NodeSet)调用算法 Replace(N,E,node,NodeSet)，实现用新抽象结点替代所识别的区域，相应地调整进入和离开的边，以及前驱和后继，并建立由 CTNodes 和 CTEdges 表示的控制树，如图 5-75 所示。

```
procedure Reduce (N,E,rtype,NodeSet )
    N: in out set of Node
    E: in out set of (Node x Node )rtype : in RegionType
    NodeSet: in set of Node
begin
    node:= Create_Node (   ) , m : Node
/*用新抽象结点替代所识别区域并设置相应的数据结构*/
Replace (N,E, node,NodeSet)
StructType (node) :=rtype
Structures U= {node}
for each m∈NodeSet do
    StructOf (m) := node
StructNodes (node) :=NodeSet
    Return node
end
```

图 5-75　区域归约算法

Replace(N,E,node,NodeSet)中调用算法 Compact(N,node,NodeSet)将结点 node 加入 N 中，按结点在 NodeSet 中的最高编号位置将 n 插入 Post()中，同时从 N 和 Post()中删除 nset 中的结点，使剩余的结点集中在 Post()的开始，设置 PostCtr 为 n 在新产生的后序遍历中的索引，并相应设置 PostMax；它返回 N 的新值，算法如图 5-76 所示。

```
procedure Replace (N, E, node, NodeSet )
    N: inout set of Node
    E: inout set of (Node x Node)
    node: in Node
    NodeSet: in set of Node
  Begin
/*用新抽象结点替换已识别区域，并调整前驱和后继关系，扩大控制树*/
m,ctnode:=Creat e_ Node (）: Node
e: Node x Node
N:=Compact (N ,node ,NodeSet )
for each e∈E do
    if e01 NodeSet V e02 ∈NodeSet then
        E -= {e}; Succ (e01) -= {e02};   Pred (e02) -= {e01}
    if e01 ∈ N &   e01 ≠node then
        E U= {e01→node}; Succ (e01) U= {node}
    elseif  e02 ∈ e   N   &   e02≠node then
        E U= {node→e02}; Pred (e02) U= {node}
    CTNodes U= {ctnode}
    for each n∈NodeSet do
        CTEdgesU= {ctnode→n}
end
```

图 5-76　结点和边替换算法

　　下面通过一个实例讨论利用结构分析识别高级控制结构的过程。控制流图如图 5-77 所示。该图深度优先生成树图 5-78 所示。

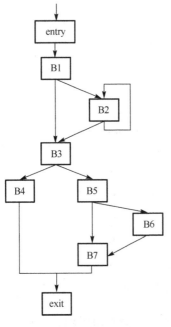

图 5-77　控制流图示例（四）

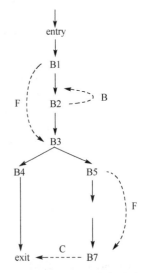

图 5-78　图 5-77 的深度优先生成树

　　对图 5-77 的控制流图进行结构分析的过程如图 5-79 所示。

　　基于前面讨论的高级控制结构子图的特点识别高级控制结构，entry 结点和 B1 块构成一个顺序结构，B2 块符合自循环的特点，二路分支块 B5 和 B6 符合 if 结构特点，所以结构分析的第一步做了三个归约：entry 结点以及其后的 B1 作为一个块被识别并归约，B2 作为一个自循环被识别并归约，B5 和 B6 作为 if 结构被识别并归约，得到图 5-79(b)。设置的数据结构如下：

```
StructType (entrya) = Block
StructOf (entry) = StructOf (B1) = entrya
StructNodes (entrya) = {entry, B1}
StructType (B2a) = Self Loop
StructOf (B2) = B2a
StructNodes (B2a) = {B2}
StructType (B5a) = IfThen
StructOf (B5) = StructOf (B6) = B5a
StructNodes (B5a) = {B5, B6}
Structures = {entrya, B2a, B5a}
```

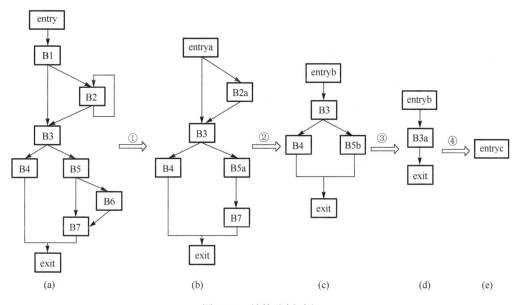

图 5-79　结构分析过程

第二步对图 5-79(b)进行分析，entrya 和 B2a 符合 if 结构特征，B5a 和 B7 符合顺序结构特征，进行识别和归约，得到图 5-79(c)。设置的数据结构如下：

```
StructType (entryb) = IfThen
StructOf (entrya) = StructOf (B2a) = entryb
StructNodes (entryb) = {entrya, B2a}
StructType (B5b) = Block
StructOf (B5a) = StructOf (B7) = B5b
StructNodes (B5b) = {B5a, B7}
Structures = {entrya, B2a, B5a, entryb,B5b}
```

第三步对图 5-79(c)进行分析，B3、B4 和 B5b 符合 if-else 结构特征，被识别和归约，得到图 5-79(d)。设置的数据结构如下：

```
StructType (B3a) = IfThenElse
StructOf (B3) = StructOf (B4) =StructOf (B5b) = B3a
StructNodes (B3a) = {B3,B4,B5b}
Structures = {entrya,B2a,B5a,entryb,B5b,B3a}
```

最后一步对图 5-79(d)进行分析，entryb、B3a 和 exit 符合顺序结构而归约为一个块，得到图 5-79(e)。设置的数据结构如下：

```
StructType (entryc) = Block
StructOf (entryb) = StructOf (B3a) = StructOf (exit) = entryc
StructNodes (entryc) = {entryb, B3a,exit }
Structures = {entrya,B2a,B5a, entryb, B5b ,B3a ,entryc}
```

最后得到图 5-77 流图的控制树如图 5-80 所示。

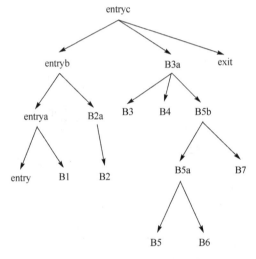

图 5-80　图 5-77 流图的控制树

第 6 章　库函数恢复

6.1　库函数恢复的重要性

库函数恢复就是从可执行程序中识别出与库函数对应的代码段，并在调用处以函数名等符号信息代替如立即数地址等无符号信息的过程。

库函数恢复是反编译的重要过程，可以看作链接过程的逆过程，库函数恢复直接关系到数据流和控制流的恢复，同时又影响着反编译结果的可读性及程序风格。据统计，高级语言编写的程序目标代码中平均有 50%～90%是库函数代码，且大部分库函数代码涉及大量的中断调用和控制指令的使用以及一些不常见的指令，结构较为复杂，逆向分析难度较高，甚至于有些库函数本身就是直接用汇编语言编写的，而用户反编译或逆向分析所关心的是用户程序代码，仅需知道所调用库函数的功能，并不需要了解库函数的具体实现，所以，对库函数模块进行识别和恢复可以避免在库函数代码的分析上浪费不必要的时间，提高反编译和逆向分析的效率。

库函数识别过程通常作为反编译的预处理过程或放在反编译器的前端，恢复后的库函数能够提供很多非常有用的信息，如返回值、参数类型和控制流信息等，对反编译中的控制流的恢复与数据流的恢复有重要作用，甚至都可以说库函数的恢复的效果能够直接影响到整个反编译器的成败。

库函数恢复对于反编译的重要性可以体现在以下几个方面。

1. 指导数据流的恢复和控制流的恢复

反编译的过程在本质上是一个从不完全的信息推断出完全信息的过程。由于在编译过程中丢掉了许多的信息，因此实现这一逆过程也就非常的困难。库函数的识别和恢复技术为补全遗失的信息提供了一条非常便捷的途径。由于库函数一般都是公开的，一旦反编译器通过库函数恢复技术发现一段程序代码为库函数，那么就可以很方便地通过该库函数的内部控制流、入口参数和返回值等信息协助确定控制流、变量的类型等信息，从而协助数据流以及控制流的恢复过程。

2. 减少数据流恢复和控制流恢复的工作量

统计显示，在一个真实程序中，平均有多达半数以上的函数为库函数。在各种窗口应用程序以及侧重业务服务的程序当中这一比例会更高。一个非常典型的例子是，编译一个"hello world!"程序得到的可执行文件中甚至都包括了 58 个库函数。假如没有库函数恢复的帮助，将不得不花费至少 50%的时间和运算资源来对库函数代码进行毫无意义的分析与生成。而相对地，一个成功的库函数识别的模块将极大地减少数据流恢复和控制流恢复的工作量。

3. 提高高级语言代码的可读性

到目前为止，人们已经在反编译领域进行了半个世纪的努力，也先后实现了很多可以运行的反编译器。然而随着高级语言变得越来越灵活，程序结构变得越来越复杂，生成代码的可读性差的问题就显得越来越严重。随着各种功能和结构高度复杂的库函数的引入，这一问题越加严重，也越来越严重地影响到反编译的根本目的，即帮助人们理解与机器代码同质的高抽象层的软件设计思路与程序意图。一个仅仅包括寥寥数行语句的程序在调用了库函数并经过编译器编译之后很有可能就成为一个"庞然大物"，更何况那些本身就异常庞大而且频繁调用库函数的程序。一个脱离了库函数恢复的反编译程序生成的高级语言代码，必将是极其难以理解的。对于程序员来说，得到这种无法理解的高级语言代码也对于他们理解源程序的设计思路和意图完全没有帮助，自然而然地这将会影响到人们对反编译器的使用需求。所以，很多时候生成代码的可读性是否良好也将决定一个反编译器的"生死"。

6.2　库函数相关概念

1. 函数库和库函数

程序设计中，为了能做到代码和模块的重用，程序设计者常常将常用的功能函数做成函数库，当程序需要实现某种功能时，就直接调用函数库中的函数，从而实现了代码的重用。

函数库是具有一定功能的函数的集合，以文件的形式进行存储。函数库中存放函数的名称和对应的目标代码，以及链接过程中所需的重定位信息。函数库包括用于支持程序正常运行的函数，通常包括入口函数及其所依赖的函数、各种语言的标准化函数的实现以及用户提供的用于支撑其程序运行的函数集合。

库函数是存放在函数库中的函数。库函数具有明确的功能、入口调用参数和返回值。

2. 静态链接库和动态链接库

库函数有静态链接和动态链接两种装载形式，对应形成静态链接库和动态链接库。

静态链接是由链接器在链接时将库的内容加入可执行程序中的做法。链接器是一个独立程序，将先前由编译器或汇编器生成的目标文件和一个或多个库函数链接到一起生成一个可执行程序。

早期的程序设计中，可重用的函数模块以编译好的二进制代码形式放于静态链接库文件中，在 MS 操作系统中为.lib 为扩展名的文件。程序编写时，如果用户程序调用到了静态库文件中的函数，则在程序编译过程中，链接器会自动将相关函数的二进制代码从静态库文件中复制到目标程序，与目标程序一起编译成可执行文件。因为应用程序所需的全部内容都从库中复制到可执行文件中，所以静态库本身并不需要与可执行文件一起发行，但是这也造成静态链接的可执行文件一般比较大。

静态链接的确在编码阶段实现了代码的重用，减轻了程序设计者的负担，但静态链接库函数并未在程序执行期间实现重用。例如，一个程序 a.exe 使用了静态库中的 f() 函数，那么当 a.exe 有多个实例运行时，内存中实际上就存在了多份 f() 的复制，造成了内存的浪费。

随着程序开发技术的进步，出现了新的链接方式，即动态链接，从根本上解决了静态链接方式带来的问题。动态链接的处理方式与静态链接很相似，同样是将可重用代码放在一个单独的库文件中，在 MS 的操作系统中是以.dll 为扩展名的文件，Linux 下也有动态链接库，称为 Shared Object 的 so 文件，所不同的是编译器在编译调用了动态链接库的程序时并不将函数库文件中的函数执行体复制到可执行文件中，而是只在可执行文件中保留一个函数调用的标记。当程序运行时，才由操作系统将动态链接库文件一并加载入内存，并映射到程序的地址空间中，这样就保证了程序能够正常调用到库文件中的函数。同时操作系统保证当程序有多个实例运行时，动态链接库也只有一份副本在内存中，也就是说动态链接库是在运行期共享的。

相比于静态链接，使用动态链接方式带来了几大好处：首先是动态链接库和用户程序可以分开编写，这里的分开既可以指时间和空间的分开，也可以指开发语言的分开，这样就降低了程序的耦合度；其次由于动态链接独特的编译方式和运行方式，目标程序本身体积比静态链接时小，同时运行期又是共享动态链接库，所以节省了磁盘存储空间和运行内存空间；最后是增加了程序的灵活性，可以实现如插件机制等功能。

程序使用库函数的装载形式的不同必然导致了库函数的识别和恢复技术也不会相同，本章重点介绍静态库函数的恢复技术，本章第 6.3～6.6 节简单介绍动态链接库函数的恢复问题。

3. 系统库函数和用户库函数

库函数按照其适用范围可分为系统库函数和用户库函数：系统库函数一般指操作系统提供的一系列应用编程接口函数，以及各种语言的标准库函数集合；用户也可以根据自己的需要建立自己的用户函数库，用户库函数则指的是由用户提供的为满足特定需求而编写的专用函数集合。无论系统库函数还是用户库函数，都只在指定范围、特定语言环境下才有意义。

系统库函数的功能和使用方法众所周知，公开的文献、书籍以及介绍编译器的技术资料都有详细描述，系统库函数的识别和恢复相对容易。而用户库函数不然，它是软件开发机构为了满足其特殊需要而生成的，专业性和领域性更强，相应的技术资料和功能报告很少愿意公开，因此，相应的反编译研究难度大，复杂性高。本书从通用性考虑仅讨论系统库函数的识别和恢复。

4. 库函数恢复方法的评价指标

用于评价库函数恢复方法的指标如下。

函数恢复率，指恢复成功的库函数数量与待恢复目标文件中实际使用的库函数数量的比率。

恢复准确率，指恢复正确的库函数数量占恢复成功的库函数数量的比例。

除此之外，库函数恢复所消耗的时间、产生冲突的概率等也是评价一种库函数恢复方法优劣的重要指标。

6.3　库函数恢复的问题

库函数恢复过程的关键是识别出库函数，而识别库函数面临很多的困难和问题，主要可以归结为以下几个方面。

1. 库函数数量巨大

在函数识别中最大的困难就是所需识别的函数的数量庞大，要准确识别出库函数，必须收集相应库函数的信息，然而，各种编译器针对不同的体系结构、不同的内存模型、不同的优化级别会产生大量不同版本的库函数。大量的库函数为特征的提取和存储带来了困难。

在 IDA 的实现中采用了一种解决思路，就是使用 CRC（冗余循环校验）码来压缩操作码序列。由于操作码序列可想而知有很多字节是雷同的，所以这种手段得到的效果相当好，而且压缩过的签名不仅利于存储，还利于查找过程的快速识别。

当然压缩操作码序列的手段还有很多，例如，使用散列函数或者使用树状结构存储也是不错的解决手段。

2. 特征的选取问题

库函数的特征应该唯一表示库函数，因此需要足够表示函数的信息，否则在识别库函数时会产生冲突。但是，特征过多又会增加所需的存储空间；同时，选取的特征要具有不变性，不会因为加载和重定位而发生改变。所以，选择好的特征属性是库函数恢复的基础。

3. 冲突问题

因为库函数数量庞大，标识库函数也需要足够的信息，但从空间和效率考虑不可能选择过多的信息作为特征或签名，因此会出现两个或多个函数对应相同的特征或签名，即产生冲突。冲突成为函数识别和恢复必须解决的一个问题。

4. 级联识别函数

有时，在识别某个具体函数时，必须先识别出另外的一个或多个函数，例如，unlock_file( )函数的识别依赖于 unlock( ) 函数的识别，当后者未正确识别时，前者就无法识别确定。

目前的库函数识别研究主要就是围绕如何解决好这些问题，提高函数识别的效率和准确率而展开的。

接下来，介绍库函数恢复的两种主要方法：特征匹配法和函数签名法。

6.4　特征匹配法

6.4.1　基本方法

基于特征匹配的库函数恢复方法主要用于没有任何附加信息的二进制可执行文件中的静态链接库函数的恢复。

特征匹配法的基本思路是提取库函数的某些属性作为库函数特征，将提取出的库函数特征统一存放至一个特征数据库中；识别时使用相同的提取方法提取待恢复函数的特征，在特征数据库中进行模式匹配，若匹配成功，则输出该恢复库函数名，否则返回错误值指明该函数无法识别，如图 6-1 所示。

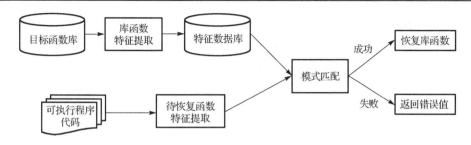

图 6-1　基于特征的库函数恢复方法示意图

具体地，基于特征匹配的库函数恢复方法一般分为以下步骤。

(1)通过分析总结库函数目标代码的规律确定能够唯一标识一个库函数的特征，如目标代码的前 n 字节、函数长度、基本块数目等。

(2)建立特征数据库，即通过对库文件进行分析，按照步骤(1)中确定的库函数特征，对每个库函数的目标代码进行特征提取，并将获得的库函数特征按照特定格式存储至特征数据库中。

(3)对待识别的目标代码进行特征提取，即采用与步骤(2)相同的特征提取方法对目标代码中的每个函数进行处理，获得待识别函数的特征信息集合。

(4)特征匹配，即在特征数据库中搜索与待识别函数具有相同特征的库函数，若能够找到，则匹配成功，恢复出库函数，执行步骤(5)；若无法找到，则匹配失败，返回错误值。

(5)对识别出的库函数进行相应处理，在待分析程序中引入库函数的符号信息、参数类和返回值等信息，清除相应的库函数代码。

6.4.2　特征选取

基于特征匹配的库函数恢复方法有很多种不同的实现方式，差别主要在于库函数特征的选取方面。匹配特征的选取是库函数识别和恢复的先决条件，决定了特征数据库的大小和库函数识别的准确率，因此选择合适的库函数特征至关重要。

在实际工程和研究中选取的库函数特征往往包含多个要素，主要如下。

(1)库函数的基本特征：函数名、长度、参数、返回值等

(2)库函数的操作码序列：例如，IDA 使用的 FLIRT 技术提取了函数开头的 32 字节机器码(取不变部分，可变字节用特殊符号加以标记)、第 33 字节开始到之后的第一个可变字节之间的那些字节的 CRC16 值及其字节数，再以外部符号引用等属性作为辅助特征，构成库函数的特征模式。

(3)库函数控制流图的基本块的相关信息：例如，基于基本块划分，以函数大小，基本块数，第 1 块基本块的 CRC32 值，第 1 块基本块的大小，其余各基本块的块首、块尾指令作为库函数特征等。

不同实现方法在特征选取上可能不同，但模式匹配的核心思想区别不大，在对单一体系结构下的系统库函数进行识别时效果良好。然而，随着库函数特征数据库的不断扩大，识别的速度会严重降低，系统资源的使用量也将无法控制。而且，将不同种类、不同版本编译器下的库函数特征存放在同一个数据库中，将增大造成识别冲突的概率，导致函数识别率和识别准确率降低。

为了提高识别的效率，通常采用多级索引的方式来建立特征数据库。将库函数的一些基本属性(如函数长度、指令条数等)作为特征数据库的低级索引，而将指令序列等复杂属性作为高级索引，采用分级匹配的方法来提高数据库查找的速度。

6.5　函数签名法

6.5.1　基本方法

函数签名法可以看作特征匹配法的优化和升级，同样是针对静态链接库函数的识别和恢复方法。特征匹配法的存在的主要问题：一是特征数据库庞大；二是匹配效率低。函数签名法可以较好地解决这些问题。

函数签名法进行库函数识别和恢复的基本思路如下。

(1)从函数库文件中提取库函数目标代码的模式特征，将每个函数表示为一个模式。

(2)选择一种优化的散列函数对提取出的模式特征进行散列处理，将得到的散列值存储在一个表中，即对库函数进行签名。通常每一种编译器对应一张表，表以签名文件的形式存在。

(3)根据可执行文件的启动代码来判断其编译器类型等信息，最终决定使用哪一个或哪几个签名文件。

(4)对待识别的函数进行处理得到其散列值，以确定该函数是否在表中。若在表中，则返回库函数名称，否则识别失败。

(5)若识别成功，将代码中的库函数调用恢复为库函数的符号形式，并清除代码中库函数代码的实现。

一般来说，库函数的恢复分为三个阶段，即前期处理、签名生成和库函数识别与恢复。前期处理阶段的最主要任务就是自动地或人工地得到生成签名所需要的目标代码，这一个阶段牵涉的技术主要包括编译环境的穷举、编译器版本的识别、自动代码生成等。签名生成的过程利用上一个阶段获取的目标代码，设计并且提取出能够用于区分目标函数的签名，这一过程是整个库函数识别的重点。库函数识别过程相对而言比较简单，它是利用得到的通用签名匹配识别目标代码的过程。一般来说，函数的识别过程和反编译器的具体实现联系非常紧密。识别出库函数后，则可将对目标代码的调用代码替换为库函数调用，实现对库函数的恢复。

6.5.2　签名冲突

签名冲突是指在确定了签名的设计方法以及相应的签名生成方式之后，该方法对至少两个库函数生成的签名相同。

产生签名冲突的原因一般有以下两种。

1. 所采用签名方法存在缺陷

通常评价签名方法的优劣有两个标准：一是准确性，即其具有区分不同目标代码的能力；二是冗余度，即签名本身所携带信息的多少。准确性与冗余度是一对矛盾的关系，应该根据具体情况在二者之间进行权衡，有时需要牺牲准确性去降低冗余度，以降低对存储空间的需求，提高识别效率；有些时候，即使明知签名方法有缺陷，无法精确区分少数库函数，但为了不增加其冗余度，很多研究人员还是沿用有缺陷的签名方法，同时采用特别处理的手段对待少数签名未能区分的库函数。

2. 库函数本身过于相似

在函数库中存在着一些相似函数：这些函数的操作码序列完全相同，如 getx()和 gety()、fread()和 fwrite()。基于操作码序列设计的签名方法对于这些函数完全束手无策。不过庆幸的是这些函数只是极少数，完全可以采用特殊处理的手段将它们识别出来：例如，注意到可执行程序中 getx()后总是紧跟着 gety()，而 gety()之后为其他库函数。因此，当反编译器识别出函数为 getx()或 gety()时，可以通过对其上下文的函数的识别结果来确定该库函数。

此外，还可以采用分级扩展的方法识别此类库函数，即当发现目标代码对应 2 个以上签名时，可以顺次打开其中 call 跳转指向的相关代码，然后通过对下一级的代码的识别结果来判断该函数。

还有一种情况也很重要，重定位在 32 位的代码当中，涉及直接寻址指令都需要重定位。明显可以看出来，由于重定位信息的存在，所以不能利用函数模板来做逐字节的对比。更为糟糕的是有些库函数在 LIB 文件里面逐字节对比全部都是一样的，只是重定位符号不一样。例如，当用函数提取的方式来识别函数的时候，一般的方法是将调用指令的重定位信息用 00 取代，那这样就有一个问题，如果除了调用指令那一条指令，两个函数的大部分都是相同的，那么这两个函数会生成相同的签名，这样也会形成签名冲突。这种情况下，为了解决函数签名冲突问题，原始的通用签名会和被调用的函数的机器码用特殊的标志，如"&"，联系到一起，那么被调用的函数地址就可以在相关联的.obj 文件中找到。这样唯一的新的签名就生成了。

6.5.3　IDA 的 FLIRT 技术

反汇编工具 IDA Pro 简称 IDA（Interactive Disassembler），是一个世界顶级的交互式反汇编工具，深受广大逆向分析技术人员所喜爱。IDA 使用的库文件快速识别与鉴定技术库文件快速识别与鉴定技术（Fast Library Identification and Recognition Technology，FLIRT）是迄今为止应用最广泛的基于函数签名的库函数识别技术，其识别方法具有一定的代表性。本节介绍 FLIRT 实现的基于函数签名的库函数识别技术。

FLIRT 提取函数开头的 32 字节作为模式特征，以函数长度、外部符号引用等属性作为辅助特征；使用特定算法对函数特征进行签名处理，并将得到的签名保存至特定的签名文件中。FLIRT 采用的方式是每种编译器对应一个签名文件；进行函数识别时，只需加载对应的签名文件，即可完成识别工作。

FLIRT 有以下主要特点。

（1）识别算法所需要的信息保存在一个签名文件中。每个函数表现为一个模式，模式是一个函数开头的 32 字节，其中所有可变数字用符号标记。

（2）将签名文件的创建分为两个阶段：库的预处理和签名文件创建。这使得具体签名文件的生成与输入库文件的格式无关，扩展了适用范围。同时，压缩所创建的签名文件以减少所占用的磁盘空间。

（3）签名文件可由适当的库文件自动生成，不需要用户干涉，而且，对于不同的编译器厂商需要生成不同的签名文件。

(4)根据目标文件的启动代码(Starting Code)来确定使用哪一个签名文件,之后提取目标文件中的函数模块,在该签名文件中进行模式匹配以确定该函数是否为库函数,并根据匹配结果加以标识。

(5)为了降低短函数的错误识别概率,必须完全地记录任何一个对外部名字的引用。对于级联函数,推迟至第一趟扫描完毕后再进行识别。

(6)使用树结构储存函数签名,减少了识别过程中内存的使用量,同时提高了库函数识别的速度。

结合上述特点,使用 FLIRT 进行库函数识别的具体步骤如下。

(1)针对各种类型及各种版本的编译器生成其相应的库文件签名,存储至特定位置供识别时使用。

(2)对待识别文件的启动代码进行分析,确定其使用的编译器类型及版本,加载相应的签名文件。

(3)对待识别文件中的每一个函数模块进行特征提取,并进行签名,将得到的签名与签名文件库函数签名进行比较,输出识别结果。

签名机制避免了不必要的匹配,大大提高了函数识别的效率。IDA 使用启动签名识别的方法自动选择需要加载的签名文件,其原理即根据不同编译器的特征识别出该文件使用的编译器,并加载该编译器对应的签名文件。由于系统函数库与编译器联系紧密,该方法在识别系统库函数时无疑是行之有效的。

6.5.4　IDA 的库函数恢复过程

1. 制作 IDA 的库函数签名文件

IDA 提供了预定义的库函数签名文件用于标准系统库的函数识别,同时也提供了制作库函数签名文件的方法,使用户可以通过在 IDA 中增加库函数签名的方式识别第三方静态链接库函数和用户库函数。下面以 OpenSSL 库为例简要介绍库函数签名文件的制作方法。

制作和应用签名文件一共分为以下 4 个步骤,如图 6-2 所示。

(1)获得静态库文件。

(2)利用静态库生成模式文件。

(3)利用模式文件生成签名文件。

(4)在 IDA Pro 中安装签名文件。

图 6-2　制作和应用签名文件的步骤

2. 获得静态库文件

获取 OpenSSL 的两个库文件:libeay32.lib(11.8MB)和 ssleay32.lib(1.96MB)。

3. 生成模式文件

使用 IDA Pro 7.0 的 flair70.zip 工具包中的 pcf 工具创建模式文件(PAT)。使用命令 pcf libeay32.lib libeay32.pat 生成模式文件,如图 6-3 所示。

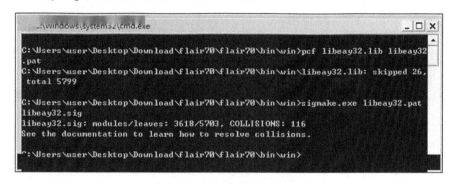

图 6-3　生成 libeay32.pat 文件

4. 生成签名文件

使用 sigmake.exe libeay32.pat libeay32.sig 命令生成 sig 文件,如图 6-3 所示。其中提示有 116 个函数有冲突,并且在当前文件下生成了 libeay32.exc,该文件中列出了所有的冲突函数。

解决冲突的方法有 2 种。第一种方法是删除文件开头的 4 行,这样 sigmake 会排除所有这些冲突的函数。第二种方法是在认为正确的函数名添加符号“+”,然后删除文件头前 4 行,将编辑后的 EXC 文件保存,再次执行 sigmake 函数生成 libeay32.sig 文件,如图 6-4 所示。同样的步骤可以生成 ssleay32.lib 的签名文件。

图 6-4　生成 sig 文件

5. 应用签名文件

将生成的两个签名文件(libeay32.sig、ssleay32.sig)复制到 IDA Pro 的签名文件夹中(默认目录 X:\Program Files\IDA 7.0\sig\pc),使用快捷键 Shift+F5 打开 IDA Pro 的签名窗口,然后右击,选择 Apply new signature 菜单应用新的签名,结果如图 6-5 所示。

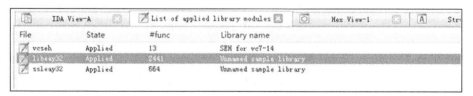

图 6-5　签名文件应用结构

如图 6-5 所示，libeay32 签名匹配出 2441 个库函数，ssleay32 签名匹配出 664 个库函数，其中 vcseh 签名是 IDA Pro 自动加载的签名文件。

如果有多个 LIB 文件，对应生成多个 SIG 文件比较烦琐，也可以将多个模式文件生成一个签名文件，使用命令 sigmake libeay32.pat ssleay32.pat openSSL_102h.sig，如图 6-6 所示。

```
C:\Users\user\Desktop\Download\flair70\flair70\bin\win>sigmake libeay32.pat ssle
ay32.pat openSSL_102h.sig
openSSL_102h.sig: modules/leaves: 4229/6434, COLLISIONS: 141
See the documentation to learn how to resolve collisions.

C:\Users\user\Desktop\Download\flair70\flair70\bin\win>sigmake libeay32.pat ssle
ay32.pat openSSL_102h.sig
```

图 6-6　合并生成签名文件

6. 冲突函数查看

打开 libeay32.exc 文件，可以看到如图 6-7 和图 6-8 所示的内容，其中_SSL_CTX_sessions 函数和_SSL_get_wbio 函数为两个冲突的函数。

```
.text$mn:00000B00                ; =============== S U B R O U T I N E ===============
.text$mn:00000B00
.text$mn:00000B00
.text$mn:00000B00                                  public _SSL_CTX_sessions
.text$mn:00000B00                _SSL_CTX_sessions proc near
.text$mn:00000B00
.text$mn:00000B00                arg_0            = dword ptr  4
.text$mn:00000B00
.text$mn:00000B00 8B 44 24 04                      mov     eax, [esp+arg_0]
.text$mn:00000B04 8B 40 10                         mov     eax, [eax+10h]
.text$mn:00000B07 C3                               retn
.text$mn:00000B07                _SSL_CTX_sessions endp
.text$mn:00000B07
.text$mn:00000B07                _text$mn         ends
```

图 6-7　_SSL_CTX_sessions 函数

```
.text$mn:00002104                ; =============== S U B R O U T I N E ===============
.text$mn:00002104
.text$mn:00002104
.text$mn:00002104                                  public _SSL_get_wbio
.text$mn:00002104                _SSL_get_wbio    proc near
.text$mn:00002104
.text$mn:00002104                arg_0            = dword ptr  4
.text$mn:00002104
.text$mn:00002104 8B 44 24 04                      mov     eax, [esp+arg_0]
.text$mn:00002108 8B 40 10                         mov     eax, [eax+10h]
.text$mn:0000210B C3                               retn
.text$mn:0000210B                _SSL_get_wbio    endp
.text$mn:0000210B
.text$mn:0000210B                _text$mn         ends
```

图 6-8　_SSL_get_wbio 函数

使用 7-zip 将 ssleay32.lib 解压开，使用 IDA Pro 加载 ssl_lib.obj 文件，可以看到_SSL_CTX_sessions 函数和_SSL_get_wbio 函数分别如图 6-7 和图 6-8 所示，可见两个函数的机器码均为 8B4424048B4010C3，所以两个函数冲突。

6.6　两种静态库函数识别恢复比较

通过对以上两种识别方法进行比较，可以总结出它们各自的优缺点。

基于特征数据库的识别方法的优点为思路较简洁，可以依赖已有的数据库软件实现数据库建立与查询；缺点为随着特征数据库规模的扩大，识别速度将显著降低，而且产生识别冲突的概率也将明显提高。

基于函数签名的识别方法优点在于减少了需要进行匹配的模式的数量，而且使用散列签名的方法进行匹配查找能够极大地提高查找效率；缺点在于实现方法较为复杂，而且根据启动代码来选择函数签名文件的方法在进行用户库函数识别时并不适用。表 6-1 综合考虑了这两种方法的特点，并给出了它们的适用范围。表 6-1 为两种库函数识别方法对比。

表 6-1　两种库函数识别方法对比

方法 对比	基于特征数据库	基于函数签名
实现难度	简单	复杂
能否使用已有的数据库软件	能	不能
识别速度	慢	快
识别冲突	较多	较少
系统库函数识别	适用于在单一体系结构下，对指定编译器编译的可执行文件进行库函数识别	可对任意可执行文件直接进行识别

6.7　动态库函数的识别

Windows 普通可执行程序中动态库的链接是通过 PE 文件头中保存的导入表（Import Table）来完成的。导入表中保存了所有使用到的库函数的函数名称及其所属的 DLL 文件名等动态链接所必需的信息。由于在编译过程中调用动态库函数的代码将转换成形如 Jmp dword ptr[P]的指令，所以根据地址 P 所指向的几个导入表结构指针，就可以在 PE 文件结构中找到该调用语句所调用的动态库信息。在函数识别过程中，可以基于该结构来进行分析处理，如开源反编译工具 borg 采用的就是该思想，使用该工具识别的一个结果如下：

```
lea ecx, [ebp + 8]

push [ebp + 4];               /*hFile*/
call OpenFile;                /*实际指令是 JMP dword ptr[01001020]*/
```

而恶意代码等一些特殊程序，为了隐藏其恶意行为，隐蔽自身对库函数的调用，经常不使用导入表，而是采用硬编码调用、定义同名库函数调用、数组调用等方式来完成对库函数的调用，尽管如此，在程序的二进制代码中总是会保存所调用函数的函数名称。在实际的函数识别过程中，可以首先对导入表进行分析，当确定该程序是动态链接库函数的内存地址时，进一步通过对程序指令序列进行多轮分析得到函数调用指令的地址，然后确定函数名存放位置，最后根据具体的函数调用方式及特征，识别出函数的调用行为。

6.8　本　章　小　结

库函数的识别和恢复可以为反编译过程提供重要信息以支持数据流分析和控制流分析，实现代码的变换和提升。库函数识别和恢复的过程可以在反编译过程之前或反编译前端指令映射之后。本章主要介绍了库函数识别的相关概念和常用的两种库函数恢复方法：特征匹配法和函数签名法，以及 IDA 的库函数识别技术 FLIRT。

第 7 章 类 型 恢 复

数据类型信息是高级语言中最重要的信息之一，这类信息的缺乏将会对高级语言程序的可读性产生很大的影响。而在机器语言中没有显式的数据类型信息，类型恢复工作就是要将反编译源程序中的隐含的数据类型信息恢复出来，使变量成为有类型的变量。类型恢复是反编译的重要环节，对反编译的结果有重要影响。

在编译过程中编译器通过执行类型检查可在早期发现程序的错误，早期的错误可以立即定位，而不会隐藏在代码中到程序运行时才发现。但是由于编译过程对类型信息的删减及优化，反编译的类型恢复变得相对困难得多，因为高级语言类型到存储单元是多对一的关系，而存储单元到数据类型却是一对多的关系，这种不对称的关系增加了分析的难度，拉大了高级语言程序与机器语言的距离。但是，这并不代表类型信息无法恢复，因为在从高级代码到低级目标代码的变换过程中，程序的逻辑和功能并未改变，而仅仅是形式发生了变化，依旧可以借助指令功能、指令中寄存器和内存单元的访问信息以及相互间的关系对类型进行恢复与重构，挖掘出隐藏在指令背后的操作数的类型信息，恢复高级语言的表现形式。

7.1 数据类型分类

数据类型是指高级语言程序中所使用变量的类型、长度和结构等信息的总称。数据类型通常分为基本数据类型和结构(复合)数据类型。基本数据类型指由程序设计语言定义的、由编译器实现和维护的简单变量类型(如 int、char、float 等)，这些类型的变量所占内存空间固定，在编译时由编译器分配变量的存储空间，分析、识别这些类型的变量相对简单，不需要推导其类型的长度、结构等信息。结构数据类型是指根据程序设计语言的约定，由用户以一定的结构、顺序将基本变量组合起来的变量的类型(如结构体、数组等)，此种类型信息包括类型的长度、结构以及每个结构内的基本变量类型等，相对复杂，识别和恢复起来相对困难。

基本数据类型结构简单，长度信息由编译器决定，所以在数据类型恢复中只要识别出该类变量的具体类型，就可依据编译器的类型确定其结构和长度等信息。结构数据类型，0 由多个不同数据类型的成员构成，每个成员又有自己的数据类型，既可能是基本数据类型，也可能是复杂数据类型，对于结构数据类型在识别中要关心的问题包括：语法信息——内存地址、大小、偏移、结构特性等；语义信息——每个成员的类型和这个复杂数据结构拥有的语义信息，例如，该复杂变量是否代表一个 pid 或者一个 uid 或 socket 等。

本章将分别讨论面向高级语言的基本数据类型和结构数据类型的恢复问题。在讨论过程中以 C 语言用作目标高级语言，假设原始程序是严格遵照 C 语言语法规则的 C 程序，使用 AT&T 语法中的 ia32 汇编语言作为低级语言。而讨论的方法适用于各种各样的现代处理器体系结构，但是需要一个机器相关的规则规范，该规则定义了对可用汇编指令、寄存器、处理器状态标志和调用约定等的约束。

7.2　二进制代码中的数据类型信息

二进制代码经过语义提升后，在汇编指令和中间代码中通常不含显式的类型信息，但通过指令语义的分析，仍然可以在低级指令的层面上获取大量的类型信息，其来源主要包括以下三个方面。

1. 系统调用和库函数调用

二进制代码中数据类型信息最准确的来源就是系统函数和库函数调用，因为这些都是大家熟知的函数。其特征库中通常会含有函数名称、函数参数个数和参数类型以及函数返回值的类型等信息。库函数识别可以首先确定程序中所调用的这些函数，从而可以确定本次调用的参数个数和类型以及函数返回值的类型等信息。程序在执行函数调用时要遵循实参类型与库函数的参数类型一致的原则，因此，借助函数调用，通过参数以及返回值的信息的比对，可以直接获取不少有用的类型信息，从而大幅提高数据类型的恢复率。

2. 程序指令语义

高级语言中数据对象的类型属性限定了类型对象的取值范围以及应用于该对象的操作，在将高级代码经过编译转换成低级代码时，虽然对象的类型属性丢失了，但应用于对象的操作语义没变，只是从高级形态变成了低级形态。由于大多数的高级语言指令都存在与之对应的机器指令，因此可以从指令的操作符的角度进行分析，通过语义映射找到相应操作对象的类型信息。另外，在特定的体系结构下，由于寄存器大小通常都是固定的，它能在一定程度上对操作对象的类型信息进行界定。同时指令的操作规则也能对类型信息的获取起到帮助，例如，操作数间的比较操作，它限定了参与运算的两操作数具有相同的类型。因此通过对指令的分析，可以得到很多有价值的隐式数据类型信息，而这些信息将是进一步进行类型分析的基础，借助综合分析的方法并通过对指令间相互关系的推算，可以得到相关复杂数据的类型信息。

3. 调试信息和符号表

在软件的开发过程中，程序员需要进行大量的调试工作和测试工作，而在调试信息中记录了内存地址到符号名称的映射，符号表中通常包含了相应函数及变量的信息，如函数名、参数名、参数类型和变量名等，对于某些未做优化的调试过程，可能会记录更详细的信息，如局部变量和返回值的类型等，利用这些信息可以很容易地进行类型恢复。但是，大多数程序在发布时通常不包含调试信息，而且就算有，对于某些分析来讲，出于安全的考虑也不一定可信，所以对于具有特定分析需求的程序，其类型信息通常主要通过上面的两种方式获取。

在弄清楚了类型信息的来源之后，就可以有的放矢，着重对程序中的信息源进行分析，因为信息源通常包含了程序中大部分的类型信息，对于信息源之外的数据类型，可以通过指令间相互关系的分析，利用信息源中已得到的浅层类型而推得，所以重点在于信息源的类型分析。

7.3　基本数据类型恢复方法

在第 3 章和第 4 章已经讨论过一些简单变量的数据类型恢复，本章重点讨论基于函数调用的数据类型恢复和复杂数据类型的重构问题。

7.3.1　基于函数调用的类型信息提取

库函数识别和重构之后就可以根据库函数特征库中相应函数的描述得到当前函数的名称、参数个数和类型以及返回值的类型等信息。由于库函数的行为是系统相关的，不需要用户关心，所以可以将识别出来的与库函数相关的代码片段删除。在将汇编指令转换成中间指令的过程中，中间语言将函数的参数以及返回值的信息抽象地表示为 call(Addr, augument, retVar)，因此可以将识别出的库函数信息直接映射到中间代码的调用指令中。

下面通过图 7-1 给出的代码示例，讨论基于库函数调用的类型分析过程。图 7-1 的左部为待分析代码的高级语言源程序，作为分析过程中的对比参考；右部是经过反编译前端分析得到的中间代码片段。库函数识别后，可以得到库函数的起始地址 addr，根据 addr 值的简单对应即可实现库函数调用的匹配。代码示例中识别的库函数 strlen 地址为 0x8048438，指令 call 0x804831c 所对应的库函数为 unsigned strlen(char*)，则此时对于中间指令 call(0x804831c, augument, retVar) 可直接根据地址标签将其替换为 strlen 函数，同时将相关的参数及返回值信息进行更新。

源程序	中间代码

`unsigned int fun(char *a, unsigned int *b)`
`{`
　`unsigned int s;`
　`s = 0;`
　`if (a) {`
　　`*b = strlen(a);`
　`}`
　`if (*b) {`
　　`s = *b - 1;`
　`}`
　`return s;`
`}`
 	
源程序
	-addr 0x804841f @ "push %ebp ‖
	1 esp1 = esp0 - 4
	2 t1 = esp1
	3 Mem1 = store(Mem0, t1, ebp0, 0, reg32_t)
	- addr 0x8048420 @"mov %esp,%ebp"
	4 ebp1 = esp1
	-addr 0x8048422 @"sub $0x28,%esp ‖
	5 esp2 = esp1 – 40
	-addr 0x8048425 @"movl $0x0,-0xc(%ebp) ‖
	6 t2 = ebp1 + (-12)
	7 Mem2 = store(Mem1, t2, 0x0, 0, reg32_t)
	- addr 0x804842c @"cmpl $0x0,0x8(%ebp)"
	8 t3 = ebp1+8
	9 t4 = load(Mem2, t3, 0, reg32_t)
	10 z1 = (t4 == 0)
	-addr 0x8048430 @"je 0x08048442"
	11 if z1 goto 0x8048442 else goto 0x8048432
	-addr 0x8048432 @"mov 0x8(%ebp),%eax"
	12 t5 = ebp1 + 8
	13 eax1 = load(Mem2, t5, 0, reg32_t)
	-addr 0x8048435 @"mov %eax,(%esp)"
	14 t6 = esp2
	15 Mem3 = store(Mem2, t6, eax1, 0, reg32_t)
	-addr 0x8048438 @"call 0x0804831c"
	16 call(strlen,char*,unsigned int)

	-addr 0x804843d @"mov 0xc (%ebp),%edx"
	17 t7 = ebp1 + 12
	18 edx1 = load (Mem3, t7, 0, reg32_t)
	-addr 0x8048440 @"mov %eax, (%edx)"
	19 t8 = edx1
	20 Mem4 = store (Mem3, t8, eax2, 0, reg32_t)
	-addr 0x8048442 @"mov 0xc (%ebp),%eax"
	21 Mem5 =Φ (Mem2,Mem4)
	22 t9 = ebp1 + 12
	23 eax3 = load (Mem5, t9, 0, reg32_t)
	-addr 0x8048435 @"mov (%eax),%eax"
	24 t10 = eax3
	25 eax4 = load (Mem5, t10, 0, reg32_t)
	-addr 0x8048447 @"test %eax,%eax"
	26 z2 = (eax4 == 0)
	-addr 0x8048449 @"je 0x08048456"
	27 if z2 goto 0x8048456 else goto 0x804844b
	-addr 0x804844b @"mov 0xc (%ebp),%eax"
	28 t11 = ebp1 + 12
	29 eax5 = load (Mem5, t11, 0, reg32_t)
	-addr 0x804844e @"mov (%eax),%eax"
	30 t12 = eax5
	31 eax6 = load (Mem5, t12, 0, reg32_t)
	-addr 0x8048450 @"sub $0x1,%eax"
	32 eax7 = eax6 − 1
	-addr 0x8048453 @"mov %eax,-0xc (%ebp)"
	33 t13 = ebp1 + (-12)
	34 Mem6 = store (Mem5, t13, eax7, 0, reg32_t)
	-addr 0x8048456 @"mov -0xc (%ebp),%eax"
	35 Mem7 =Φ (Mem5,Mem6)
	36 t14 = ebp1 + (-12)
	37 eax8 = load (Mem7, t14, 0, reg32_t)

图 7-1　类型识别代码示例

在识别库函数信息之后就可以通过分析函数调用点的上下文环境，将实参与形参进行比对从而得到对应实参变量的类型信息。由于函数参数的传递方式受调用约定的影响，不同的约定规定了不同的参数传递方式以及返回方式，因此在确定参数类型之前有必要得先弄清楚函数的调用方式。在高级语言中常见的调用方式主要有如下几种。

(1) _fastcall。编译器指定的快速调用方式，前两个参数由寄存器传递，通常为 ecx 和 edx，其余的参数通过栈从右到左依次传递，适用于不定参数的函数调用，被调用函数负责平衡堆栈。

(2) _thiscall。为了解决类中成员函数调用而规定的，要求 this 指针存放于 ecx 寄存器中，参数从右到左通过栈传递，适用于参数确定的函数调用，被调用函数负责平衡堆栈。

(3) _stdcall。C++的标准调用方式，所有参数从右到左依次入栈，如果是调用类成员，最后一个入栈的是 this 指针，适用于确定参数的函数调用，被调用函数负责平衡堆栈。

(4) _cdecl。C/C++程序的默认调用方式，参数从右到左通过堆栈传递，适用于不定参数的函数调用，被调用函数负责平衡堆栈。

结合以上规则，在具体的程序中可以通过调用点处参数的传递方式和栈的平衡操作来区分不同的调用方式，之后结合已标注有参数和返回值类型信息的中间指令，即可得到调用点上下文中的实际参数及返回值的类型。

结合具体的调用方式，实际参数的类型恢复过程大体如下。

1) _fastcall 调用方式

_fastcall 调用方式为不定参数调用，根据不同的参数个数，可以分以下三种情况处理。

(1)仅有一个参数，这种情况其参数通常用寄存器 ecx 或 cx 传递，可以通过分析函数调用点处上下文环境查找寄存器，并将其与中间指令中 call 指令的参数类比，从而得出寄存器变量的类型。

(2)含有两个参数，这种情况采用两个寄存器 ecx 或 cx 和 edx 或 dx 传递参数，可以通过分析函数调用处上下文环境，并与 call 指令的参数依次类比，从而得到两个寄存器变量的类型。

(3)多于两个参数，这种情况其前两个参数通过寄存器传递，其他参数通过栈传递，所以对于寄存器参数的类型，处理方法与第二种情况类似。对于其他参数，需要分析调用点处函数栈底指针的值并确定实参的位置(如[ebp+8]等)，然后将其与 call 指令中的其他参数类型进行类比，从而得到栈变量的类型。

2) _thiscall 调用方式

对于 _thiscall 调用方式其第一个参数通常为寄存器 ecx 或者 cx，根据函数具体的参数情况可以分两种情况：仅含一个参数情况和一个以上参数的情况。其处理方法与 _fastcall 调用方式的处理方法类似。

3) _cdecl 和 _stdcall 调用方式

_cdecl 和 _stdcall 调用方式的参数传递方式相同，都通过栈从右至左传递，其处理方法与 _fastcall 调用方式的处理方法类似，先通过分析调用点处上下文环境，确定实参的位置，然后将其与 call 指令中参数类型依次类比，得出实参变量的类型。

通过以上的过程，可以得到函数相关的参数类型。但对于返回值类型，由于有些函数有返回值，有些没有，所以不好做统一处理。在 x86 指令中，对于有返回值且返回值类型小于等于 4 字节的情况，多数情况下会用 eax 保存返回值(浮点类型除外)，对于返回值类型大于 4 字节的情况将采用其他的方法保存(如用双寄存器保存返回值)。对于用 eax 保存返回值的数据对象类型，可直接将其与 call 指令中的返回值类型比对，从而得到调用函数回送值的类型。例如，对于图 7-1 中已更新的中间指令 call(strlen,char*,unsigned int)，按照调用规则其传入参数[esp2]的类型可匹配为 char*，而其返回值 eax2 的类型可具体化为 unsigned int。需要注意的是，此处关于返回值 eax 的确定需要对 call 调用之后的指令进行分析才能确定，其通常借助数据流分析中的使用-定义链的分析方法来确定，一般为 call 指令之后第一个出现的且未定义而直接使用的寄存器 eax。

7.3.2 基于指令特征的类型信息提取

利用库函数信息可以得到调用指令处的函数参数和返回值类型，但这只涉及程序中的一小部分数据，更多的数据类型信息隐含在普通的指令序列当中。有些指令无法确定操作数的类型，而有些指令带有明显的类型信息，例如，条件跳转指令 jg 蕴含了操作数的类型为有符号型，所以通过对指令的分析来获取操作数的类型信息。

1. 基本数据类型定义

在高级语言中变量的类型决定了为其数据分配的存储空间的大小、取值范围和所能完成的操作，是变量属性的综合反映。例如，变量定义为 unsigned int 类型，即通知编译器该变量是一个无符号型变量，可以进行算术运算，VC 编译器将为其分配 4 字节存储空间。

高级程序涉及的语言通常提供其支持的基本数据类型，如 C/C++语言的基本数据类型包括指针型 pointer 和 int、char、float 等，因此，为了能够从指令中提取出变量的这些类型，需要对存在于指令中的类型属性信息进行分析。

为分析方便可以将欲恢复的目标数据类型分成两个集合：T1={bool, unsignedchar, char, unsignedshort, short, unsignedint, int, unsignedlong, long, float, double, void}，T2={void*}。其中 void 作为特殊符号表示空类型，void*表示通用的指针类型，则基本数据类型集 T=TI∪T2。

而 T 中的每个类型 t 由以下三个属性描述。

(1)类型指示符 core(core∈{integer,float,pointer,F})，F 表示不确定。

(2)类型变量大小指示符 size(size∈{1,8,16,32,64,F})，其中数字值表示位数，F 表示不确定。

(3)符号指示符 sign(sign∈{signed,unsigned,F})，F 表示不确定。

任意给定的类型 t∈T 可用三元组表示为 t=<core, size, sign>。例如，上述的空类型 void=<F, F, F>，char=<integer, 8, signed>等，各类型具体的表示如表 7-1。

表 7-1　基本类型描述

基本类型	类型描述
bool	< integer, 1, signed >
char	< integer, 8, signed >
unsigned char	< integer, 8, unsigned>
short	<integer, 16, signed>
unsigned short	< integer, 16, unsigned>
int	< integer, 32, signed>
unsigned int	< integer, 32, unsigned>
long	< integer, 32, signed>
unsigned long	< integer, 32, unsigned>
float	<float, 32, F>
double	<float, 64, F>
void	<F, F, F>
Void*	<pointer, 32, F>

这里，将指针类型描述为通用指针类型 void*，当处理具体指针类型时，可用通用指针与具体类型的"联合"表示，例如，char*表示为 char*=<pointer, 32, F>∪<interger, 8, signed>，其他的指针类型以此类推。由于每个对象的属性都是独立推导的，所以可能会出现某个变量对应多个类型变量或者空类型的情况。例如，对于某一对象其类型属性集 core={float, integer}， size={16, 32}，sign={unsigned, signed}，它所对应的变量可能的类型为 short、unsigned int 或者 float 等，如果出现这种情况，就需要借助于其他方法进行推导。由于指针通常保存为 4 字节的值，所以可以将指针定性为 4 字节的整型值，表示为<pointer,32, Φ>。

所以，类型恢复的主要任务就是：

(1)判断数据对象的 core 属性(pointer、float、integer)。

(2)判断数据对象所占内存的大小。

(3)对于 integer 对象，判断其是有符号数还是无符号数。

2. 类型分析

类型信息提取主要是将指令所蕴含的类型信息反馈到变量的过程，因此首先得明确需要给哪些数据对象赋予类型信息。

通过分析优化后的中间指令，可以看出每一个内存访问操作都对应一个特征化的 load 或 store 操作，由于高级语言中所有声明和在程序中用到的变量都会占据相应的内存空间，这些内存变量在使用的时候一般都要通过访存指令将其内容在寄存器间与存储器间进行交换，因此中间指令中可以对 load 和 store 操作进行跟踪，以此来定位这些指令的操作对象，并将这些操作数看成高级程序中的变量。由于压栈和出栈指令的特殊性，在函数调用时，该指令所对应的内存读写实际上是为保存调用过程的地址而进行的，因此在分析时可以不予考虑。图 7-1 中通过对内存读写指令的跟踪可以得到如图 7-2 所示的变量分析结果。其中 A+0[−44, −44] 表示从栈底开始偏移量为−44 处的内存单元所对应的变量为[esp2]，MA+0[8,8]表示从栈底开始偏移量为 8 的内存中存储的是另一变量的地址，即 A+0[8, 8]的内存单元中所存储的变量为指向 $M_{A+0[8,8]}$ 内存单元变量的一个指针。另外可以看到变量[edx1]和[eax3]以及[eax5]等都具有相同的内存地址，这种情况对应于同一内存单元的不同使用，即同一内存单元在不同时刻可能被不同的变量所使用，这些所得的结果将有助于判断变量的别名信息。

上述分析的变量是高级语言中的用户定义的变量，它们不会随着中间指令的优化而消失。除内存变量之外，中间代码中还含有寄存器和立即数，其中寄存器是由于低级代码与高级代码的"不对等性"而产生的，大部分用来保存过渡运算中的中间结果，相当于临时变量，它们会在代码优化中被删除。经过数据流分析后仍保留的变量，才对应高级语言中的变量，可以利用类型分析确定其类型。立即数作为一个数值通常与高级

	变量	地址
t1	[esp0−4]	A + 0[−4, −4]
t2	[esp2]	A + 0[−44, −44]
t5	[ebp1+8]	A + 0[4, 4]
t6	[esp2]	A + 0[−44, −44]
t7	[ebp1+c]	A + 0[8, 8]
t8	[edx1]	$M_{A+0[8,8]}$
t9	[ebp1+c]	A + 0[8, 8]
t10	[eax3]	$M_{A+0[8,8]}$
t11	[ebp1+c]	A + 0[8, 8]
t12	[eax5]	$M_{A+0[8,8]}$
t13	[ebp1−c]	A + 0[−16, −16]
t14	[ebp1−c]	A + 0[−16, −16]

图 7-2 变量分析的结果

语言中的常量对应。由于以上所有的数据对象都参与指令的运算，且都能携带相应的类型信息，因此在类型提取时都可作为分析的对象，这里用 OBJ={obj1,obj2,…}表示所有待分析的对象集合，对于每一个分析对象 obj，为其指定一个类型变量 t，即 obj:t=<core, size, sign>，则对于对象 obj 的类型分析将主要通过提取指令中的类型属性并通过迭代的方式求取各个类型属性的值。

3. 类型属性提取规则

在指令中数据对象的类型属性可由操作码得到，也可由操作数本身得到，操作数本身所表示的类型信息仅体现在操作数大小上，如寄存器操作数 eax:reg32_t，它蕴含的信息是操作数的 size 属性为 4 字节，对于内存读写操作 load 和 store，其表达式中的 regn_t 字段同样显式地给出了操作数的大小，相对来说比较直观。

而操作符分为一元操作符和二元操作符，其中一元运算带有一个操作数，二元运算带有两个操作数。按照实现的功能操作符可细分为算术运算类操作符、逻辑运算类操作符、关系类操作符以及移位类操作符。具体对应关系如表 7-2 所示。其中下标"s"表示操作对象为有符号类型，逻辑运算类中的"$-_{neg}$"操作符表示一元取补运算，"~"表示按位取反。

表 7-2　中间语言的操作符分类

指令类型	具体指令
算术运算类操作符	$+$, $-$, $*$, $*_s$, $/$, $/_s$, $\%$, $\%_s$
逻辑运算类操作符	$\&$, $\vert$, $\wedge$, $\sim$, $-_{neg}$
关系类操作符	$!=$, $==$, $<$, $<_s$, $>$, $>_s$, $\leq$, $\leq_s$, $\geq$, $\geq_s$
移位类操作符	$<<$, $>>$, $>>_a$

不同的操作符会对数据对象的类型属性产生不同影响，有些可能会影响一个属性，有些可能影响好几个属性。例如，算术移位操作符">>a"，它不仅要求操作对象为整型数值，同时还要求其为有符号类型，因此需要结合具体的操作符为操作数生成类型信息。下面具体分析几种不同类型的操作符。

1）算术运算类操作符

算术运算主要完成操作数间的四则运算，高级语言中参与运算的操作数多为机器字大小的数值，其主属性 core 通常为非 pointer，但由于指针类型在 32 位指令系统中其大小与机器字大小相同，而且也可以进行加法和减法运算，所以在含 32 位加减运算的指令中需要考虑操作数为指针类型的情况。操作数的类型规则可表示为：当指令中操作符为非 32 位加减运算时，操作数的类型 $t=<\Phi_{core}, \Phi_{size}, \Phi_{sign}>$，其中 $\Phi_{core} \in$ (integer, float)，$\Phi_{size} \in$ (8, 16, 32)；当运算符为 32 位加法和减法运算时，操作数的类型 $t=<\Phi_{core}, 32, \Phi_{sign}>$，其中 $\Phi_{core} \in$ (integer, float, pointer)，$\Phi_{sign} \in$ (signed, unsigned)。

2）逻辑运算类操作符

参与逻辑运算的操作符要求操作数的 core 属性为整型值，一元取补运算同时要求操作数为有符号类型。其类型提取规则可表示为：当操作符为非一元取补运算时，操作数的类型 $t=<integer, \Phi_{size}, \Phi_{sign}>$；当操作符为一元取补运算时，$t=<integer, \Phi_{size}, signed>$，其中 $\Phi_{size} \in$ (8, 16, 32)，$\Phi_{sign} \in$ (signed, unsigned)。

3）关系类操作符

关系运算符用于两个操作数值大小的比较，要求参与运算的两个操作数类型一致，在程序中通常用于标志寄存器的设置，根据其返回结果来确定程序的控制流向。其操作数的主属性 core 为整数值，当指令中含有符号比较运算时，其所对应的操作数 sign 属性为 signed。其类型提取规则为：当运算符为"!="和"=="时，操作数的类型 $t=<\Phi_{core}, \Phi_{size}, \Phi_{sign}>$；当运算符不含下标"s"且不是"!="和"=="时，操作数的类型 t=<integer, Φ_{size}, unsigned>；当运算符不是以上两种情况时，操作数的类型 t=<integer, Φ_{size}, signed>，其中$\Phi_{size}\in$(8, 16, 32)，$\Phi_{sign}\in$(signed, unsigned)。

4) 移位类操作符

参与移位运算的操作数其主属性 core 为整型值，对于右移操作，当运算符含下标"s"时，操作数为有符号类型，否则为无符号类型。移位位数为有符号的整数值，可以用寄存器表示，也可以用立即数表示，该值不影响指令操作的返回值类型，也就是说其效果与一元运算一样，返回值类型与被移位数值的类型一致。其类型提取规则为：当运算符不含下标"s"时，操作数的类型 t=<integer, Φ_{size}, unsigned>；当运算符含下标"s"时，操作数的类型 t=<integer, Φ_{size},signed>，其中$\Phi_{size}\in$(8, 16, 32)。

以上类型信息都是基于操作符得到的，可以看到类型变量中的 size 属性通常为一个不确定的值，但是由于操作数在指令中本身也显式地含有类型大小属性，所以当结合具体操作数大小信息时，类型变量可进一步具体化，例如，当参与比较运算的操作数为寄存器 eax:reg32_t 时，操作数的类型可细化为<integer, 32, unsigned>或者<integer, 32, signed>。另外在程序中含有大量的立即数，如果指令中没有显式地表示其大小或者符号的信息，则按 C 语言规则默认其为有符号整型，即 t=<integer,32,signed>。

由于汇编指令严格地限制了操作数之间的类型关系，一般要求同一指令中参与运算的操作数之间具有相同的类型(表现为 core 和 size 属性一致)，所以在类型提取时如果已知表达式中一个操作数的 core 和 size 属性，则另一个操作数的相应类型属性就可以确定。例如，二元运算 eax*4，由于 4 的类型为<integer,32,signed>，则根据类型一致原则，eax 的类型变量 t=<integer,32, Φ_{sign}>，其中$\Phi_{sign}\in$(signed,unsigned)。

综合以上的类型提取过程可以看到，通过分析指令中的操作符就可以得到相应操作数的类型信息，因此为了将该过程自动化，在具体实现时可以把操作符的类型信息保存为模板，在进行程序分析时，只需将指令中操作符的扫描信息与模板进行对比即可快速为操作数生成类型信息。

7.3.3 基于规则的类型推导

前面讨论了通过库函数调用和指令特征可以提取得到一定变量的类型信息，基于这些信息可以进一步推导出更多操作数的类型。由于程序编译时隐式地保留了类型的约束规则，在反编译时这些规则依然有效，因此对于其他操作数的类型分析可依据指令的约束规则进行，通过基于约束规则的求解实现由已知操作数类型推导未知操作数类型的目的。

类型推导就是结合指令的类型约束规则，根据已提取的操作数类型属性推导未知类型操作数的类型属性的过程。这里主要针对赋值语句进行分析，按照操作类型将赋值语句划分为单一传值操作、一元操作和二元操作等语句。其中单一传值操作语句是不含操作符的赋值语句，其作用是完成源操作数到目的操作数的传值操作；一元和二元操作语句是在源操作数间含有一元和二元运算的语句，其操作符的运算规则不仅约束了操作数的类型属性，同时也约束了操作数与操作结果之间类型的传递。类型分析将依据这三种类型为模板进行类型推导。

为了进行类型推导，可以借助编译时用到的语法分析树思想，为指令构建类型分析树，对每一条给定的中间指令，在指令与类型分析树之间形成一对一的映射，通过树中的结点来反映对应指令的信息。由于指令中源操作数通常不多于两个，所以类型分析树高度一般不超过 3。分析树中叶子结点表示操作数，边表示推导时所用的类型属性值，非叶子结点表示指令中的操作符，根结点表示源操作数到目的操作数的映射。同时为了推导的方便，规定指令的操作结果存储在树中根结点的左分支，操作数及操作符存储在根结点的右分支中。图 7-3 给出了上述三种类型语句对应的类型分析树。

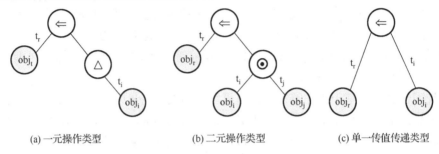

(a) 一元操作类型　　　　　　　(b) 二元操作类型　　　　　　(c) 单一传值传递类型

图 7-3　三种语句的类型分析树

通过树的遍历可以对类型分析树实现定性分析，将类型分析树转化为类型方程形式，例如，图 7-3 (b) 可表示为 $obj_i:t_i \odot obj_j:t_j \Rightarrow obj_r:t_r$，其中 obj_i、obj_j 和 obj_r 分别对应于树中叶子结点；obj_i 和 obj_j 表示源操作数；obj_r 表示目的操作数，t_i、t_j 和 t_r 分别对应树中相应结点间的边；"$\odot$" 对应于树中的指令操作符，表示指令的操作语义；"$\Rightarrow$" 对应根结点，表示在指令作用下，操作数到结果的映射，则由类型方程产生了一种新的类型推导模式，即从左到右和从右到左的方程求解，虽然形式发生了变化，但其实质未变，都是基于指令的操作来推导变量的类型。因此，后续的分析将以类型方程为基础并借助基于树的思想对类型进行推导。下面分别就类型方程的两种求解方法进行讨论。

1. 从左到右的类型推导

1) 一元操作类型

一元运算指令只含一个操作数，包含 "~" 和 "$-_{neg}$"。由一元运算性质可知该类指令仅改变对象的值，而并不改变对象的类型，所以对于类型变量 $t_1 = <\delta_1^{core}, \delta_1^{size}, \delta_1^{sign}>$ 和 $t_{res} = <\delta_2^{core}, \delta_2^{size}, \delta_2^{sign}>$，其类型推导规则为 $t_{res} = t_1$，即 $\delta_1^{core} = \delta_2^{core}, \delta_1^{size} = \delta_2^{size}, \delta_1^{sign} = \delta_2^{size}$。例如，指令 shl \$1,%eax，对应的类型方程为：$\ll eax_1:t_1 \Rightarrow eax_r:t_r \ll\ll eax_1:t_1 \Rightarrow eax_r:t_r$，则该指令推导结果为 $t_r = t_1 = <integer,4, unsigned> = unsigned\ int$ 或 $t_r = t_1 = <integer,4,signed> = int$。

2) 二元操作类型

含二元操作类型的指令较多，为了说明推导的过程，这里仅以减法操作为例，其他操作类型的指令可与其类比，其推导过程与图 7-3 (b) 的类型分析树对应，其类型方程为 $e_1:t_1 - e_2:t_2 \Rightarrow e_{res}:t_{res}$。由于二元操作含两个操作数，在类型推导时结果的类型受两个操作数的共同影响，与一元操作指令相比过程稍显复杂，为此分别对类型元组的三个属性予以下说明。

(1) core 属性的推导。

core 属性的推导依据程序设计语言对变量的操作规则。以 C 语言为例，当源操作数均为数值类型时(包括 int 和 float),表示数值间的运算,其结果操作数类型不变,仍然是数值类型;当源操作数中有一个为指针类型时,结果操作数的类型为指针型;当源操作数均为指针类型时,结果操作数的类型为整型。具体的推导规则可以定义如下:

$$\frac{integer \in \delta_1^{core}, integer \in \delta_2^{core}}{integer \in \delta_r^{core}}, \quad \frac{float \in \delta_1^{core}, float \in \delta_2^{core}}{float \in \delta_r^{core}}$$

$$\frac{pointer \in \delta_1^{core}, integer \in \delta_2^{core}}{pointer \in \delta_r^{core}}, \quad \frac{pointer \in \delta_1^{core}, pointer \in \delta_2^{core}}{integer \in \delta_r^{core}}$$

core 属性推导严格按照 C 语言中关于变量的操作规则进行,除以上四种情况之外的其他组合将会产生错误。

(2) size 属性的推导。

size 属性由两个操作数共同决定,推导规则为:设 S_1 和 S_2 是操作数 obj_1 和 obj_2 的类型大小属性,则目的操作数的大小属性 S 为 S_1 和 S_2 笛卡儿乘积的最大值,用集合表示 S_1 和 S_2 属性运算,则该过程可表示为 $S=S_1 \wedge S_2=\{s|s=max(s_1,s_2):(s_1,s_2)\in S_1 \times S_2\}$。例如,$obj_1$ 的类型变量大小属性 size=$\{1,2\}$,obj_2 的类型变量大小属性 size=$\{2,4\}$,则 obj_r 的大小属性 size=size$_1$$\wedge$size$_2$=$\{2,4\}$。

(3) sign 属性的推导。

sign 属性的推导规则与 core 规则相近:当源操作数均为无符号类型时,结果操作数的类型为无符号类型;当源操作数中有一个为无符号类型,另一个为有符号类型时,结果操作数的类型为无符号类型;当源操作数均为有符号类型时,结果操作数的类型为有符号类型。也就是说只要源操作数中含无符号类型,结果操作数必为无符号类型。具体的推导规则定义如下:

$$\frac{unsigned \in \delta_1^{sign}, unsigned \in \delta_2^{sign}}{unsigned \in \delta_r^{sign}}, \quad \frac{unsigned \in \delta_1^{sign}, signed \in \delta_2^{sign}}{unsigned \in \delta_r^{sign}}$$

$$\frac{signed \in \delta_1^{sign}, unsigned \in \delta_2^{sign}}{unsigned \in \delta_r^{sign}}, \quad \frac{signed \in \delta_1^{sign}, signed \in \delta_2^{sign}}{unsigned \in \delta_r^{sign}}$$

3) 单一传值操作类型

单一传值操作类型主要完成操作数间的数值传送,其类型方程为 $e_1:t_1 \Rightarrow e_{res}:t_{res}$,对应于图 7-3(c) 的类型分析树。由于该类型的指令主要完成数值传送,并不发生类型的变化,所以目的操作数的类型与源操作数类型相同,即 $t_r=t_1$。例如,复合传值操作语句 z1=([ebp$_1$+8]==0),由于关系表达式的返回值类型为布尔型,所以可得 t_{z1}=<integer,1,signed>。

2. 从右到左的类型推导

从右到左的推导方式对应于从目的操作数到源操作数的类型分析方法,相比于从左到右的推导,从右到左的推导方式在过程上稍显烦琐,因为二元运算中含有两个源操作数,在从目的操作数到源操作数的推导过程中,根据 C 语言的运算规则会出现一对多的情况。例如,假设有二元加法操作,其对应的类型方程为: $e_1:t_1+e_2:t_2 \Rightarrow e_{res}:t_{res}$,若 t_{res} 的类型已知,且其属性 core 为{pointer},则根据 C 语言类型操作规范可知源操作数中必有一个为 pointer 类型,另一个为 integer,即 pointer $\in \delta_1^{core}$ 且 integer $\in \delta_2^{core}$,或者 integer $\in \delta_1^{core}$ 且 pointer $\in \delta_2^{core}$。

所以在出现不定结果的情况时，要确保对于所有可能出现的情况都考虑到。为此定义类型属性的可选值，用其表示不定属性的情况，可表示为 $\delta_p^{tuple}\ ?[q]$，其中 tuple∈{core, size, sign}，p 和 q 表示包含可选值的数据对象，例如，上述的可选值 pointer，它既可以出现在对象 p 中，又可以出现在对象 q 中。根据 C 语言的类型平衡原则，通常这种不确定性都是成对出现的，也就是说如果对象 p 的属性值为可选值 $\delta_p^{tuple}\ ?[q]$，则对象 q 随之取与其相对的值 $?[p]\,\delta_q^{tuple}\ ?[p]$，反之亦然。例如，上述情况，当对象 p 取 pointer 时，对象 q 的值为 integer。

由于一元操作和传值操作在运算中操作数性质不发生改变，不管从左到右推导还是从右到左推导其类型都相同，且推导方法与前面从左到右的方法类似，所以这里主要对二元操作进行讨论，其推导过程仍然分三个方面进行讨论。

假设二元运算的通用类型方程为 $e_1:t_1\odot e_2:t_2\Rightarrow e_{res}:t_{res}$，则 core 属性的推导规则为：

$$\frac{pointer\in\delta_{res}^{core}}{\delta_{e1}^{core}=\delta_{e1}^{core}\bigcup\{pointer_{e1}^{res}\ ?[e_2]\},\delta_{e2}^{core}=\delta_{e2}^{core}\bigcup\{pointer_{e2}^{res}\ ?[e_1]\}}$$

$$\frac{pointer\notin\delta_{res}^{core}}{\delta_{e1}^{core}=\delta_{e1}^{core}\bigcap\delta_{res}^{core},\delta_{e2}^{core}=\delta_{e2}^{core}\bigcap\delta_{res}^{core}}$$

size 属性的推导规则与从左到右的方法类似，需要计算两类型属性笛卡儿乘积的最大值，即 $\delta_1^{size}=\delta_1^{size}\barwedge\delta_{res}^{size}$ 且 $\delta_2^{size}=\delta_2^{size}\barwedge\delta_{res}^{size}$。

sign 属性的推导与 core 的计算过程类似，规则如下：

$$\frac{unsigned\in\delta_{res}^{sign}}{\delta_{e1}^{sign}=\delta_{e1}^{sign}\bigcup\{unsigned_{e1}^{res}\ ?[e_2]\},\delta_{e2}^{sign}=\delta_{e2}^{sign}\bigcup\{unsigned_{e2}^{res}\ ?[e_1]\}}$$

$$\frac{unsigned\notin\delta_{res}^{core}}{\delta_{e1}^{sign}=\delta_{e1}^{sign}\bigcap\delta_{res}^{sign},\delta_{e2}^{sign}=\delta_{e2}^{sign}\bigcap\delta_{res}^{sign}}$$

以上两组规则是基于指令操作的约束条件给出的，通过具体的推导过程可以达到由已知类型获取未知类型的目的。

7.4 结构数据类型的恢复

7.4.1 结构数据类型

高级语言中规定了结构数据类型的定义和使用机制，使用户可以定义自己的复杂数据类型，因此结构数据类型又称为用户定义数据类型或复杂数据类型。结构数据类型通常由一个或多个成员构成，这些成员既可以是简单数据类型，也可以是结构数据类型，即结构数据类型可以嵌套定义。结构数据类型极大地丰富了高级语言对数据信息的处理能力。常用的结构数据类型包括数组、结构、联合和枚举等。本节主要讨论数组和结构的类型恢复方法。

1. 数组

数组是具有相同数据类型的数据元素有序集合，其元素的类型称为数组的基类型，可以是基本数据类型也可以是结构数据类型。按基类型的不同，数组可分为整型数组、字符数组、指针数组、结构数组等。数组按其数据元素的顺序以线性方式存储在连续的内存单元中。从逻辑结构上讲，数组可分为一维数组和多维数组，元素个数和类型决定了数组的大小，通常用下标标识结构中的元素，访问时通过维数与下标间的对应关系来定位数组中的特定元素，该过程对应在机器语言中表现为一系列的地址运算过程。由于数组是某些具有共性的元素的集合，其大小是固定的，而且在编译时就已确定，因此数组访问时其下标仅可以在声明的区间上变动，如果超出范围，则可能会引发异常或发生错误。

数组中每个元素的类型一致并占据相同的内存空间，在存储的时候由于机器内存是线性的，需要将数组的逻辑结构变成物理存储结构，也就是说需要按照某种顺序将逻辑上 n 维的结构映射成一维的内存布局。该逻辑变换在不同的语言中有着不同的约定，在 C 语言中，数组变量通常按行优先的原则顺序存放在内存中。一旦内存关系建立，不管哪种语言和存储约定，其元素间的逻辑关系就已确定，不再发生改变。

2. 结构

结构(struct)是由若干个数据元素组成的数据集合，其成员类型可以相同也可以不同，其一般的定义形式如下：

```
struct   结构体标识名
{ 类型名 1   结构体成员名表 1；
   …
  类型名 n   结构体成员名表 n；
};
```

结构体成员通常按照顺序连续存放在内存中，但由于各元素的类型可能不一样，所以在存储的时候并非各元素的简单地接续存放，而是按内存存取效率原则使用内存对齐的方式来存储的。结构体中数据成员是按照其成员出现的顺序依次申请内存空间的，因此在对齐约束下可能内存空间的大小并非实际结构体的大小，通常会因为在某成员后面添加多余的对齐字节而大于原来的结构体的大小。在 IA32 中通常默认以字节对齐，但当出现结构体时，则会以系统设定的对齐值和结构体中最大的基本类型数据成员两者中的较小者作为对齐值。

7.4.2　类型分析对象

在二进制程序中有三类实体对象和结构数据类型的重构相关，构成用于类型分析的对象，包括寄存器对象、直接存储对象和间接存储对象。

1. 寄存器对象

在硬件架构中(如 IA32)通常具有一组有限数目的通用 CPU 寄存器，它们经常在程序中重用，将这些寄存器称为寄存器对象，为了简单起见，就直接表示为寄存器名称，如%eax。

2. 直接存储对象

直接存储对象包括：①全局变量存储的物理地址；②栈帧指针%ebp 的相对偏移地址，例如，−2(%ebp)地址存储当前栈帧对应子程序的局部变量；③相对堆栈指针%esp 的固定偏移地址或者由相应的指令压入堆栈的内存单元,这些内存单元初始时是在调用点传递的参数。直接存储对象可以基于 DU 链来构建。

3. 间接存储对象

间接存储对象是对其他对象的引用,在汇编代码中的内存访问操作时构建。

内存访问操作是存储器加载或存储操作。 以下三个异常不符合内存访问操作的要求,因为它们对应于其他类型的对象。

(1)直接地址加载和存储(全局对象):

```
movl * 0x12345678, %eax
```

(2)栈帧加载和存储(局部对象):

```
movw %cx, -8(%ebp)
```

(3)堆栈指针加载和存储(函数参数对象):

```
pushl %ecx
```

局部地址表达式是计算内存访问指令中的内存地址的表达式。例如,指令 movl 12(%ebx), %ecx 中的地址表达式为%ebx + 12。

地址表达式是在存储器访问操作中计算存储器地址的表达式。 这种计算可能需要几个汇编指令,甚至可能跨越基本块边界,如下例:

```
movl -16(%ebp), %esi
lea(%esi, %eax, 4), %ebx
movl 12(%ebx), %ecx
地址表达式为-16(%ebp)+%eax * 4  + 12。
```

汇编程序中无法追踪的值来自内存的加载或寄存器中的值,即间接存储的对象,无法通过静态分析获取。

7.4.3　结构类型恢复基本思路

复合类型重构的目标是尽可能地从二进制代码中提取有关复合类型的可能信息,以恢复高级语言的结构数据类型。下面分别针对结构和数组两种结构类型进行讨论。

1. 结构

结构中的数据元素按顺序依次存放在连续的内存单元中,但所占的存储空间大小并不完全等于各成员所占空间简单相加,因为编译器可能在结构成员之间或结构的末尾插入填充字节,以满足体系结构要求的字段对齐。由于符号字段名称在编译过程中被消除,并替换为数字偏移量,不同的结构类型的字段可能具有相同的数字偏移量,因此需要一些非局部信息才能将数字偏移量映射回新的符号名称。

结构使用相对于基地址的常量数值偏移量访问的结构元素,所以在反编译期间可以通过收集用于访问相同类型的内存区域的数值偏移量来重构结构字段。在程序中跟踪基本指针类型，并且对于任何两个内存访问，如果这两个内存访问被证明具有相同的类型，则对其进行计算。该问题通过后面介绍的类型传播算法解决，该算法类似于数据流分析的常量传播算法。

类型传播算法是保守的，对于某些内存访问，无法证明类型等效，尽管这些内存访问在原始程序中确实具有相同的类型。因此，可以将原始程序中的一种结构类型重构为反编译程序中的几种结构类型。重构的类型甚至可能具有不同的恢复字段。

因为反编译器没有关于字段的信息，无法获得在程序段中没有访问的字段，所以不能保证恢复所有结构类型的所有字段，对于未检测到的字段将重构为 char 数组以及填充字节。

在 C 语言中，结构字段可以具有任意类型：内置，指针，数组和结构。如果将一种结构类型嵌套在另一种结构类型中，则通常与将嵌套结构类型的字段直接放置在封闭结构类型中，因为在两种情况下都会生成相同的汇编代码。因此，嵌套结构类型无法自动重构，可以采用一些启发式方法，在某些情况下解决此问题。

值得注意的是对函数参数和局部变量进行处理，根据上述思想，函数参数区域和局部变量区域也可以视为位于%ebp 作为基础指针的堆栈上的结构，但是，由于局部变量和函数参数为反编译期间的类型重构提供了初始信息，因此不能将它们视为结构字段。

2. 数组

数组中的数据元素按顺序依次存放在连续的内存单元中，每个元素所占的内存空间大小相同。与结构不同，数组使用索引表达式访问数组元素。例如，给定一个数组 int m [32];和表达式 m[j]，相应的地址表达式为 m + j *4。地址表达式中的乘法是数组的"指纹"。

另外，由于数组元素具有相同的类型，所以元素 m[0] 和 m[j] 的类型相同，并且索引表达式不提供用于类型重构的其他信息，所以可以省略。当地址表达式的索引部分被删除时，仅需要考虑基地址和常量偏移，这样就和结构地址的表达式相似。基地址和地址表达式对就成为类型恢复重构分析的对象。

地址表达式的乘法组件提供有关数组元素大小的信息。对于上面的示例，可以推断出数组元素的大小为 4。在多维数组的情况下，地址表达式的形式可能更复杂；但是，数组元素的大小是地址表达式中的最小常量。

如果在高级 C 程序的索引表达式中使用乘法，则分析变得相对复杂。例如，m[2 * j]，常数 2 将相应的低级地址表达式转换为 m + j * 8。仅使用一个地址表达式可能会错误地确定数组元素的大小为 8。如果考虑了指向同一数组的所有地址表达式，则可以解决此问题：可以将元素大小估计为地址表达式的乘法常数的 GCD。

估计的数组元素大小不一定是真正的数组元素大小。如果原始程序中的所有数组索引表达式都使用相同的常数乘数，如 m[2 * j]，则低级程序将不包含恢复数组元素实际大小的线索。相反，将创建一个大小为 8 的结构：

```
struct s1 {
    int f1;                    /*或其他 32 位类型，取决于其用法*/
    char char [4];             /*并未在程序中使用过*/
};
```

这个结构和数组产生相同的汇编码，因此是正确的。

　　具有常量索引表达式(如 m[5])的数组访问操作被编译为基地址的偏移量为常量的地址表达式。这样的地址表达式不包含乘法部分，并且与结构字段访问没有区别。在某些情况下，如果一起考虑到同一存储区中的所有地址表达式，则可以解决歧义。

　　确定数组元素的数量是一项艰巨的任务。尽管 C 标准并没有否认这种可能性，但是几乎所有的 C 编译器都没有对生成的代码进行数组边界检查。因此，有关数组大小的信息未明确保留在生成的代码中。恢复数组大小的一种可能方法是使用某种部分评估技术来计算索引变量值的范围。但是，由于静态分析的精度不足，这种方法很少起作用。通常，希望避免使用值进行操作，而推荐使用类型进行操作，尝试通过分析数组的存储来推断数组大小。数组基地址自然地给出了数组存储区的下限。在某些情况下，数组存储区的上限也是已知的。它可能是存储区边界，或者是另一个结构字段或局部变量的下边界。通过建立数组存储区的上下边界，可以估计出其元素的数量。

7.4.4　结构类型重构算法

1. 地址表达式恢复

首先定义地址表达式 t 如下：

$$t :: = addr(b,o,m) \mid nil$$
$$b :: = label \mid 0$$
$$o :: = integer$$
$$m :: = 0 \mid f \mid sum(f,m)$$
$$f :: = mul(integer)$$

其中 integer 是一个整数，标签可以从枚举标签集合中选择，具体如下。

　　假设已对输入程序中的寄存器执行了到达定义数据流分析，已经确定了定义每个寄存器使用 u 的一组汇编指令。将使用寄存器 u 的定义集表示为 $Defs(u) = \{r_1, \cdots, r_m\}$。对于每个寄存器定义，让 $AE(r)$ 为对应的地址表达项。初始化 $AE(r) = nil$。

　　令 $addr(0,0,mul(1))$ 表示任意(不可追踪)值，缩写为 ANY。nil 表示未知值。

　　假设 mul 项列表始终按升序排序，并且每个乘数都大于 0。令 t_1 和是 mul 项的两个列表。合并函数 $Merge(t_1, t_2)$ 接收两个列表，并按升序返回 GCD 的合并列表，而无须重复。

　　在地址表达式项 $t_1, \cdots, t_m$ 上定义 Join 函数如下。

　　(1)如果对于每个 $i, j = 1, \cdots, m$ 且，则 $Join(t_1, \cdots, t_m) = t_1$。

　　(2)如果存在 i，如 $t_i = ANY$，则 $Join(t_1, \cdots, t_m) = ANY$。

　　(3)如果存在索引 i 和 j，如 $t_i = nil$ 和 $t_i = t_j$，则 $Join(t_1, \cdots, t_m) = ANY$。

　　(4)其余情况下 $Join(t_1, \cdots, t_m) = nil$。

　　在寄存器集 $r_1, \cdots, r_m$ 上定义 Join 函数如下：

$$Join(r_1, \cdots, r_m) = Join(AE(r_1), \cdots, AE(r_m))$$

式中，AE 表示地址表达式。

　　地址表达项的传播规则定义如下。

（1）对于指令：movl R1,R2（即将寄存器 R1 复制到寄存器 R2），AE(R2) = Join(Defs(R1))。

（2）对于指令：movl $C,R（即将数字常数加载到寄存器 R 中），AE(R) = addr(0,C,0)。

（3）对于指令：movl mem,R（即将来自存储器的值加载到寄存器 R 中）AE(R) = addr(newlabel(),0,0)。

（4）对于指令：addl R1,R2,R3，则令 t_1 = Join(Defs(R1))，t_2 = Join(Defs(R2))。

① 如果 t_1 = ANY 或 t_2 = ANY，则 AE(R3) = ANY。

② 如果 t_1 = nil 或= nil，则 AE(R3) = nil。

③ 如果 t_1 = addr(l_1,0,0)，t_2 = addr(l_2,0,0)，则可能有两个结果：AE(R3) = addr(l_1,0, mul(1))或 AE(R3) = addr(l_2,0,mul(1))；可以通过用户干预来解决冲突。

④ 如果 t_1= addr(l_1,c_1,m_1)，t_2 = addr($l_2,c_2 m_2$)，$l_1 \neq 0$，且 $l_2 \neq 0$，则 AE(R3) = ANY。

⑤ 如果 t_1= addr(l_1,c_1,m_1)，t_2 = addr($0,c_2,$)，则 AE(R3) = addr($l_1,c_1+ c_2$, Merge(m_1,m_2))。

（5）对于指令：addl R1,C1,R2，其中 R1 = R2，这意味着将数字 C1 加到寄存器 R1 并将结果存储回 R2 = R1。如果 Defs(R1) = {R3,R2}，并且 R3 的定义点主导 R2 的定义点 AE(R3) = addr(0,C2,0)，则 AE(R2) = addr(0,0,mul(C1))。这种情况对应于强度降低的归纳循环变量。

（6）对于指令：mull R1,C,R2，令 t_1 = Join(Defs(R_1))。

① 如果 t_1 = ANY，则 AE(R2) = ANY。

② 如果 t_1 = nil，则 AE(R2) = nil。

③ 如果 t_1 = addr(l_i, c_1, m_1)，则 AE(R2) = addr(0,0,sum(mul(C),C * m_1))，其中 C * m_1 表示 m_1 的每个元素乘以 C。

（7）对于指令：call Proc 假定子程序的返回值位于%eax 寄存器中，则该指令视为对%eax 的定义，并且地址表达式为 addr(newlabel(),0,0)。

除以上指令之外，大多数其他指令的地址表达式被赋值为 ANY。为简洁起见，省略了它们的规则。计算地址表达式项，直到达到固定点，例如，所有项的 AE(Ri) ≠ nil，且没有可以更改地址项的值的规则。

最后，对于每个内存访问，相应的地址表达式项都以 addr(B, O, sum(mul(C1), sum(mul (C2),…)))的形式来计算，该形式对应于：$(B + O + \sum_{j=1}^{n} C_j x_j)$，其中 B 是基地址，O 是常数（固定）偏移量，其余为乘法分量。

对于严格的 C 程序，B 将带有 l_i 标签。如果原始程序使用一些带有指针的操作，则地址表达式也可以是 ANY。最后，只有用作存储器加载和存储的地址表达式项才保留在地址表达式项集中，其他（临时）地址表达式项都将被丢弃。

2. 标签传播

如上所述，在地址表达式恢复过程中，为每个内存加载和子程序返回值分配唯一的标签。标签表示标签值具有某种未知指针类型的可能性。如果该值实际上具有非指针类型，则不会实现这种可能性。当然，几个内存加载可能具有相同的指针类型，因此要构建一组标签，则这些标签对应于相同的高级类型。

为了有效地找到标签等价类，为标签维护了不相交的数据结构。最初，每个标签都放置在自己的集合中。

为了建立标签等价关系，使用寄存器和主存储器位置关系图。令 LSin(obj,n) 为标签的不相交集合，与汇编代码中位置 n 之前的对象 obj 相对应。令 LSout(obj,n) 为汇编代码中位置 n 之后与对象 obj 对应的不相交标签集。为了简单起见，从现在开始省略 in 限定词。对象 obj 指寄存器或主存储位置。

标签集分析采用前向迭代数据流分析，直到达到固定点为止。不相交集的 Union 操作是标签集的 Join 操作。如果将一个对象复制到另一个对象，则对相应的不交集执行并运算。而其他指令(包括地址算术)不更改标签集。

3. 聚合

如果两个地址表达式 $e_1 = addr(l_1,o_1,m_1)$，$e_2 = addr(l_2,o_2,m_2)$，且 $l_1 \equiv l_2$，则 e_1 和 e_2 具有相同的基数。

令 $t_i = Find(l_i)$ 代表标签 l_i 的等价类。对于每个地址表达式项 $addr(l_i,o_i,m_i)$，如果 l_i 是一个标签，则用 t_i 替换 l_i。

定义两个地址表达式项 e_1 和 e_2 之间的数组聚合关系 AA，如下：

$$e1 = addr(t1,o1,add(mul(C),m1))$$

$$e2 = addr(t1,o2,add(mul(C),m2))$$

$$\frac{(e1,e2),|o1-o2| < C}{AA(e1,e2)}$$

不幸的是，AA 关系不是传递性的。考虑以下示例：

```
struct s1 {
    struct s2 { int f1; int f2; } a[1];
    struct s3 { int f3; int f4; } b[1];
};
```

对 f1 字段的访问产生地址表达式项 $addr(b,o,mul(8))$，其中 b 是结构的基地址，o 是 f1 字段距离结构开头的偏移量，而 8 是结构 s2 的大小，因为字段 f1 位于此类结构的数组中。类似地，对 f2 字段的访问产生地址表达式项 $addr(b,4,mul(8))$，对 f3 访问产生地址表达式项 $addr(b,8,mul(8))$，对 f4 访问产生地址表达式项 $addr(b,12,mul(8))$ 的。除了 f1 与 f3 不相关之外，所有项都属于 AA 关系的可传递闭包。

如果传递性属性不适用，则将 AA 关系称为冲突。例如，存在两个地址表达项 e1 和 e2，它们都属于 AA 关系的传递闭包，但是 $|o1-o2| \geqslant C$，则存在冲突。为解决冲突，将传递闭包的冲突类分为如下几个子类。

(1)子类仅包含具有 $|o1-o2| < C$ 的地址表达式项。

(2)对于任何两个子类 K1 和 K2：$|min_{K1}(o) - min_{K2}(o)| \geqslant C$，子类中的最小偏移量之差大于或等于引起划分的数组大小 C。

具有冲突解决方案的 AA 关系可将地址表达式项集合分成聚合集。令 $K = \{e_1, e_2, \cdots, e_m\}$ 是一个聚合集，$O = \min_{j=1}^{m} O_j$ 是给定聚合集中的最小偏移量，令 C 为表达式项的乘数列表中的第一个乘数。

将 $e' =$ addr(b,o,mul(C))表示为嵌套结构数组的地址表达项。o 视为嵌套结构类型的起始偏移量。然后，对集合 K 中的地址表达式项进行如下修改：addr(b,oi,add(mul(C),mi)) → addr(e',oi−o,mi)。需要注意的是偏移量已修改，并且删除了乘数列表中的第一个乘数。

聚合操作会更改所有地址表达式项的集合，特别是因为删除了最小乘数。对于所有地址表达式项的新集合，将构造新的聚合关系 AA，解决冲突，然后执行聚合的下一步。该过程反复进行，直到达到固定点为止。

4. 结构重建

令 S 为地址表达式项的集合。该集合分为由公共基地址引起的等价类 S1, S2, …, Sk。令 $S_i = \{$addr$(b_{i,1}, o_{i,1}, m_{i,1})\cdots$addr$(b_{i,n}, o_{i,n}, m_{i,n})\}$。聚合步骤之后的 b_{ij} 不一定是标签，而可以是地址表达。令 $O_i = \{O_{i,1},\cdots,O_{i,n}\}$ 是 S_i 中的偏移量集。

如果 $O_i = 0$，仅偏移量 0 用于从该基址访问内存单元，地址表达式项对应于 C 程序中取消对指针的引用或是对纯数组的访问；否则，将创建新的结构类型 T_i，其字段与偏移量 O_i 集合相对应。新创建字段的类型还没有确定，但是将创建对象并添加到对象集中以用于进一步的基本数据类型重构。

下面通过图 7-4 的例子来说明结构数据类型的重构过程，图的左部为源程序代码，作为分析的参考，右部为反编译得到的汇编程序代码，为了简单，省略了一些不相关的汇编代码详细信息。其中函数 readint、readchar、dowork 为阻止编译器进行代码优化而附加的函数，与分析无关。

为了简洁起见，图 7-4 中没有写下该程序中使用的所有地址表达式。例如，第 22 行中用于存储器存储指令的地址表达式为%esi + 16 + 8 *%ebx。地址表达式项的恢复使用标签 L11 代替%esi 寄存器，其中 L11 是分配给 malloc 函数调用结果的标签。%ebx 对应于地址表达式项 addr(0,0,mul(1))。最后，第 22 行中指令的地址表达项是 addr(L11,16,mul(8))。

在聚合阶段，可以检测到聚合集{e20 = addr(L11, 12, mul(8)), e22 = addr(L11, 16, mul(8))}，其中 e20 对应于第 20 行的地址表达式，e22 对应于第 22 行的地址表达式。创建新的地址表达式项 S1 = addr(L11, 12, mul(8)) 对应嵌套结构类型，并且地址表达式项 e20 和 e22 重写为 e20 = addr(S1,0,0)，e22 = addr(S1,4,0)。请注意，表达式项 e20 和 e22 仍和分别对应于第 12、15、18 和 28 行中的内存访问指令的地址表达式项 e12 = addr(L11,0,0)，e15 = addr(L11,4,0)，e18 = addr(L11,8,0)和 e28 = addr(L11,44，mul(1)) 具有相同的基址。

在结构重建阶段，地址表达式项 S1、e12、e15、e18 和 e28 被认为具有相同的基本标签 L11，从而给出了 {0,4,8,12,44}等结构字段偏移量。在聚合阶段删除了偏移量 16。同样，地址表达项 e20 和 e22 被认为具有相同的基地址项 S1，而偏移量为{0,4}。地址表达式项 S1 和 e28 对应于数组，前者的元素大小为 8，后者的元素大小为 1。

利用这些信息可以生成图 7-5 所示的结构类型框架。类型 t1、t2、t3、t4、t5、t6 是基本类型或指针类型，可以通过前面讨论的基本类型重构算法来重构。所生成的成员变量 f1、f2、f3、f4.f1、f4.f2 和 f5 都是复杂数据结构框架内的基本变量。

	[1] _main: pushl %ebp
	[2] movl %esp, %ebp
	[3] subl $12, %esp
	[4] andl $-16, %esp
	[5] xorl %edi, %edi
	[6] call _readint
	[7] testl %eax, %eax
	[8] movl %eax, %ebx
	[9] js Q17
struct t { int f1; int f2; };	[10] Q12: movl $48, (%esp)
struct s {	[11] call _malloc
struct s *a; int b; char c;	[12] movl %edi, (%eax)
struct t d[4]; char e[4];	[13] movl %eax, %esi
};	[14] movl %eax, %edi
int main (void) {	[15] movl %ebx, 4 (%eax)
struct s *p = 0, *q;	[16] xorl %ebx, %ebx
int bb, cc, dd, ee, i;	[17] call _readchar
while ((bb = readint ()) >= 0) {	[18] movb %al, 8 (%esi)
q = malloc (sizeof (*q));	[19] Q7: call _readint
q->a = p;	[20] movl %eax, 12 (%esi,%ebx,8)
p = q;	[21] call _readint
q->b = bb;	[22] movl %eax, 16 (%esi,%ebx,8)
q->c = readchar ();	[23] incl %ebx
for (i = 0; i < 4; ++i) {	[24] cmpl $3, %ebx
q->d[i].f1 = readint ();	[25] jle Q7
q->d[i].f2 = readint ();	[26] xorl %ebx, %ebx
}	[27] Q11: call _readchar
for (i = 0; i < 4; ++i) {	[28] movb %al, 44 (%ebx,%esi)
q->e[i] = readchar ();	[29] incl %ebx
}	[30] cmpl $3, %ebx
}	[31] jle Q11
return dowork (p);	[32] call _readint
}	[33] testl %eax, %eax
	[34] movl %eax, %ebx
	[35] jns Q12
	[36] Q17: movl %edi, (%esp)
	[37] call _dowork
	[38] movl %ebp, %esp
	[39] popl %ebp
	[40] ret

图 7-4　分析的代码

在这个例子中，数组大小也可以被恢复。对于数组 f4，其大小为 $(44 - 12) / 8 = 4$。

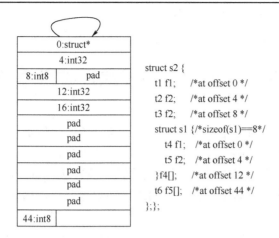

图 7-5 类型重构结果

7.5 本 章 小 结

数据类型是高级语言的重要概念，决定着变量所占存储空间的大小和所能实现的运算，而这也正是数据类型恢复的重要依据。本章主要讨论的数据类型的恢复方法，包括基本数据类型的恢复和结构数据类型的恢复。

第 8 章　人工智能在反编译技术中的应用

反编译技术在各个领域应用广泛，特别是在安全领域。但是，现有的反编译器常常生成不符合标准习惯用法的代码，给人工分析和自动分析带来很大困难。例如，现有的反编译器会生成包含不常见或特别难以理解的元素的源代码，如 goto 语句或在内存加载和存储才使用的高级表示。这些元素不符合人们的思考和编程习惯，因而降低了反编译源代码的可用性。

人工智能(Artificial Intelligence)，英文缩写为 AI，是近年来迅速发展的一个研究领域，是研究、开发用于模拟、延伸和扩展人的智能的理论、方法、技术及应用系统的一门新的技术科学。人工智能的应用领域包括机器翻译、智能控制、专家系统、机器人学、语言和图像理解、自动程序设计、航天应用、庞大的信息处理、执行化合生命体无法执行的或复杂的或规模庞大的任务等。值得一提的是，机器翻译是人工智能的重要分支和最先应用领域。

基于反编译技术的应用需求和传统反编译技术所面临的具体问题，研究人员开始将人工智能技术应用于反编译领域，以提高反编译的能力，特别是反编译输出的高级语言程序代码的质量。目前，人工智能技术在反编译领域的应用还处于探索阶段，主要的尝试是将机器翻译的思想应用于反编译。本章主要介绍两种不同的实现方式供读者借鉴和参考。

8.1　基于 NMT 的反编译

本节介绍一个基于神经网络机器翻译(Neural Machine Translation, NMT)的反编译器的设计与实现，它可以方便地基于一个已知编译器所对应的一对高级语言和低级语言，创建一个从低级语言到高级语言的反编译器，它检测低级代码中的特定控制流结构和习惯用法，并将它们提升到高级语言程序源代码级别。

基于 NMT 的反编译器实现了一种可训练的反编译技术，主要思想是从给定的编译器自动学习生成对应的反编译器，即给定从源语言 S 到目标语言 T 的编译器，自动训练生成可将 T 转换(反编译)为 S 的反编译器。这种技术目前在能力上还是有限的，但是在可训练的反编译方面，以及在应用 NMT 解决反编译问题上，向前迈出了重要的一步。

对于一个可训练的反编译器，特别是基于 NMT 的反编译器，为了在实践中有用，需要用编程语言知识(即领域知识)来增强它。使用领域知识，可以使翻译更简单，并克服 NMT 模型的许多缺点。

8.1.1　神经机器翻译

神经机器翻译(NMT)是最近几年提出来的一种机器翻译方法。相比于传统的统计机器翻译(SMT)而言，NMT 能够训练一个从一个序列映射到另一个序列的神经网络，输出的可以是一个变长的序列，这在翻译、对话和文字概括方面能够获得非常好的表现。NMT 能够将一个语言的序列(如 Economic growth has slowed down in recent years)转化成目标语言序列(如

La croissance economique sest ralentie ces dernieres annees）。NMT 实质是一个 encoder-decoder 系统，encoder 把源语言序列进行编码，并提取源语言中的信息，通过 decoder 再把这种信息转换到另一种语言即目标语言上，从而完成对语言的翻译。其中翻译机器在正式工作之前可以利用已有的语料库（Corpora）来进行学习和训练。NMT 涉及的编码解码框架、注意力机制、外存、残差网络等技术代表着深度学习人工智能技术的最前沿。

NMT 的编码解码框架如图 8-1 所示。其中，W 的左侧为编码器，它的右侧为解码器。A、B、C 表示的是源语言的输入序列，X、Y、Z 表示的是翻译机器给出的目标语言输出序列。<EOS>表示的是一句话的终结符。W 为编码器对输入的语言序列 A,B,C 的编码向量。图中的每一个框表示的是一个时刻展开的 RNN 或 LSTM 神经网络。

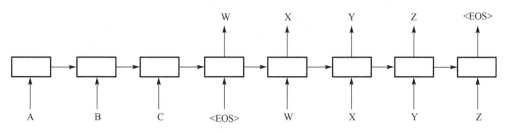

图 8-1　NMT 的编码解码框架

这种编码解码框架模拟了人类大脑翻译的过程，就是先将听到的语言存储在大脑里，然后根据大脑中的理解给出目标语言的输出。在这里，W 向量就模拟了大脑中存储的读取源语言对应的向量。

这种框架还将语言理解和语言模型联合到了一起，最终实现了端到端的机器翻译。另外，这种编码解码框架还具有灵活性，可以应用到图像标注、视频、词语等任务中，还可以很好地结合外部语料，具有很好的可扩展性。

图 8-2 给出了编码器的详细结构，图中从下到上有三层，第一层是词向量嵌入，它可以根据输入的单词向量通过查找编码表得到压缩维度的单词表征向量（第二层），之后输入给第三层，这是 RNN 递归单元的状态。

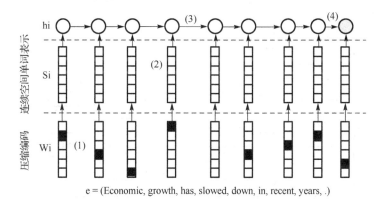

e = (Economic, growth, has, slowed, down, in, recent, years, .)

图 8-2　编码器

图 8-3 给出了解码器的结构，图中最底层结点表示由编码端计算出来的隐含层结点状态，它就相当于对输入的源语言的编码向量。这个信息输入解码器的 RNN 单元，之后到第二层，

解码器会根据 RNN 单元计算概率向量，即对于目标语言单词表上的每一个单词的概率是多少。最后，在第三层，根据这个计算得到的概率采样生成目标语言。

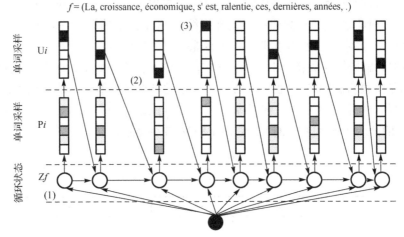

图 8-3　解码器

8.1.2　基于 NMT 的反编译的基本思路

本节介绍 Omer Katz 等提出的基于 NMT 的反编译的基本思路。

基于 NMT 的反编译的基本思路是实现一种可训练的反编译技术。

该编译方法包括两个互补的阶段：①在编译时生成一个代码模板，以匹配输入的计算结构，②用值和常量填充模板，从而产生与输入等价的代码。

1. 生成模板

图 8-4 给出了反编译第一阶段的示意图，它实质是一个训练阶段。

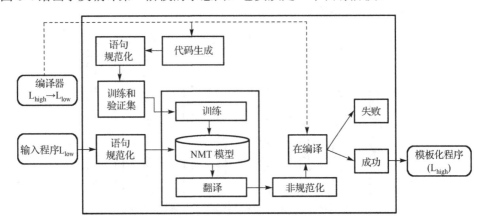

图 8-4　反编译第一阶段示意图

反编译器的核心是 NMT 模型。在 NMT 模型周围设置了一个反馈回路，使系统能够确定成功率/失败率，并根据需要通过进一步训练来改进自身。

　　反编译器的输入语言定义为 L_{low},输出语言定义为 L_{high},两种语言的语法都是已知的。给定一个 L_{low} 的输入语句数据集以及从 L_{high} 到 L_{low} 的编译器,反编译器可以从一个空模型开始,也可以从一个以前训练模型开始。反编译器将每个输入语句翻译成 L_{high}。对于每个语句,NMT 模型生成一些它认为最有可能的转换。然后反编译程序评估生成的翻译。使用现有编译器从 L_{high} 到 L_{low} 编译每个可能的反编译结果。将编译后的代码与 L_{low} 中的原始输入语句进行比较判断,并将其分类为成功的翻译或失败的翻译。在这个阶段,翻译的是代码模板,而不是实际的代码,因此比较的重点是匹配计算结构。失败的翻译与输入的结构不匹配,并且不能生成与第二阶段中的输入等价的代码。将没有成功转换的输入语句表示为失败的输入。成功的转换传递到第二阶段,并提供给用户。

　　失败输入的存在会触发重新训练。训练数据集和验证数据集(用于评估训练过程的进度)将使用其他样本进行更新,模型将使用新的数据集重新训练。这个在失败的输入和模型训练之间的反馈回路,驱动反编译器改进自己,通过不断训练达到预定目标。训练过程迭代进行,直到满足预定的停止条件,如成功地反编译了足够多的输入语句。训练的重点放在由失败的输入决定的模型较弱的方面。

　　定义良好的编程语言结构能够对 NMT 模型的输入和输出进行可预测和可逆的修改。这些修改称为规范化和非规范化,目的是简化翻译问题。这些步骤依赖于专门的领域知识,在传统的自然语言的 NMT 系统中是不存在的。

　　每次迭代后需要更新训练数据集,以防止再训练时模型与现有数据集的过度拟合,使得指导模型处理新输入无效。更新数据集的新样本有以下两个来源。

　　(1)失败的翻译:将失败翻译从 L_{high} 编译成 L_{low},并将它们作为附加的训练样本。对这些样本的训练可以使模型认识这些翻译的正确输入,从而减少模型在将来的迭代中再次产生这些失败翻译的机会。

　　(2)随机代码样本:以 L_{high} 生成预先确定的数量的随机代码样本,并将这些样本编译为 L_{low}。

　　验证数据集仅使用随机样本来更新,将其改组并截断为恒定大小。在训练过程中,验证数据集会被多次翻译和评估。因此,将其截断可防止验证开销增加。

2. 填充模板

　　第一阶段产生的代码模板可以生成与输入等价的代码。第二阶段的目标是从模板中找到实例化实际代码的正确值。注意 NMT 模型提供了初始值,需要验证这些值是否正确,如果它们错了,就用适当的值进行替换。

　　本阶段的处理借鉴了自然语言处理(Natural Language Processing,NLP)的去词思想。在NLP 中,使用去词操作,一个句子中的一些单词会被占位符替换(如用 name1 而不是实际的名字)。转换后,这些占位符将被直接取自输入的值替换。

　　类似地,反编译使用输入语句作为填充模板值的数据源。与 NLP 不同的是并不总是可以直接从输入中取值。由于优化,在许多情况下必须对输入的值进行一些转换,以便找到要使用的正确值。

　　例如,在图 8-5(1)的例子中,代码包含两个数值,需要“填充”:14 和 2。对于每个值,需要验证或替换它。14 的情况相对简单,因为 NMT 提供了一个正确的初始值,可以通过比较输出中的 14 和原始输入中的 14 来确定。然而，对于 2，从输入复制值 2 并不提供正确的输出。使用 value2 编译输出会导致指令 sall 1,x，而不是期望的 sall 2,x，因此用变量 n 替换 2 并尝试为 n 找到正确的值以获得正确的值，需要对输入做一个变换。具体来说，如果输入值是 x，这个例子的相关变换是 N=2^x，结果是 4，当重新编译时，产生期望的输出。因此用 4 替换 2，产生图 8-5(4)中的代码。

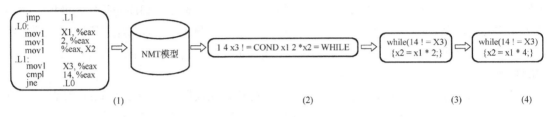

图 8-5　反编译实例分析过程

8.1.3　方法实现

1. 反编译算法

反编译算法图 8-6 所示，形式化描述了图 8-4 的执行过程，算法使用了一个数据集结构，包含一个语句对 (x, y)，其中 $x \in L_{high}$，$y \in L_{low}$，y 是编译 x 的输出。

```
输入：待反编译低级语句集 inputset;
编译器 API
输出：成功反编译的高级语言语句集
数据类型：
Dataset: (x,y) 对集合,x = compile(y)
 procedure Decompile
 inputset ← canonicalize (inputset)
 Train ← newDataset
 Validate ← newDataset
 model ← newModel
 Success ← newDataset
 Failures ← newDataset
 while (?) do
     Train ← T rain ∪ Failures ∪ random samples ()
 Validate = V alidate ∪ gen random samples ()
     model.retrain (T rain,V alidate)
     decompiled ← model.translate (inputset)
     recompiled ← compile (decompiled)
 for each i in 0...inputset.size do
     pair ← (inputset[i],decompiled[i])
 if equiv (inputset[i],recompiled[i]) then
 if f ill (inputset[i],recompiled[i]) then
     Success ← Success ∪ [pair]
 else
     Failures ← Failures ∪ [pair]
 end if
```

```
        else
            Failures ← Failures ∪ [pair]
        end if
    end for
end while
return uncanonicalize(Success)
end procedure
```

图 8-6　反编译算法

该算法有两个输入：一个用于反编译的语句组和一个编译器接口。输出是一组成功反编译的语句。反编译从空集开始，用于训练、验证和规范化输入集。然后迭代地扩展训练集和验证集，在新集上训练模型并尝试翻译输入集。每个翻译结果重新编译并依据原始输入进行评估。成功的翻译最终将返回给用户；失败的翻译将放入失败集，用于进一步扩展训练集。只要没有达到停止条件，算法就会重复这些步骤。

2. 生成样本

为了为反编译器生成训练样本，可以从 C 语言的子集中生成随机代码样本。这是通过抽样语言的语法来完成的。这些样本在语法和句法上都是正确的。然后使用提供的编译器编译代码示例。这样做会产生由匹配语句对构成的数据集，其中一个在 C 中，另一个在 L 中，可供模型用于训练和验证。

另外还可以使用从可用的公开代码库中获得的代码片段作为训练样本，但这些不太可能涵盖不常见的编码模式。

3. 规范化

可以通过规范化的方式，在不干预实际 NMT 模型的情况下提高翻译的质量和性能，下面介绍两种规范化形式。

1）减少词汇量

无论用于训练还是翻译，提供给模型的样本的词汇量多少，都直接影响到模型的性能和效率。对于程序代码来说，词汇表的很大一部分用于数字常量和名称（如变量名、函数名等）。而名称和数字通常认为是"不常见"的单词，即不经常出现的单词。例如，变量名通常在单个函数中使用，但在其他函数中不经常重用。这就产生了一个独特的词汇表，主要由不常见的词汇组成，从而增大了词汇量。

在程序代码中，实际的变量名对于保存代码的语义并不重要。而且，这些名字在编译过程会被去除。因此，可以将所有名称替换为泛型名称（例如，X1 表示变量）。这样可以在代码中重用更多的名称，因此模型可以从中学习如何处理这些名称。

而数字则不能用类似的方法来处理。它们的值不能用泛型值替换，因为那样会改变代码的语义。因此，样本中使用的每个数字都成为词汇表中的一个词，即使将数字的值限制在某个范围[1–K]，仍会产生 K 个不同的单词。

对大量数字的处理，可以借鉴自然语言的 NMT 中的处理。当一个用于 NL 的 NMT 模型遇到一个非通用单词时，不会尝试直接翻译该单词，而是返回到一个个子词表示（即将该单词作为几个符号处理）。类似地，可以将程序代码样本中的所有数值拆分为数字。训练模型处理单个数字，然后将输出中的数字融合成数字。图 8-7 提供了关于对简单输入进行处理的示例。使用这个过程，将词汇表中专门用于数字的部分减少到只有 10 个符号，每个数字一个。但是，这种减少是以延长输入语句为代价的。

$$movl \quad \Longrightarrow \quad movl\ 1\ 2\ 3\ 4\ ,\ X1$$

$$\Downarrow$$

$$X1 = 1234 \quad \Longleftarrow \quad X1 = 1\ 2\ 3\ 4$$

图 8-7　通过数值拆分和数字融合减少词汇量的处理过程

通过观察可以发现，在用法和语义上，所有数字都是等价的（除了极少数具有特殊意义的特定数字，如 0 和 1）。因此，作为将数字拆分为数字的替代方法，还可以采用常量（如 N1，N2,…）替换所有数字。与变量名类似，这种替换的目的是增加相关单词的重用，同时减少词汇量。在将这些替换应用于输入语句时，将保留所有应用替换的记录。翻译后，使用此记录将原始值还原为输出。这种方法对于未优化的代码很有效，但对于优化后的代码是无效的。因为，在未优化的代码中，高级代码和低级代码中的常量之间存在直接关联。这种相关性允许恢复输出中的值；而在优化的代码中，编译器优化和转换打破了这种关联，因此不可能根据保留的记录恢复输出。

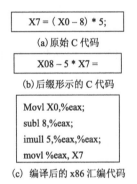

(a) 原始 C 代码

X7 = (X0 – 8) * 5;

X08 – 5 * X7 =

(b) 后缀形示的 C 代码

Movl X0,%eax;
subl 8,%eax;
imull 5,%eax,%eax;
movl %eax, X7

(c) 编译后的 x86 汇编代码

图 8-8　代码结构对齐示例

2）顺序变换

大多数高级语言按顺序编写代码，如运算符出现在两个操作数之间。而低级语言更接近硬件，通常使用后置顺序，如两个操作数都出现在操作码之前。

图 8-8 中的代码展示了这种区别。图 8-8(a) 显示了一段简单的 C 代码，图 8-8(c) 是该段代码通过编译获得的 x86 汇编代码。直观地说，如果翻译一个语句，那么输入和输出具有相同的顺序会很有帮助。相同顺序通过将相关项本地化到输入的某个区域，而不是将它们分散到整个输入中，从而实现对输出的简化。

类似地，当源语言和目标语言遵循相似的单词顺序时，模型在生成任何输出之前读取整个输入，NMT 模型通常执行得更好。因此，如果将 C 输入语句的结构修改为后缀形式，可以创建与输出更好的相关性。图 8-8(b) 给出了将图 8-8(a) 中的代码标准化所得到的代码。

翻译后，可以很容易地解析生成的后缀代码，使用一个简单的自底向上的解析器就可以获得相应的顺序代码。

4. 效果评估

反编译的效果评估可以以编译的确定性为基础。在翻译输入后，对于每对输入 i 和对应的翻译 t（即反编译代码），重新编译 t 并将编译结果与 i 进行比较，可以在事先不知道正确翻译的情况下跟踪反编译的进度和成功率。

在完成反编译的第一步之后，反编译程序中的计算结构应该与原始程序的结构相匹配。因此，可以通过比较原始程序和反编译的模板程序的程序依赖图来比较它们。将每个代码片段转换为相应的程序依赖图(PDG)。图中的结点是代码段中的不同指令。依赖图中包含的两种类型的边：数据依赖边和控制依赖边。从结点 n_1 到结点 n_2 的数据依赖边意味着 n_2 使用由 n_1 设置的值。n_1 和 n_2 之间的控制依赖边意味着 n_2 的执行取决于 n_1 的结果。图 8-9(b)给出了图 8-9(a)中代码的程序依赖图的示例。图 8-9(b)中的实心箭头表示代码行之间的数据依赖关系，虚线箭头表示控制依赖关系。由于第 2 行使用在第 1 行中定义的变量 x，所以有一个从 1到 2 的箭头。类似地，第 8 行使用变量 z，它可以在第 4 行或第 6 行中定义。因此，第 8 行与第 4 行和第 6 行都有数据依赖关系。此外，第 4 行和第 6 行的执行取决于第 3 行的结果。此依赖关系由 3 到 4 和 6 之间的虚线箭头表示。用初始化代码中的不同变量结点来扩展 PDG，结点保持不同变量之间的分离。

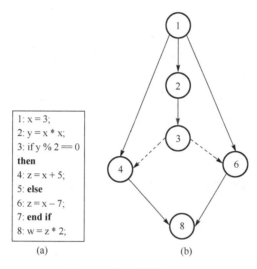

图 8-9　程序依赖图示例

然后在这两个图之间寻找同构，这样如果结点 n 和 n′被同构匹配，则保证 1.n 和 n′都对应于变量，或 2.n 和 n′都对应于数值常量，或 3.n 和 n′对应于同一个运算符(如加法、减法、分支等)。

如果存在这样的同构，可以确定两个代码段实现了相同的计算结构代码段，虽然它们使用的变量或数值常量可能仍然不同。但是，代码段使用这些变量和常量的方式在这两个代码段中是相同的。因此，如果能够为代码分配正确的变量和常量，那么在这两个代码段中将得到相同的计算结果。可以将达到这一点的翻译视为成功的模板，之后可以进行模板填充。只有在填写模板也成功的情况下，才能确定翻译完全成功。

这种评估可以克服指令重新排序、变量重命名、小的翻译错误和由优化所引起的对代码的修改。

5. 终止反编译

当下面 3 个条件中之一满足时，将终止反编译的迭代过程。

(1)足够的结果：给定一个百分比阈值 p，在每次迭代之后，算法都会检查未翻译的测试样本数，当至少 p 的初始测试集成功反编译时终止反编译。

(2) 没有更多的进展：算法跟踪剩余测试样本的数量。当检测到这个数字在 x 次迭代中没有改变时，这意味着在这些迭代中没有任何进展，它就会终止。这样的例子代表了反编译器难以处理的示例。

(3) 迭代限制：给定一个数 n，可以在 n 次迭代完成后终止反编译迭代过程。此条件是可选的，可以留空，在这种情况下，只有前两个条件适用。

6. 模板填充

前面的反编译过程从低级语言程序中获得了高级模板程序，而不是最终的高级语言程序，其中一些常量赋值需要填充。

将 NMT 模型应用于代码的实验中，NMT 在生成正确的代码结构方面表现良好，而在常数和生成/预测正确常数方面存在困难。在许多情况下，所提出的翻译与精确的翻译的差距主要在对数值常量或变量的翻译上。

NMT 中词的嵌入是造成翻译错误的主要原因。嵌入词本质上是对该词出现的不同上下文的总结。在 NLP 中，同义词和其他可互换词的识别是很常见的。例如，假设有一个 NLP 的 NMT 模型，它在"房子是蓝色的"句子上训练。在训练过程中，模型将学习到不同的颜色经常出现在相似的情境中。然后，该模型可以归纳从"房子是蓝色的"中学到的知识，并将其应用到"房子是绿色的"这个句子中，这是它以前从未遇到过的。实际上，单词嵌入是数字向量，在相似上下文中出现的单词的嵌入之间的距离将小于在相似上下文中不出现的单词的嵌入之间的距离。模型本身并不根据用户提供的实际词汇来操作，而是将输入转换为嵌入，并对这些向量进行操作。

因为反编译处理的是代码，而不是自然语言，所以有更多的"可互换"词要处理。在训练过程中，所有数值出现在相同的上下文中，导致嵌入词非常相似(如果是标准的)，所以，模型往往无法区分不同的数字。因此，尽管单词嵌入对于从训练样例进行泛化仍然是有益的，但是在涉及常量的时候，在样例翻译中使用嵌入词会导致翻译错误。所以，为实现正确的翻译，不把 NMT 模型的输出作为最终的翻译，而是作为需要进一步填充的模板。反编译过程的第一阶段验证了得到的计算结构与输入相匹配，这样，出现翻译的任何差异很可能是由使用错误的常量造成的。因此，反编译过程的第二阶段就是纠正这些错误的常量。纠正的重点是由使用错误的数值而导致的错误。将输入表示为 i，将翻译表示为 t，将翻译结果表示为 r，重点需要解决以下三个问题。

(1) r 中的哪些数字需要更改？改成什么数字？由于 NMT 模型是根据包含数值和常量的代码进行训练的，因此生成的翻译也包含这些数值(由模型直接生成)和常量(经过数字抽象过程得到)，应该被它们的原始值替换。

可以通过构建相应的程序相关图并在图之间寻找同构来比较 r 和 i。如果找到这样的同构，它本质上表示存在从一个图中的结点到另一个图中的结点的映射。利用这个映射，可以搜索 n_r 和 n_i 对，使得 $n_r \in r$ 映射到 $n_i \in i$，这两个结点都是数值，但是 $n_r! = n_i$。这些结点突出显示哪些数字需要更改 (n_r) 和改成哪些数字 (n_i)。

(2) t 中的哪些数字会影响 r 中的哪些数字？注意，虽然知道 $n \in r$ 是错误的并且是要修正的,但是并不能直接应用这个修正。相反,需要对 t 应用一个修正,它将产生对 r 的期望的修正。实现这一目标的第一步是创建一个从 t 中的数到 r 中的数的映射,这样改变 $n_t{\in}t$ 会导致 $n_r{\in}r$ 的变化。

通过对 t 进行小的可控变化,可以观察 r 是如何变化的。找到一个数字 $n_t{\in}t$,用 n_t' 代替它,得到 t',并重新编译得到 r'。然后比较 r 和 r',以验证所做的变化保持了相同的低级计算结构。如果是这种情况,则识别所有变化的数字 $n_r{\in}r$,把这些都看成是被 n_t 影响的。

(3)如何在 t 中实现正确的改变?通过前面的分析已经知道应该改变哪个数字 $n_t{\in}t$,也知道修改的目标值是 n_i 而不是 $n_r{\in}r$,现在需要确定的是如何正确地修改 n_t,以得到 n_i。

最简单的情况是 $n_t{==}n_r$,这意味着在 t 中输入的任何数字都会直接复制到 r,因此只需要用 n_i 代替 n_t。但是,由于优化(某些优化甚至在使用-O0 时也会应用),数字并不总是按原样复制。例如:

① 替换条件语句中的数值。假设 x 是 int 类型变量,给定 if(x>=5)语句,它编译为与 if(x>4)等价的代码段,后者在语义上完全相同,但效率略高一些。

② 乘或除 2 的幂。这些运算通常被语义上等价的移位运算所取代。例如,除以 8 将编译为右移 3 位。

③ 使用乘法来实现除操作。因为除法通常认为是执行成本最高的操作,编译时遇到除法,为提高效率会使用一系列乘法和移位操作来实现。例如,计算 x/3 将编译为(x*1431655766)>>32,由于 $1431655766{\approx}2^{32}/3$。

通过确定一组常见的编译器优化模式,利用这些模式,为 n_t 生成候选替换。通过将每个替换应用于 t,重新编译和检查受影响的值 $n_r{\in}r$ 现在是否等于它们的 $n_i{\in}i$ 的对应部分来测试每个替换。

只有当所有错误的数值和常数都能找到一个适当的修正时,才证明一个翻译是成功的。

8.2 基于 RNN 的反编译

循环神经网络(Recurrent Neural Networks,RNN)也翻译为时间递归神经网络,是各种深度学习应用的有用工具,尤其在翻译序列方面非常有用,可以将一个词汇表(如英语或法语)中的一系列标记(如单词、字符或符号)翻译到另一个词汇表。RNN 在自然(人类)语言之间的翻译中非常有用,如从英语到法语的翻译,以及从自然语言到其他形式的序列的翻译。近年来,围绕 RNN 的技术以及将其用于语言分析的技术在硬件和软件方面都有了很大的进步。越来越强大的 GPU 甚至是专门构建的硬件已经使有意义的大型 RNN 的实际应用成为可能。各种通用框架,如 TensorFlow、Keras 和 Caffe 等,使得研究人员能够将深度学习技术应用于各种问题领域。

反编译可以看作一个翻译问题。反编译器需要将二进制机器代码中的一系列指令转换成更高级语言中的一系列语句,如 C 源代码。基于 RNN 的翻译系统需要一个训练数据的语料库。为了训练和测试基于 RNN 的反编译器,大量公开的、开源的代码为建立并行二进制机器代码库和更高层次的源代码提供了良好的基础。使用各种形式的深度学习(包括 RNN)来分析代码和编程语言的各个方面的工作表明,基于深度学习的反编译是可能的。本节将介绍一种基于 RNN 模型的反编译新技术。该技术创建一个语料库用于存储较短的代码片段(C 源代码)和对应的某一编译版本的二进制代码字节的语句对,通过在一部分语料库上的训练生成基于 RNN 的编解码器翻译系统。训练后的模型可以接收以前没遇到的二进制代码片段,并输出相应的高级代码的预测反编译,然后在训练中没有出现的二进制片段上测试训练过的模型,根据预测的反编译是否忠实于原始源代码来进行评估和修正。

8.2.1　反编译模型

与传统的神经网络不同,RNN 具有反馈回路,允许信息持续存在,进而允许对先前输入进行推理。一个展开的递归神经网络具有自然序列的结构,这使得它非常适合翻译任务。RNN 有几种变体,如长短期记忆(Long Short-Term Memory:LSTM)模型,它由一个标准的带有记忆单元的递归神经网络组成,是一种时间递归神经网络,适合于处理和预测时间序列中间隔和延迟相对较长的重要事件。

本节介绍的反编译模型是基于现有的利用 RNN 的 Seq2seq 模型。Seq2seq 模型实际上是一个编码/解码模型,非常适合像语言翻译这样以序列作为输入和输出的应用,并且已经用于许多这样的应用,从翻译自然语言到开发自动问答系统等。Seq2seq 模型由两个循环神经网络组成:一个编码器处理输入序列,一个解码器生成输出。此外,Seq2seq 模型包含一个隐藏的摘要 C,它对整个输入序列进行摘要,形成编码向量。如图 8-10 所示,为了生成第一个源标记,解码器单元依赖于整个输入序列的摘要 C。随后的状态基于先前生成的输出词汇、输入序列摘要 C、先前的解码器状态和产生有效概率的激活函数。

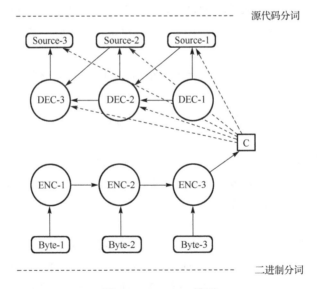

图 8-10　Seq2seq 模型

将 RNN 用于类似于反编译的任务需要使用输入数据和相关的已知正确答案来训练模型,然后验证其正确性。这两个任务都涉及有关数据的结构和处理的设计决策。基于 RNN 的反编译的总体架构如图 8-11 所示。

首先从包含 C 源代码的 RPM 包管理器格式的开源软件包中获取训练输入,使用一个基于 Clang 的经过修改的编译器来编译这些 RPM,将源代码分解为与抽象语法树(AST)的子树相对应的小片段,然后为每个生成的片段生成一个匹配对。每个匹配对由表示源代码片段的字符串和相应的二进制输出组成。

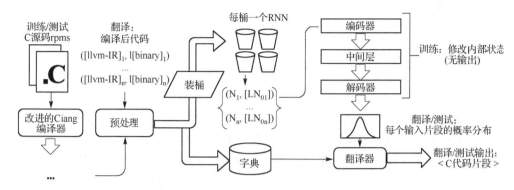

图 8-11　基于 RNN 的反编译的总体架构图

预处理阶段，通过标记每个字符串并将结果词汇列表转换为整数列表。预处理产生两个输出：①匹配对集合中每个字符串的整数列表；②在高级和二进制代码片段中对应的整数字典。

采用分桶(Bucketing)方法，将每对整数列表放入根据列表长度选择的四个桶(bucket)中的一个。Bucketing 是一种有效处理不同长度词汇序列的方法。为了训练，将每个 bucket 的成对列表提供给相应的编码/解码器。在训练过程中，编码/解码器修改其内部状态而不提供额外的输出，但可以访问一些用于训练的内部状态和评估指标。

训练了模型之后，可以使用这些模型将二进制代码片段转换为相关的高级语言代码(如 C 语言源代码)。首先使用与预处理相同的标记化过程和预处理步骤中生成的字典，将要翻译的二进制片段转换为整数列表。然后将每个整数列表(代表每个二进制片段)提供给经过训练的编码/解码器模型。解码器层输出每个整数列表的概率分布。接着将概率分布转化为一个整数列表，表示预测的相应的高级代码。最后使用在预处理阶段中生成的整数字典，将整数列表转换为预测的高级语言代码。

8.2.2　语料库创建

使用编码/解码器 RNN 进行翻译需要一组正确翻译的示例。在自然语言翻译应用程序中，成对的句子可能是具有相同含义的成对句子：一个是源语言，如英语；另一个是目标语言，如法语。对于反编译过程，要将二进制程序转换为更高级别的表示，语句对是编译后的二进制代码片段与相应的高级代码(如 C 源程序代码)。

为了获得这些语句对，可以使用基于 Clang 和 LLVM 的定制编译器编译程序来创建一个数据库；该编译器将源代码的 AST 和子树与编译生成的这些树和子树的二进制机器代码配对。在匹配对的数据库中，使用了包含 112 个或更少的二进制标记和 88 个或更少的源代码标记的匹配对。这些程序可以从包含 C 源代码的 Fedora 的开源 RPM 中提取。

利用 Clang 编译器工具链和调试信息，在操作符、表达式、语句和函数级别识别与各个抽象语法树(AST)子树相关的二进制代码。较小粒度的 AST 代码段也会出现在较大粒度 AST 代码段中。使用这个工具，可以建立一个 C 源程序代码片段和相应的二进制片段的匹配对数据库。

8.2.3 预处理

RNN 架构对整数列表进行操作,因此需要对代码片段进行预处理,将其从字符串转换为 RNN 可以理解的有意义的整数列表。

预处理的第一步是分词,即将以字符串表示的代码片段转换为较小单位的列表。在选择分词策略时会使用一些领域知识来确定一种对语言有意义的方案。其中的一个重要的内容是确定分词的粒度。对于二进制代码,最直接的选择是仅使用两个词 $(0, 1)$ 来划分二进制文件,但是,这种策略需要保留大量数据,将需要大型 RNN 结构,并且没有利用系统能处理大量词汇的能力。另一种策略是将几字节标记为一个单词,但是,考虑到二进制代码中出现的字节序列的多样性,这种分词策略将使 RNN 难以了解哪些模式经常在较低级别出现。

预处理时可以根据不同的代码种类采用不同的分词策略。对于源代码,可以基于空格逐字符对文本进行分词,可以利用 C 语言的词法分析器来实现;对于二进制文件,可以尝试逐位分词和逐字节分词。作为非正式参数扫描的结果,逐字节分词效果最佳,可以使用基于 Python 的 C 词法分析器对 C 源代码进行分词。对于每个单词,词法分析器将单词归类为以下类型:标识符、语言关键字、字符串文字或浮点常量。使用词法分析器提供的类别字符串来标识表示变量标识符、函数标识符和字符串文字的单词。对于字符串文字,用单词 STRING 替换字符串的内容,后跟出现在原始字符串中的任何格式说明符。之所以这样做,是因为字符串文字对于模型来说很难正确处理,因为它们不遵循规范化的模式。此外,它们通常更容易通过其他方式恢复。添加格式说明符,因为正确的格式说明符数量和类型对于编译至关重要。对于功能标识符,保留 20 个最常用的功能标识符,并用 function 一词替换其他标识符。对于变量,保留 100 个最常用的变量标识符,对于其他变量,将代码段中使用的每个唯一标识符替换为 var_XXX,其中 XXX 是整数计数器。对于其他单词,按原样使用单词。通过将不常用的变量、函数和字符串替换为规范的占位符值,可以最大程度地减少词汇量,并使 RNN 更适合 AST 序列,而不必过度使用变量名。

预处理的第二步是将单词序列转换为整数序列,即将训练片段对转换为 RNN 可以接受的输入词汇表。通过分别查看每组词汇匹配对(二进制单词和 C 程序单词对),根据每个单词在训练数据中出现的频率对其进行排序。对于每个代码片段,将每个单词替换为与出现频率排名对应的整数。对于不常出现的单词,将其替换为表示成 unknown 的整数。

另外三个整数单词表示 RNN 架构中的唯一值:_pad、_go 和_eos。_go 表示有符号整数添加到表示目标序列的每个整数列表中(这里是 C 代码片段),而_eos 则添加到尾部。

然后根据长度将成对的整数列表分类到相应的桶(bucket)中。桶允许相似长度的匹配对组合在一起,以提高 RNN 结构的效率。对于每个 bucket,有一个二进制序列的最大长度和目标序列的最大长度。每对列表都放在二进制和目标词汇列表都适合的最小存储桶中。_pad 表示符号的整数附加到整数列表的末尾,这样一个 bucket 中的所有二进制代码段的长度都相同,而 bucket 中的所有高级代码段的长度也都相同。根据训练集中的匹配对的长度来选择 bucket 大小,允许 4 个 bucket 包含大致相等数量的片段。

预处理的第三步是为模型准备序列。由于与内存大小和 RNN 设计相关的技术限制,一些太长的片段需要丢弃。根据训练集的组成和存储桶的大小来动态确定阈值。

反转与二进制代码片段对应的标记序列。然后使用表示成对代码片段的整数列表对 RNN

模型进行训练和评估。训练子集包含对应于语料库中的片段的一定预先定义数量的二进制和源代码单词对,这个子集是伪随机选择的。

8.2.4　训练

从概念上讲,编解码 RNN 由三部分组成:编码器层、解码器层和中间的一层或多层。为了训练 RNN 模型,需要从给定的桶中抽取一批训练实例,包括对应于二进制(输入)的单词和对应于高级代码(C 源代码)的单词。将二进制单词提供给对应于该桶的 RNN 的编码器层,同时将相应的一批高级代码单词提供给解码器层。编码器层将输入嵌入固定大小的向量中,以提供给解码器层。系统使用输入和输出来调整所有层的内部状态和参数。正是这些内部状态和参数,用于后来执行翻译。

在训练过程中会保留一部分训练实例,以供模型用于自我评估。在训练过程中,模型会不定期地根据这些示例进行评估,并根据性能调整其参数和内部状态。

8.2.5　评估

评估训练后的神经网络的性能通过使用一个单独的数据集提供二进制代码的模型序列来实现。RNN 确定二进制输入属于哪个存储桶,并将词汇序列作为输入提供给相应的训练后的 RNN 的编码器层。在测试经过训练的 RNN 时,不向解码器层提供输入,而是设置参数,以便 RNN 从解码器层生成输出。编码器层利用其保存的参数和内部状态,将二进制输入标记转换成固定长度的内部中间形式,并提供给编码器和解码器之间的中间层。中间层将编码向量转换为不同的向量以提供给解码器层。然后解码器层生成一系列的词汇,对应于目标语言 C 源代码中的预测输出。

将 RNN 预测的标记化输出 C 源代码与已知标记的真实值进行比较,可以获得两者之间的编辑距离。

基于 RNN 的反编译技术具有较强通用性,并且很容易重新定位到不同的语言,只要具有足够的训练数据集就可以适应任何语言。因为尽管特定目标语言的某些领域知识对于确定预处理输入数据和对输出进行后处理的最佳方法很有用,但该技术中没有任何东西固有地依赖于语言或编译器的工作方式的知识。

另外,该技术适合反编译二进制机器代码的小片段,例如,逆向工程工具(如 IDA 或 CodeSurfer)的用户可能希望查看一系列字节到源语言的本地翻译,以使逆向工程师对代码有更完整的了解。

8.3　本 章 小 结

人工智能在反编译技术中的应用虽然还处于起步探索阶段,但却是一个非常有前景的研究方向,为解决传统反编译技术所面临的困难和问题提供了新途径。本章主要介绍了人工智能在反编译领域的两个应用:基于 NMT 的反编译和基于 RNN 的反编译,它们主要的出发点是利用自然语言翻译的思想来解决反编译的问题。

参 考 文 献

APPEL A W, GINSBURG M, 2017. 现代编译原理——C 语言描述[M]. 赵克佳, 黄春, 沈志宇, 译. 北京: 人民邮电出版社.

陈耿标, 2010. 反编译器 C-Decompiler 关键技术的研究和实现[D]. 上海: 上海交通大学.

陈凯明, 2004. 逆编译中几项关键技术研究[D]. 合肥: 合肥工业大学.

EILAM E, 2007. Reversing: 逆向工程揭秘[M]. 韩琪, 杨艳, 王玉荣, 等译. 北京: 电子工业出版社.

何东, 2012. 反编译中数据类型重构技术研究[D]. 郑州: 解放军信息工程大学.

胡刚, 2011. 固件代码逆向分析关键技术研究[D]. 郑州: 解放军信息工程大学.

霍元宏, 刘毅, 计卫星, 2013. 基于结构分析的高级语言控制结构恢复方法[J]. 计算机应用, 33(12): 3428-3431.

秦艳锋, 王清贤, 曾勇军, 等, 2012. 反编译中的库函数识别技术研究[J]. 东南大学学报(自然科学版), 42(S2): 256-260.

王祥根, 2009. 自修改代码逆向分析方法研究[D]. 合肥: 中国科学技术大学.

王振华, 陈宝财, 卢琦, 2010. 目标代码静态反汇编技术研究与实现[J]. 现代计算机(专业版), (3): 163-167.

夏靓, 2005. 反编译中的数据类型恢复问题[D]. 南京: 东南大学.

许敏, 陈前斌, 2007. 静态反汇编算法研究[J]. 计算机与数字工程, 35(5): 13-16, 205.

阳俊文, 2011. 基于二进制可执行文件的控制流分析研究[D]. 北京: 北京邮电大学.

张程, 2013. 嵌入式软件中控制流恢复和分析的方法研究及实现[D]. 西安: 西安电子科技大学.

CIFUENTES C, VAN EMMERIK M, 1999. Recovery of jump table case statements from binary code[C]. Proceedings of the international workshop on program comprehension, Pittsburgh: 192-199.

CIFUENTES C, 1994. Reverse compilation techniques[D]. Queensland: University of Technology School of Computing Science.

DOLGOVA K, CHERNOV A, 2008. Automatic type reconstruction in disassembled C programs[C]. 15th working conference on reverse engineering (WCRE'08), Washington: 202-206.

ĎURFINA L, KŘOUSTEK J, ZEMEK P, et al, 2012. Detection and recovery of functions and their arguments in a retargetable decompiler[C]. 19th working conference on reverse engineering (WCRE'12), Kingston: 51-60.

EMMERIK M V, 2004. Using a decompiler for real-world source recovery[C]. Proceedings of 11th working conference on reverse engineering (WCRE2004), Delft: 27-36.

KÄSTNER D, WILHELM S, 2002. Generic control flow reconstruction from assembly code[J]. ACM SIGPLAN notices, 37(7): 46-55.

KATZ O, OLSHAKER Y, GOLDBERG Y, et al, 2019. Towards Neural Decompilation[J/OL]. CoRR abs/1905.08325(2019).

KHEDKER U, DHAMDHERE D, MYCROFT A, 2003. Bidirectional data flow analysis for type inferencing[J]. Computer languages, systems and structures, 29(1): 15-44.

KHEDKER U P, SANYAL A, KARKARE B, 2009. Data flow analysis: theory and practice[M]. Boca Raton: CRC

Press: 159-165.

KŘROUSTEK J, POKORNÝ F, KOLÁŘ D, 2014. A new approach to instruction-idioms detection in a retargetable decompiler[J]. Computer science & information systems, 11 (4) : 1337-1359.

CHO K, MERRIENBOER B V, BAHDANAU B ,et al. 2014. On the properties of neural machine translation: encoder-decoder approaches[J/OL]. https: arXiv.org/abs/1409.1259.

MATULA P, 2013. Reconstruction of data types for decompilation[D]. Brno: Brno University of Technology.

MYCROFT A, OHORI A, KATSUMATA S Y, 2002. Comparing type-based and proof-directed decompilation[C]. Proceedings of the working conference on reverse engineering (WCRE2002) : 362-367.